建筑工程安全管理

刘涛影　编著

中南大学出版社
www.csupress.com.cn
·长沙·

图书在版编目（CIP）数据

建筑工程安全管理／刘涛影编著. --长沙：中南
大学出版社，2025.7. --ISBN 978-7-5487-6221-8

Ⅰ. TU714

中国国家版本馆 CIP 数据核字第 20254Z1K80 号

建筑工程安全管理
JIANZHU GONGCHENG ANQUAN GUANLI

刘涛影　编著

□出 版 人　林绵优
□责任编辑　伍华进
□责任印制　李月腾
□出版发行　中南大学出版社
　　　　　　社址：长沙市麓山南路　　　　邮编：410083
　　　　　　发行科电话：0731-88876770　　传真：0731-88710482
□印　　装　长沙市宏发印刷有限公司

□开　　本　787 mm×1092 mm 1/16　□印张 16　□字数 408 千字
□版　　次　2025 年 7 月第 1 版　　　□印次 2025 年 7 月第 1 次印刷
□书　　号　ISBN 978-7-5487-6221-8
□定　　价　58.00 元

前　言

　　建筑工程是指通过对各类房屋建筑及其附属设施的建造和与其配套的线路、管道、设备的安全活动所形成的工程实体，其建设需要经过勘察、设计和施工阶段，而施工阶段往往是最容易出现安全事故的环节，安全隐患时刻伴随施工生产过程，容易对建筑工程施工安全造成不良影响，不仅关系到建设工程的进度、投资效果及质量，而且直接关系到人民群众的生命、财产安全及社会稳定。因此，需要对建筑工程施工进行妥善有效的安全管理，确保建筑工程安全生产目标的顺利实现，同时这也是工程管理人员进行工程项目管理的中心任务之一。

　　本书系统阐述了建筑工程的发展历程及建筑技术相关知识、建筑工程施工安全事故案例及事故管理方法、建筑工程安全相关法律法规，使读者熟悉建筑工程事故类型、对建筑工程安全管理的重要性有初步的认识，以及建筑施工安全管理基础知识、建筑施工现场安全管理、建筑工程事故管理，令读者对建筑施工安全管理的具体内容有进一步了解，并详细阐述了建筑消防安全管理、安全文明施工管理、装配式建筑安全管理、智慧工地管理模式等内容，丰富了建筑工程安全管理的内容，突出了危险源与环境因素识别评价和控制。

　　在此对本书中所采用的参考文献的作者表示诚挚的感谢，同时感谢课题组成员们的辛勤付出，为本书的出版提供帮助。

　　由于作者水平有限，书中难免存在理解肤浅疏漏之处，恳请读者及有关专家批评指正。

作者

2025 年 1 月

目 录

第1章 绪 论 ……………………………………………………………… (1)

1.1 建筑工程的发展 ……………………………………………… (1)

1.2 建筑施工技术基础知识 ……………………………………… (2)

1.2.1 建筑施工技术的意义及划分 ………………………… (2)

1.2.2 我国建筑施工技术的发展概况 ……………………… (3)

1.2.3 建筑施工程序 ………………………………………… (4)

1.2.4 建筑工程安全管理研究的任务及对象 ……………… (5)

思考题 ……………………………………………………………… (5)

第2章 建筑工程施工安全事故案例分析 ……………………………… (6)

2.1 高处坠落事故 ………………………………………………… (6)

2.1.1 基本概念 ……………………………………………… (6)

2.1.2 事故案例分析 ………………………………………… (7)

2.1.3 高处坠落事故管理方法 ……………………………… (8)

2.2 坍塌事故 ……………………………………………………… (11)

2.2.1 基本概念 ……………………………………………… (11)

2.2.2 事故案例分析 ………………………………………… (13)

2.2.3 坍塌事故管理方法 …………………………………… (14)

2.3 起重机械事故 ………………………………………………… (19)

2.3.1 基本概念 ……………………………………………… (19)

2.3.2 事故案例分析 ………………………………………… (21)

2.3.3 起重机械事故管理方法 ……………………………… (22)

2.4 触电事故 ……………………………………………………… (27)

2.4.1 基本概念 ……………………………………………… (27)

2.4.2 事故案例分析 ………………………………………… (29)

2.4.3 触电事故管理方法 …………………………………… (30)

2.5 车辆伤害事故 ………………………………………………… (35)

2.5.1 基本概念 ……………………………………………… (35)

2.5.2 事故案例分析 ………………………………………… (36)

2.5.3 车辆伤害事故管理方法 ⋯⋯⋯⋯⋯⋯⋯⋯⋯⋯⋯⋯⋯⋯ (37)

2.6 物体打击事故 ⋯⋯⋯⋯⋯⋯⋯⋯⋯⋯⋯⋯⋯⋯⋯⋯⋯⋯⋯⋯⋯ (40)

2.6.1 基本概念 ⋯⋯⋯⋯⋯⋯⋯⋯⋯⋯⋯⋯⋯⋯⋯⋯⋯⋯⋯⋯⋯ (40)

2.6.2 事故案例分析 ⋯⋯⋯⋯⋯⋯⋯⋯⋯⋯⋯⋯⋯⋯⋯⋯⋯⋯ (41)

2.6.3 物体打击事故管理方法 ⋯⋯⋯⋯⋯⋯⋯⋯⋯⋯⋯⋯⋯⋯ (42)

思考题 ⋯⋯⋯⋯⋯⋯⋯⋯⋯⋯⋯⋯⋯⋯⋯⋯⋯⋯⋯⋯⋯⋯⋯⋯⋯ (46)

第3章 建筑工程安全相关法律法规 ⋯⋯⋯⋯⋯⋯⋯⋯⋯⋯⋯⋯⋯⋯ (47)

3.1 《中华人民共和国建筑法》对建筑安全生产管理的有关规定 ⋯⋯ (47)

3.2 《中华人民共和国安全生产法》中生产经营单位的安全生产保障 ⋯ (48)

3.3 从业人员的安全生产权利义务 ⋯⋯⋯⋯⋯⋯⋯⋯⋯⋯⋯⋯⋯ (50)

3.4 法律责任 ⋯⋯⋯⋯⋯⋯⋯⋯⋯⋯⋯⋯⋯⋯⋯⋯⋯⋯⋯⋯⋯⋯ (50)

3.5 《中华人民共和国刑法》涉及的建设工程刑事责任的有关规定 ⋯ (52)

3.6 《中华人民共和国消防法》中对建筑工程的有关规定 ⋯⋯⋯⋯ (53)

3.7 《建设工程安全生产管理条例》中建设单位的安全责任 ⋯⋯⋯ (54)

3.8 《生产安全事故报告和调查处理条例》事故等级划分 ⋯⋯⋯⋯ (54)

3.9 《生产安全事故报告和调查处理条例》事故的法律责任规定 ⋯ (55)

思考题 ⋯⋯⋯⋯⋯⋯⋯⋯⋯⋯⋯⋯⋯⋯⋯⋯⋯⋯⋯⋯⋯⋯⋯⋯⋯ (56)

第4章 建筑施工安全管理基础知识 ⋯⋯⋯⋯⋯⋯⋯⋯⋯⋯⋯⋯⋯⋯ (57)

4.1 安全管理概述 ⋯⋯⋯⋯⋯⋯⋯⋯⋯⋯⋯⋯⋯⋯⋯⋯⋯⋯⋯⋯ (57)

4.1.1 安全管理基本概念 ⋯⋯⋯⋯⋯⋯⋯⋯⋯⋯⋯⋯⋯⋯⋯ (57)

4.1.2 安全管理的范围 ⋯⋯⋯⋯⋯⋯⋯⋯⋯⋯⋯⋯⋯⋯⋯⋯ (58)

4.1.3 安全管理基本原则 ⋯⋯⋯⋯⋯⋯⋯⋯⋯⋯⋯⋯⋯⋯⋯ (58)

4.2 安全管理措施 ⋯⋯⋯⋯⋯⋯⋯⋯⋯⋯⋯⋯⋯⋯⋯⋯⋯⋯⋯⋯ (61)

4.2.1 安全责任 ⋯⋯⋯⋯⋯⋯⋯⋯⋯⋯⋯⋯⋯⋯⋯⋯⋯⋯⋯ (61)

4.2.2 安全教育与培训 ⋯⋯⋯⋯⋯⋯⋯⋯⋯⋯⋯⋯⋯⋯⋯⋯ (68)

4.2.3 安全检查 ⋯⋯⋯⋯⋯⋯⋯⋯⋯⋯⋯⋯⋯⋯⋯⋯⋯⋯⋯ (74)

4.3 建筑施工现场的安全隐患 ⋯⋯⋯⋯⋯⋯⋯⋯⋯⋯⋯⋯⋯⋯⋯ (80)

4.3.1 人的不安全因素 ⋯⋯⋯⋯⋯⋯⋯⋯⋯⋯⋯⋯⋯⋯⋯⋯ (80)

4.3.2 物的不安全状态 ⋯⋯⋯⋯⋯⋯⋯⋯⋯⋯⋯⋯⋯⋯⋯⋯ (80)

4.3.3 管理上的不安全因素 ⋯⋯⋯⋯⋯⋯⋯⋯⋯⋯⋯⋯⋯⋯ (81)

思考题 ⋯⋯⋯⋯⋯⋯⋯⋯⋯⋯⋯⋯⋯⋯⋯⋯⋯⋯⋯⋯⋯⋯⋯⋯⋯ (81)

第5章 建筑施工现场安全管理 ⋯⋯⋯⋯⋯⋯⋯⋯⋯⋯⋯⋯⋯⋯⋯⋯ (82)

5.1 建筑施工事故案例分析 ⋯⋯⋯⋯⋯⋯⋯⋯⋯⋯⋯⋯⋯⋯⋯⋯ (82)

5.1.1 土方坍塌事故案例 ⋯⋯⋯⋯⋯⋯⋯⋯⋯⋯⋯⋯⋯⋯⋯ (82)

5.1.2 模板支架坍塌事故案例 ⋯⋯⋯⋯⋯⋯⋯⋯⋯⋯⋯⋯⋯ (83)

5.1.3 井架坍塌事故案例 ……………………………………………… (85)

5.2 土方工程安全管理 ………………………………………………………… (86)

　　5.2.1 土方工程安全施工基本要求 ……………………………………… (86)

　　5.2.2 一般安全要求 ……………………………………………………… (86)

　　5.2.3 土方工程施工技术 ………………………………………………… (87)

　　5.2.4 相关安全措施 ……………………………………………………… (90)

5.3 脚手架与高空作业安全管理 …………………………………………… (91)

　　5.3.1 一般规定 …………………………………………………………… (91)

　　5.3.2 一般脚手架安全技术要求 ………………………………………… (92)

　　5.3.3 特殊脚手架安全技术要求 ………………………………………… (94)

5.4 模板工程安全管理 ……………………………………………………… (102)

　　5.4.1 一般规定 ………………………………………………………… (103)

　　5.4.2 构造要求 ………………………………………………………… (103)

　　5.4.3 模板拆除 ………………………………………………………… (103)

5.5 拆除工程安全管理 ……………………………………………………… (104)

　　5.5.1 拆除工程施工的特点 …………………………………………… (104)

　　5.5.2 拆除工程施工方法及其适用范围 ……………………………… (104)

　　5.5.3 拆除工程安全技术措施 ………………………………………… (106)

　　5.5.4 拆除工程施工安全管理 ………………………………………… (107)

5.6 塔式起重机安全管理 …………………………………………………… (110)

　　5.6.1 塔式起重机安全操作规程 ……………………………………… (111)

　　5.6.2 对路基的要求 …………………………………………………… (112)

　　5.6.3 对轨道的要求 …………………………………………………… (112)

　　5.6.4 塔吊的安装要求 ………………………………………………… (112)

　　5.6.5 检修要求及安全防护 …………………………………………… (113)

　　5.6.6 提升要求 ………………………………………………………… (113)

　　5.6.7 起重机塔身在沿建筑物升降时的要求 ………………………… (114)

　　5.6.8 操作人员要求 …………………………………………………… (114)

　　5.6.9 指挥工作要求 …………………………………………………… (115)

　　5.6.10 电气安全 ………………………………………………………… (115)

　　5.6.11 起重机的附着锚固应符合下列要求 …………………………… (116)

　　5.6.12 塔吊的拆除要求 ………………………………………………… (116)

　　5.6.13 使用单位为起重机建立设备档案的内容 ……………………… (117)

思考题 ………………………………………………………………………… (118)

第6章 建筑工程事故管理 …………………………………………………… (119)

6.1 事故调查 ………………………………………………………………… (119)

　　6.1.1 伤亡事故的定义与分类 ………………………………………… (119)

6.1.2 组织事故调查组 ·· （120）

6.1.3 现场勘查 ·· （122）

6.1.4 分析原因、确定事故性质 ··· （122）

6.1.5 撰写事故调查报告 ··· （123）

6.2 事故处理 ·· （123）

6.2.1 事故报告 ·· （123）

6.2.2 抢救伤员，保护现场 ·· （125）

6.2.3 确定事故性质与责任 ·· （125）

6.2.4 依法对责任人进行处理 ··· （125）

6.2.5 进行安全教育，落实防范和整改措施 ······························ （127）

6.3 事故预防 ·· （127）

6.3.1 施工人员安全教育 ··· （127）

6.3.2 施工机械设备管理 ··· （132）

6.3.3 施工环境管理及危险预警 ·· （135）

思考题 ·· （141）

第7章 建筑消防安全管理 ·· （142）

7.1 火灾的分类 ··· （142）

7.1.1 按燃烧对象分类 ··· （142）

7.1.2 按火灾损失严重程度分类 ·· （143）

7.1.3 按起火直接原因分类 ·· （143）

7.2 燃烧的基本条件和灭火方法 ··· （143）

7.2.1 燃烧的基本条件 ··· （143）

7.2.2 防火基本措施 ·· （144）

7.2.3 灭火方法及原理 ··· （144）

7.3 建筑分类 ·· （146）

7.3.1 按使用性质及建筑高度分类 ··· （146）

7.3.2 按建筑物危险性分类 ·· （148）

7.3.3 按建筑物保护等级分类 ··· （148）

7.4 建筑火灾发展及蔓延规律 ·· （150）

7.4.1 建筑火灾的发展过程 ·· （150）

7.4.2 建筑火灾的蔓延方式 ·· （151）

7.5 建筑耐火等级 ·· （152）

7.5.1 民用建筑耐火等级及选择 ·· （152）

7.5.2 民用建筑火灾危险性划分 ·· （154）

7.6 建筑施工现场火灾危险性分析 ·· （157）

7.6.1 建筑施工现场火灾特点分析 ··· （157）

7.6.2 施工现场火灾危险源辨识 ·· （158）

　　　7.6.3　建筑外保温材料火灾危险性分析 ················· （162）

　7.7　施工现场防火管理 ······················· （166）

　　　7.7.1　总平面布局 ······················· （166）

　　　7.7.2　临时用房防火 ······················· （168）

　　　7.7.3　在建工程临时疏散设施 ··················· （168）

　7.8　施工消防安全管理 ······················· （168）

　　　7.8.1　消防安全管理性质 ····················· （168）

　　　7.8.2　消防安全管理的任务 ··················· （170）

　　　7.8.3　消防安全管理制度建设 ··················· （170）

　　　7.8.4　灭火与应急疏散预案 ··················· （179）

　思考题 ··································· （182）

第8章　安全文明施工管理 ······················· （183）

　8.1　施工现场环境管理 ······················· （183）

　　　8.1.1　施工现场环境管理的意义 ·················· （183）

　　　8.1.2　施工期环境保护的措施 ··················· （184）

　8.2　文明施工管理 ························· （186）

　　　8.2.1　文明施工的意义 ····················· （186）

　　　8.2.2　文明施工的组织管理措施 ·················· （187）

　　　8.2.3　文明施工的现场管理措施 ·················· （189）

　8.3　职业病管理与工伤管理 ····················· （194）

　　　8.3.1　职业病防治的意义 ····················· （194）

　　　8.3.2　建筑施工现场常见职业病危害因素分析 ············ （194）

　　　8.3.3　职业病危害的防治管理措施 ················· （195）

　　　8.3.4　工伤管理 ······················· （197）

　思考题 ··································· （199）

第9章　装配式建筑安全管理 ······················· （200）

　9.1　装配式建筑现状 ························· （200）

　9.2　装配式建筑危险源及职责 ····················· （201）

　9.3　装配式建筑施工安全管理 ····················· （207）

　　　9.3.1　装配式建筑运输安全管理 ·················· （207）

　　　9.3.2　装配式建筑存放安全管理 ·················· （208）

　　　9.3.3　装配式建筑吊装安全管理 ·················· （209）

　　　9.3.4　装配式建筑安装安全管理 ·················· （211）

　　　9.3.5　装配式建筑套筒灌浆管理 ·················· （212）

　思考题 ··································· （213）

第10章 智慧工地管理模式 ……………………………………………………… (214)

10.1 智慧工地研究背景及意义 ……………………………………………… (214)

10.1.1 研究背景 ……………………………………………………………… (214)

10.1.2 研究意义 ……………………………………………………………… (214)

10.2 智慧工地的概念与特征 ………………………………………………… (215)

10.2.1 智慧工地的概念 ……………………………………………………… (215)

10.2.2 智慧工地的特征 ……………………………………………………… (216)

10.2.3 智慧工地的服务对象与应用架构 …………………………………… (218)

10.3 智慧工地的关键技术 …………………………………………………… (219)

10.3.1 BIM 技术 ……………………………………………………………… (219)

10.3.2 物联网技术 …………………………………………………………… (219)

10.3.3 大数据技术 …………………………………………………………… (220)

10.3.4 云计算技术 …………………………………………………………… (220)

10.3.5 5G 技术 ……………………………………………………………… (220)

10.3.6 其他技术 ……………………………………………………………… (221)

10.4 项目智慧工地管理模式 ………………………………………………… (221)

10.4.1 项目智慧工地管理模式的概念 ……………………………………… (221)

10.4.2 项目智慧工地管理模式的特性及作用 ……………………………… (222)

10.4.3 项目智慧工地管理模式与传统模式对比分析 ……………………… (222)

10.4.4 项目施工现场智慧工地安全管理系统架构 ………………………… (224)

10.4.5 项目施工现场智慧工地全过程安全管理 …………………………… (228)

10.5 企业智慧工地管理模式 ………………………………………………… (230)

10.5.1 企业智慧工地管理模式的概念 ……………………………………… (230)

10.5.2 企业智慧工地管理模式的特性及作用 ……………………………… (230)

10.5.3 企业智慧工地管理模式与传统模式的对比分析 …………………… (231)

10.5.4 企业智慧工地管理模块架构 ………………………………………… (233)

10.6 政府智慧工地监管模式 ………………………………………………… (235)

10.6.1 政府智慧工地监管模式的概念 ……………………………………… (235)

10.6.2 政府智慧工地监管模式的特性和作用 ……………………………… (236)

10.6.3 政府智慧工地监管模式与传统模式的对比分析 …………………… (237)

10.6.4 政府智慧工地监管模式总体设计 …………………………………… (239)

思考题 …………………………………………………………………………… (242)

参考文献 ………………………………………………………………………… (243)

第1章 绪 论

1.1 建筑工程的发展

第二次世界大战结束后，科学技术突飞猛进，土木建筑工程进入了一个新时代。在建筑材料上，轻骨料混凝土、高强混凝土、高强低合金钢、高分子材料、钢化玻璃、塑钢材料、纳米材料等新型材料和功能材料被大量应用。在结构理论上，利用计算机强大的计算和绘图能力，力学分析和计算结果更加符合实际情况，使结构设计更为可靠合理。在建筑技术上，机电液一体化，计算机模拟仿真技术使土木建筑工程的发展进入了新的历史时期。从世界范围上看，尽管只有十几年，但以计算机技术广泛应用为代表的现代科学技术的发展，使土木建筑工程领域实现了从传统经验驱动到智能数据驱动的跨越式升级。这一时期出现的新特征具体体现在以下几个方面。

（1）工程功能多样化。为了适应不同工业发展的需要，工程规模极为宏大和复杂，功能多样化问题也日益突出。为了满足特殊和多种功能需求，需要与更多的各种现代科学技术相互渗透，与周边环境相适应。公共建筑和住宅建筑要求建筑、结构、给排水、采暖、通风、供燃气、供电等多种现代技术、设备和工种融合成为整体。工业建筑往往要求恒温、恒量、防微振、防腐蚀、防火、防爆、防磁、防尘、防高低温、耐高低湿等，并向大跨、超重、灵活空间和工厂花园化方向发展。发展高新技术对特种工程提出高标准的要求，如核反应堆、核电站、海上钻井平台工程、风力发电工程等。

（2）城市建筑立体化。房屋建筑和道路交通向高空和地下发展。高层建筑大量增多，城市道路和铁路很多已经采用高架、高速公路、立交桥等立体式结构，同时又向地下深处方向发展。地下工程快速发展，使地下铁道进一步发展，地铁早已电气化，并与建筑物地下室连接，形成地下商业街、停车库、油库、体育馆、影剧院、工业厂房、地下仓库等。城市道路下面密布着电缆、给水、排水、供热、供燃气等管道，构成城市的脉络。现代城市建设已经成为一个立体的、有机的系统，对土木建筑工程各个分支以及协作提出更高的要求。高层建筑成为现代化城市的象征。

（3）材料轻质高强。高强钢丝、钢绞线和粗钢筋的大量生产，使预应力钢筋混凝土结构在重大工程中得到了大量推广。高强钢材与高强混凝土的结合使预应力结构得到了较大的发展。标号为 C50~C100 的高性能混凝土已在房屋、桥梁等工程中普遍应用，C120 已经大量使用，今后将有 C400 超高性能混凝土。轻骨料混凝土和加气混凝土已应用于高层建筑中。而超大跨度、高层、结构复杂的工程又反过来要求混凝土进一步轻质、高强。轻钢材料被广泛应用，而铝合金、镀膜玻璃、石膏板、建筑塑料、玻璃钢等轻质高强材料发展迅速，其可靠性、耐久性等其他性能也有很大改善。合成材料的不断研制，拓宽了施工中可以使用的材料的种类，而且在性能上也比过去的传统材料更加优良，同时更注重环保节能材料的研究和发展。

（4）施工过程工业化。施工过程工业化指装配式、自动化和信息化等。在工厂中成批地生产房屋、桥梁的各种构配件、组合体等，再在施工现场装配的工业化生产方式中得到推广，各种现场机械化施工方法发展迅速，如高耸结构的滑升模板法、大面积平板的升板法等。此外，大规模、大型吊装设备，混凝土自动化搅拌楼，以及混凝土搅拌输送车、输送泵等被广泛使用，形成了一套现场机械化施工工艺。现代技术使许多复杂的工程成为可能，铁路线路穿越山岭，桥隧相连，隧道施工采用现代化的盾构技术，施工速度加快，精度提高。各部分、各阶段施工广泛应用计算机信息技术，实现数据的收集、储存、处理和利用，为施工提供科学的决策依据。

（5）设计理论科学化。现代科学信息传递速度的加快，使一些新理论和新方法的研究日益深入，如计算力学、结构动力学、动态规划法、网络理论、随机过程理论、滤波理论、极限状态理论、可靠性理论等成果，随着计算机的普及而渗透到工程结构分析、建筑设计、建筑规划等各个领域。静态的、确定的、线性的、单个的分析、平面分析、经验定值分析、数值分析，逐步被动态的、随机的、非线性的、系统的分析、空间的分析、随机分析、模拟实验分析所代替。材料特性、结构分析、抗力计算等分析、设计和计算由手工走向计算机自动化。计算机使高次超静稳态优化分析成为可能，因此，工程设计理论进一步科学化。

（6）工程设施大型化。为满足交通、能源、环保、大众娱乐和公共活动的需要，许多大型工程建设已陆续建成使用，如高层建筑、大跨度建筑（如薄壳、悬索、网架充气结构覆盖的体育馆、展览厅和大型储罐等）、大跨桥梁、大型隧道、核电站、海上采油平台、高耸结构（电视塔）等、大型水利工程（如三峡水利枢纽、南水北调工程）和西气东输等。该时期的代表性工程有日本明石海峡大桥、克罗地亚克尔克桥、中国江阴长江公路大桥等。

纵观土木建筑工程史，中国在古代就有光辉的历史和成就，至今仍有许多历史遗存，有的已经列入了《世界文化遗产名录》。近代我国土木建筑工程之所以进展缓慢，是因为封建时代末期落后的制度，而现代我国在近几十年来取得了举世瞩目的成就。以往在列举世界著名的工程时，只有长城、故宫、赵州桥等古代建筑，而现在无论是高层或超高层建筑、大跨度建筑、大型建筑、大跨桥梁、水利工程、高耸结构，还是宏伟的机场、港口码头、核电站、海上采油平台等，中国在这些领域均有建树。这些成就均是改革开放以来取得的。土木建筑工程的发展可以从一个侧面反映出我国经济实力的增长，显示出中华民族的复兴和崛起。

1.2 建筑施工技术基础知识

1.2.1 建筑施工技术的意义及划分

建筑业在国民经济发展中起着举足轻重的作用。一方面，从投资来看，国家用于建筑安装工程的资金，约占基本建设投资总额的60%；另一方面，建筑业的发展对其他行业具有重要的促进作用，它每年要消耗大量的钢材、水泥、地方性建筑材料和其他国民经济部门的产品。同时，建筑业的产品又为人民的生活和其他国民经济部门服务，为国民经济各部门的扩大再生产创造必要的条件，建筑业提供的国民收入也位居国民经济各部门前列。

目前，不少国家已将建筑业列为国民经济的支柱产业。在我国，随着小康建设的发展和改革开放政策的深入贯彻，建筑业的支柱作用正日益得到发挥。

一栋建筑的施工是一个复杂的过程。为了便于组织施工和验收，常将建筑工程的施工划分为若干分部工程和分项工程：

(1)按工程的部位和施工的先后次序划分。一般民用建筑按工程的部位和施工的先后次序，将一栋建筑的土建划分为地基与基础、主体结构、建筑装饰装修、建筑屋面四个分部工程。

(2)按施工工种划分。建筑工程按施工工种不同，分为土石方工程、砌筑工程、钢筋混凝土工程、结构安装工程、屋面防水工程、装饰工程等分项工程。

一般情况下，一个分部工程由若干不同的分项工程组成，如地基与基础分部工程由土石方工程、砌筑工程、钢筋混凝土工程等分项工程组成。

1.2.2 我国建筑施工技术的发展概况

中国建筑艺术在世界建筑史上有着特殊的风格和构建体系，以及相应的各种操作方法和技能。古老的中国建筑体系约发端于新石器时代，采用干栏式建筑形式，实施榫卯技术进行连接；夏代和商代是此体系的萌芽期，不仅建造了壁垒森严的城市和大殿，同时也发展了融汇自然山水的风景园林；秦代和汉代是中国建筑艺术发展的兴盛时期，这两个朝代的建筑宏伟、博大、雄浑，如万里长城和长安城；盛唐时期，中国建筑艺术的发展达到了顶峰，新的施工技术解决了建造大面积、大体积建筑的问题并已定型化，如斗拱；随后，辽代修建的山西应县66 m高的木塔及明代北京故宫建筑，清代的圆明园、颐和园等都是中国建筑的瑰宝，这些都有力地证实了我国建筑技术已达到了相当高的水平。

中华人民共和国成立以来，随着社会的进步与技术的发展，建筑施工技术也得到了不断提高与发展。特别是近年来，一大批新的施工技术达到了相当高的水平。如在人工地基与地基处理新技术中，应用了软土地基搅拌加固法、分层注浆加固法、压密注浆法、小口径搅拌固化法、粉体喷射搅拌加固法等；在岩溶区软弱地基处理新技术中，应用了高压旋喷桩技术、化学灌浆技术；在高层建筑地下室深基坑围护技术中，使用了静压桩技术、基坑降排水及边坡抢险加固技术；另外，还有地下连续墙工艺施工围护桩加固技术、广场大型建(构)筑物基坑支护工程加固技术等。

在现浇钢筋混凝土模板工程中，我国推广应用了爬模、滑模、台模、筒子模、隧道模、组合钢模板、大模板、早拆模板体系。粗钢筋连接应用了电渣压力焊、钢筋气压焊、钢筋冷压连接、钢筋螺纹连接等先进连接技术。混凝土工程采用了泵送混凝土、喷射混凝土、高强度混凝土，以及混凝土制备和运输的机械化、自动化设备。

在预制构件方面，我国不断完善了挤压成型、热拌热模、立窑和折线形隧道窑养护等技术；在预应力混凝土方面，采用了无黏结工艺和整体预应力结构，推广了高效预应力混凝土技术，使我国预应力混凝土的发展从构件生产阶段进入了预应力结构生产阶段；在钢结构方面,采用了高层钢结构技术、空间钢结构技术、轻钢结构技术、钢−混凝土组合结构技术、高强度螺栓连接与焊接技术和钢结构防护技术;在大型结构吊装方面,随着大跨度结构与高耸结构的发展,创造了一系列具有我国特色的整体吊装技术,如集群千斤顶的同步整体提升技术,能把数百吨甚至数千吨的重物按预定要求平稳地整体提升安装就位;在墙体改革方面,利用各种工业废料制成了粉煤灰矿渣混凝土大板、膨胀珍珠岩混凝土大板、煤渣混凝土大板、粉煤灰陶粒混凝土大板等各种大型墙板;同时,发展了混凝土小型空心砌块建筑体系、框架轻墙建筑体系、外墙保温隔热技术等,使墙体改革有了新的突破。激光技术在建筑施工导向、对中和测量以及液压滑升模板操作平台自动调平装置上得到了应用,使工程施工精度得到提高的同时,又保证了工程质量。另外,在电子计算机、工艺理论、装饰材料等方面,也掌握和开发了许多新的施工技术,有力地推动了我国建筑施工技术的发展。

1.2.3 建筑施工程序

建筑施工的成果就是完成各类建筑产品(各种建筑物或构筑物)。每个建筑产品都需要经过场地平整、基础施工、主体施工、装饰施工、安装施工等环节,最后竣工验收。

在建筑施工中,必须坚持施工程序,按照建筑产品施工的客观规律组织工程施工。只有这样,才能加快工程建设速度,保证工程质量和降低工程成本。

建筑施工程序是指建筑产品的生产过程或施工阶段必须遵守的顺序,主要包括接受施工任务、签订工程承包合同、施工准备、组织工程施工和工程竣工验收等阶段。

(1)接受施工任务、签订工程承包合同

建筑施工企业接受施工任务,主要是通过参加投标中标而得到的。中标后必须同建设单位签订工程承包合同,明确各自在施工期内所承担的经济责任和需履行的义务。工程合同一经签订,即具有法律效力。

(2)施工准备

施工任务落实后,在工程开工之前应安排一定的施工准备期。做好施工准备工作,是坚持施工程序的重要环节之一。

施工准备的主要任务是根据建设工程的特点、施工进度和工程质量要求,以及施工的客观条件,合理布置施工力量,从技术、物质、人力和组织等方面为建筑施工的顺利进行创造必要的条件。

施工准备的内容,以单项工程为例,主要包括编制施工组织设计和施工预算、征地和拆迁、施工现场"三通一平"(水、电、路要通及平整场地)乃至"七通一平"(水、电、气、路、通信、排污和排洪要通及平整场地)、修建临时设施、建筑材料和施工机具的准备、施工队伍的准备等,并做好施工与监理单位的配合及协调工作。

(3)组织工程施工

组织工程施工在整个建筑生产过程中占有极为重要的地位。因为只有通过合理地组织施工,才能最终形成建筑产品。

组织工程施工的主要内容包括:一是根据施工组织设计确定的施工方案和施工方法以及进度要求,科学地组织综合施工;二是在施工中,对施工过程的进度、质量、安全等进行全面控制,最终全面完成施工计划任务。

4)工程竣工验收

工程竣工验收是对建筑产品进行检验评定的重要程序，亦是对基本建设成果和投资效果的总检查。所有工程项目按设计文件要求的内容建成后，均须根据国家的有关规定进行竣工验收，并评定其质量等级。

只有验收合格的建筑工程，才能正式移交使用；验收不合格的建筑工程，建设单位不准报竣工验收，更不得移交使用。

在工程交付使用的同时，施工单位须向业主交付一套完整的工程竣工资料，以作为历史档案资料，供今后查用。

1.2.4 建筑工程安全管理研究的任务及对象

建筑施工技术是土木工程类各专业的一门重要专业课程，它通过对建筑工程主要工种的工艺原理和施工方法的研究，根据不同工程特点选择施工方案的途径。如何根据施工对象的特点和规模、地质水文和气候条件、机械设备和材料供应等客观条件，从运用先进技术、提高经济效益出发，使技术与经济统一，选择各个工程最合理的施工方案，并研究其施工规律，是本课程研究的主要任务。如何依据施工对象的特点、规模和实际情况，应用合适的施工技术和方法，完成符合设计要求的各种工程，是本课程研究的主要内容。

思考题

1.以计算机技术广泛应用为代表的现代科学技术的发展，使土木建筑工程的发展进入了新的历史时期，这一时期出现的新特征具体体现在哪几个方面？

2.建筑施工程序是什么？包括哪些阶段？

3.你认为建筑工程将来的发展方向有哪些？

第2章 建筑工程施工安全事故案例分析

2.1 高处坠落事故

2.1.1 基本概念

高处坠落事故是指由危险重力势能差引起的事故(图2-1)。此类事故通常发生在脚手架、平台、陡壁等高于地面的施工作业场合,也会发生在地面踏空失足坠入洞、坑、沟、升降口、漏斗等情况下,但不包括以其他事故类别作为诱发条件的坠落事故。如高处作业时,因触电失足坠落应定为触电事故,不能按高处坠落划分。不管是从高处坠落地面还是由地面坠入地下,坠落高度差均在2 m以上(含2 m)。

1.高处坠落事故的特点

高处作业时四边临空,安全条件差,危险因素多,事故发生率高且后果严重。

人在高处作业本身就是危险的,不像在地面有支撑,即使不慎摔倒也是在地面上,一般不会发生意外。但高处作业就不同,它的安全依靠各种防护措施(护栏、安全网、安全带、安全帽)及有关辅助设施来保障。如果这些设施有缺陷、不牢靠或防护用具使用不当,均会发生事故。据统计,高处坠落死亡人数占我国全年企业职工伤亡事故死亡人数的10%以上。同时,高处坠落事故后果严重,一般从2 m以上高处坠落不死即伤,死亡占多数,受伤程度一般为重伤或残疾,轻伤较少。

2.高处坠落事故的主要原因

①违反《建筑施工高处作业安全技术规范》(JGJ 80—2016)的有关规定。如施工中对高处作业的安全技术措施执行不到位,发现有缺陷和隐患时,没有及时解决;危及人身安全时,未能停止作业;临时拆除或变动安全防护设施时,未经施工负责人同意,便随意拆除、变更;在临边与洞口作业时,未设置防护栏杆和牢固的盖板及安全网;在攀登作业时,没有设置上下马道、扶梯,提供的攀登设施不符合规定。

②违反《建筑安装工人安全技术操作规程》的有关规定。如脚手架、作业平台安装完毕时,没有经施工负责人验收,或安装未到位,就匆忙违章使用。

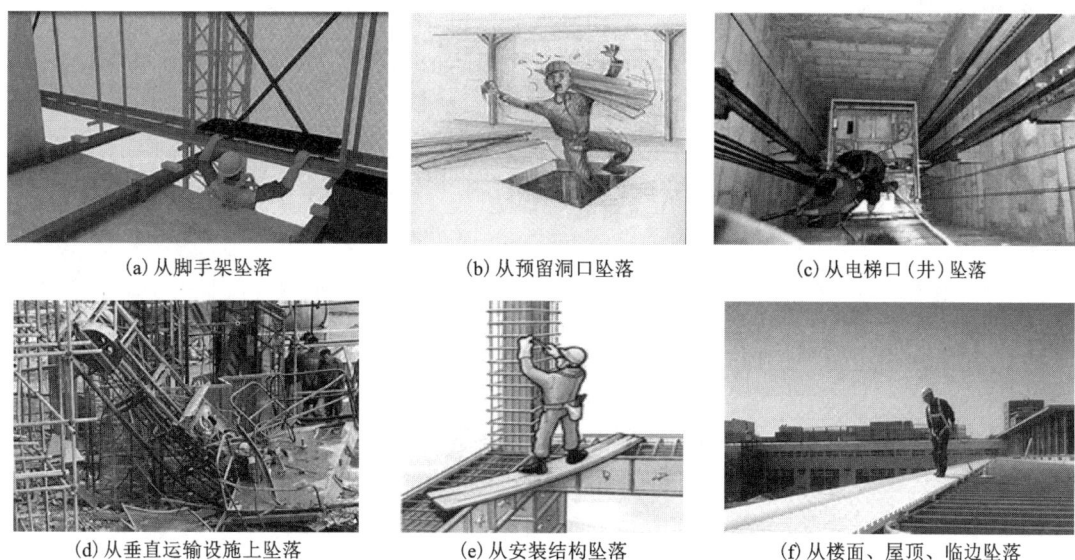

(a) 从脚手架坠落 (b) 从预留洞口坠落 (c) 从电梯口(井)坠落

(d) 从垂直运输设施上坠落 (e) 从安装结构坠落 (f) 从楼面、屋顶、临边坠落

图2-1 高处坠落事故的形式

③违反《建筑施工安全检查标准》(JGJ 59—2011)的有关规定。如脚手架无施工方案;脚手架外侧未设置密目式安全网,或网间不严密;超高的脚手架和悬挑脚手架,以及卸料平台未经设计计算;附着式升降脚手架的升降装置、防坠落和防倾覆装置不符合要求;脚手架的搭设不符合施工组织设计要求和有关脚手架规程的规定等。

④违反《特种作业人员安全技术培训考核管理规定》的有关规定。如架子工、电工、电焊工等作业人员未经培训,擅自登高作业,导致高处坠落事故的发生。

⑤违反相关标准的规定。如安全帽和安全带不符合标准,使用未取得有关监管部门颁发的准用证的不合格安全网,或安全网规格、材质不符合要求;又如不按规定系安全带、戴安全帽,或系戴不正确,安全网设置不符合规定等。

⑥高处作业安全设施(如脚手架、操作平台、跑道等)的主要受力构件未经设计验算和批准,就盲目使用等。

⑦高处坠落事故频发最突出的原因为:没有严格执行法律法规和标准,安全意识淡薄;安全教育流于形式,内容肤浅,不切合实际;各项管理制度不健全,责任制贯彻不到位,安全交底不明确,现场管理混乱,违章操作无人制止等。

2.1.2 事故案例分析

1. 事故概况

四川省某市银行大厦,建筑面积21000 m²,18层,框架结构,由该市某建筑工程公司承建。2003年10月12日下午3时左右,该工地工人王某、李某、曹某等三人在附房五楼拆除模板与脚手架,王某在拆除五楼东侧临边脚手架时,因一人单独操作,不慎被钢管带动坠地,经抢救无效死亡。

2. 事故原因分析

发生该事故的直接原因：二楼无挑网防护，现场防护不到位；单人在五楼临边部位作业；操作人员未系安全带，无辅助人员配合操作。

发生该事故的间接原因：现场管理不严，安全管理人员业务知识匮乏，工作不到位，操作人员缺少防护知识，冒险蛮干，安全技术交底针对性不强，安全生产责任制未真正落实，缺乏安全教育。

3. 防范措施

(1) 要加强临边防护栏杆的设置和根据需要增设挑网，重点部位禁止单人操作，应加强监控。

(2) 要认真进行安全技术交底，并加强检查与督促。

(3) 要认真落实安全生产责任制，严格执行用工管理制度。

(4) 要加强培训教育，增强施工人员的自我防范意识与专业知识。

2.1.3 高处坠落事故管理方法

1. 一控预知管理法

一控预知管理法，是一种适用于建筑施工高处作业的安全管理方法。它能预先发现、掌握和解决高处作业现场潜在的危险因素，增强员工的自我保护意识和能力，是一种简便、易行的预测和预控高处坠落事故的活动形式。

具体活动程序：

①发现危险因素。根据施工作业情况，绘制作业示意图，后向班组人员提问，找出存在的问题，发表各自看法，并将其记录整理归类。

②确定危险源点。可依据施工组织设计方案，分析各类高处作业的危险因素，找出重点部位并集体确认，明确重要的危险因素。

③制定预控方案。要按照《建筑施工高处作业安全技术规范》(JGL 80—2016)的规定，针对施工中的重点部位(洞口、临边)和各个环节的不安全因素，如防护方法、作业要求、注意事项等，都要进行分析研究，提出具体可行的预防对策和措施。

④落实预控措施。要认真做好安全技术交底工作，使班组全体员工都能了解自身的工作内容、危险部位，掌握预防的方法及其所要遵守的各项作业规定，并以精练的语言作为行动口号，集体确认，高声朗读。

2. 二审把关提示法

二审把关提示法，是指由施工方、监理方针对施工前期的施工组织设计、施工方案和所使用的设备设施审查的一种方法。它能预先发现问题，及时纠正设计方案中的不足，从而确保设计方案能满足安全技术措施的要求，确保安全施工。主要审查的内容和要求如下。

1) 审查施工组织设计(方案)

(1) 施工组织设计(方案)中是否针对工程危险源(临边、洞口作业、攀登作业、悬空作业）编制了安全技术措施和防护措施。

（2）对于达到一定规模的危险性较大的分部分项工程，如基坑支护、土方开挖、脚手架、高大模板等是否编制了专项安全技术方案。

（3）对于施工中可能出现的危险因素（吊装、安装、作业平台、临边砌墙、粉刷等作业），是否制定了具体的施工工艺、防护措施和作业安全注意事项。

（4）针对高处作业的项目是否编制了安全技术交底书，其具体内容是否包含工程概况、危险部位、预防措施、安全事项、操作规程和规范及应急措施。

2）审查设备设施

（1）总包方要严格审查设备设施的进场关，查看规格、型号、质保书、说明书及安装与拆卸的安全技术交底书、使用的管理制度，同时要做到安装完后必须进行验收，符合标准才能使用。

（2）要认真审查各类工种进场施工队伍的情况，是否有专业资质证书、书面合同和安全协议书、特种作业证、员工安全教育卡、劳动防护用品发放等管理制度。通过审查把关和检查可及时消除物的不安全状态和人的不安全行为，其目的是控制事故的发生。

3. 三标管理工作法

三标管理工作法（标准化管理、标准化防护、标准化作业），是确保工程项目在施工过程中完全处于受控状态所实施的一种规范化管理，也是施工企业的一项基础性的管理工作。推行三标管理工作法能有效预防各类伤亡事故的发生，尤其是对预控高处坠落事故能起到一定的保障作用。

（1）标准化管理。标准化管理就是工程项目在施工过程中科学地组织安全生产，规范化、标准化地管理现场，使施工现场按现代化施工的要求保持良好的作业环境和秩序。

（2）标准化防护。标准化防护是建筑施工安全技术规范中的一个重要环节，是消除物的不安全状态，防止发生人身伤害事故的有效保障措施。

（3）标准化作业。标准化作业是保障建筑施工安全生产的重要技术规范。建筑企业应建立健全符合施工实际的安全行为标准，杜绝人的不安全行为，有效地预防事故发生。

下面介绍三种常见的标准化作业管理方式：

①上岗作业标准化。上岗作业标准化是指作业开工之前的准备工作。一般由施工班长召集作业人员列队进行作业任务的布置以及安全技术交底，检查个人防护用品的穿戴、设备完好情况。一是布置当日的作业内容；二是分析作业中可能会遇到哪些不安全因素，应如何处理，并要注意哪些要点，由谁来负责等；三是认真检查班组员工的防护用品穿戴是否正确，现场周围的安全设施有无问题，有无打滑、摔倒的危险，使用的工具有无损坏，施工材料和机械有无异常。

②作业程序标准化。作业程序标准化是指在施工作业中，应考虑作业整体过程，按操作程序进行作业。没有规矩，不成方圆。在建筑施工中，施工技术安全规范就是标准化操作程序的"规矩"。也就是说，在施工过程中所进行的每个步骤，都应知晓先做什么，后做什么，中间如何连接、配合（协作），如何遵章守纪，如何听从指挥，都应按技术安全规范执行。

③作业动作标准化。作业动作标准化是指在作业过程中所做的每一个动作都要按照施工安全防护技术规范和操作规定进行。操作中要注意眼观六方（前、后、左、右、上、下）；操作

时应注意自己以及他人的站立位置，登高时如何攀登，怎样做好拆、推、抬、扛、挑等动作，怎样操纵设备和使用工具等，在施工中一切动作和程序都应符合标准要求，决不能擅自改变。

4. 四诊处理整改法

四诊处理整改法是指对查出的安全隐患，采用"坐诊、出诊、会诊、复诊"的方法进行处理整改。为进一步理解并掌握该类管理方法，这里重点介绍一些建筑施工单位在实行四诊处理整改法中的具体做法。

(1) 坐诊是指公司领导或项目经理利用每周一次的安全例会，由各施工队负责人进行自我"诊断"施工状况和存在的问题，并提出相应的整改措施。

在应用这一方法的过程中应着重注意：一是要掌握各自的施工状态，找出问题的症结所在；二是应根据问题和隐患的严重程度，提出解决问题的办法；三是领导在方案决策时要做到，解决问题果断，措施方案准确，人力、物力到位，定人、定时明确。

(2) 出诊是指公司领导或项目负责人定时深入现场，了解施工作业动态，针对存在的问题现场"开出处方"，及时解决问题。

在检查施工现场过程中可采取五字法(听、查、问、看、谈)，即听取各施工队开展安全生产及管理的情况；查看有关资料(分包合同书和安全协议书、安全教育、安全交底等内容)；询问现场作业人员对安全生产的认识和看法；查看施工现场安全管理、防护设施及现场操作的文明规范状态；谈检查中所发现的问题和存在的安全隐患，及时与施工队沟通，并提出整改意见，下发整改通知书，经双方签字后备案。

(3) 会诊就是对于现场暂时不能解决的困难问题，由公司领导、项目经理和工程技术人员进行专题分析研究，拟定解决方案和措施。

在分析研究疑难问题时可采用"预先危险性分析法"，对系统中存在的危险因素、可能触发的条件、导致事故的后果概略地进行分析，尽可能把潜在的危险性搞清楚，其目的是避免采用不安全的施工技术方案。然后根据危险性的大小制定整改方案和预防措施，并贯彻落实到位。

(4) 复诊就是对所开出的"处方"进行跟踪督查；是否落实执行，整改的内容是否符合行业标准，都要复检到位。针对整改的内容，上一级领导要组织有关人员进行复查验收。一般可采用《建筑施工安全检查标准》(JGJ 59—2011)作为衡量的依据，对每一处都要进行检查和测量，如是否符合标准，是否牢固可靠，是否满足施工安全要求，并做好记录。对于整改不符合规范标准的，必须重新整改。

5. 五勤检查监督法

五勤检查监督法是企业的安管人员在长期监督检查中创造和积累的一种工作方法。此类方法主要采用了"嘴勤、眼勤、耳勤、手勤、腿勤"的监管方式，能及时纠正、消除人的不安全行为和物的不安全状态及潜在的危害因素，是一种有效的监督检查方法。其主要形式和内容如下：

一是嘴勤。在日常巡回检查中，要认真地宣传"安全第一"的思想，发现违规违纪行为应立即制止，并及时讲清道理。

二是眼勤。俗话说，"眼观六路，耳听八方"。在检查中，要观察各类防护设施，发现隐患及时指出并立即组织整改。

三是耳勤。在检查中,通过倾听现场作业人员的意见,了解和掌握员工的思想动态及现场管理的不足之处,以便及时予以纠正。

四是手勤。安全检查不光是用嘴问、眼看、耳听,还要用手摸。通过触摸,可以了解现场及防护设施、构件搭设的安全度、牢固性,以便及时消除隐患。

五是腿勤。要深入现场检查,不能走马观花地看看表面,而是要深入到高处作业的每一个角落(洞口、临边),检查防护设施是否到位,不能有任何疏漏。

注意的要点:①监管上坚持做到持之以恒,按规定的巡回检查路线做好日常监督工作;②内容上要求明确重点,要针对重点的作业场所、特殊的作业部位做好巡检工作;③方式上要注重实效性,对查出的安全隐患必须及时分析,提出解决问题的建议和处理方法;④手段上要做到严明纪律,发现违章行为要立即制止,同时也要做好说服教育工作,使作业人员理解安全工作的重要性。

6.六步监管警示法

六步监管警示法,是针对有一定规模的危险性较大的工程项目(土方开挖、深基坑、高大模板、脚手架和起重吊装、拆除及爆破等作业)的监管方法。安全监管部门可采用"六步法"进行审查、监管,及时了解和掌握施工进展情况,其目的是督促施工单位按法规、标准行事,确保施工安全。

六步监管警示法工作程序:

第一步,是否做施工组织设计方案。

第二步,是否做分项分析技术论证。

第三步,是否有专项安全技术措施。

第四步,是否对员工进行安全交底。

第五步,是否按作业程序标准实施。

第六步,是否对安全隐患进行整改。

2.2　坍塌事故

2.2.1　基本概念

坍塌伤害事故指建筑物、构筑物、堆置物倒塌以及土石塌方引起的事故(图 2-2)。其适用于因设计或施工不当而造成的倒塌,以及土方、砂石等发生的塌陷事故,如建筑物倒塌,脚手架倒塌,支模架垮塌,移动式操作平台倒塌,卸料平台倾覆,挖掘沟、坑、洞时土石的塌方,围墙倒塌等情况。不适用于因矿山井下事故、军事爆破塌方。

1)坍塌事故的环境、行业和特点

(1)主要环境:一般发生在施工作业中和使用各类设备、设施的过程中。

(2)主要行业:大多集中在建筑、桥梁、道路开挖和有关企业房屋建造、修缮、拆除及仓库堆置物等场所。

（3）坍塌特点：这类事故因坍塌（倒塌）物自重大，作用范围大，往往伤及人数多，后果严重，属较大或重大人身伤亡事故。

（4）坍塌事故发生的常见类型：

①基槽或基坑壁、边坡、洞室和土方坍塌等。

②地基基础悬空、失稳、滑移等导致上部结构坍塌。

③施工质量低劣造成建筑物倒塌。

④施工设施失稳倒塌。

⑤井架等设备倒塌。

⑥施工用临时建筑物倒塌。

⑦堆置物坍塌、拆房倒塌。

⑧大风等强烈自然因素造成倒塌。

2）发生坍塌（倒塌）事故的原因

（1）直接原因。

①物的不安全状态：

a.基坑（槽）土方坍塌，多因挖土时土壁不按规定留设安全边坡，缺乏支护或支护简陋，土质不良或出现地下水、地表水的落土壁经不住重载侧压力或遇外力振动、冲击等因素造成土壁失稳、滑坡坍塌。

b.现浇混凝土梁支撑体系没有经过设计计算，模板或支撑构件的强度、刚度不足，模板支撑体系整体失稳。

c.楼板混凝土强度未达到规定要求，提前拆模。

d.新浇混凝土楼、屋盖上堆物过多，严重超载等。

e.龙门架、卸料平台及挂架物料提升机的安装或拆除，不按照规范要求执行。

f.脚手架重心偏移、整体失稳；高层建筑脚手架架体高，叠加荷载大，超出下部杆件的屈服强度等。

g.拆除房屋时，未按照规定作业。不是从上到下有序进行，而是采用了挖空底脚等错误方法。

h.堆放物堆放不符合规范，物体堆放过高、不整齐、倾斜；基础不稳固、不整齐、倾斜、基础不稳固、外力撞击等。这些都是物的不安全状态，也是引发坍塌或倒塌事故的危险源（点）。

②人的不安全行为。施工队伍素质差，在作业过程中怕麻烦、图省力、抢速度或有章不循，缺乏安全知识或经验不足，不按施工方案作业，违章指挥，违章操作，施工中存在盲目性、冒险性、随意性，从而触发了危险因素，造成了坍塌或倒塌事故的发生。

（2）间接原因。

①技术缺陷。施工前未能全面了解作业环境，对搭设的防护设施、采用的材质、承载能力和强度、刚度及其稳定性都未能进行严格计算，从而为事故的发生埋下了隐患。

②管理混乱。没有制定有效的安全生产管理制度，致使安全技术交底不到位；责任制落实不明确；违章作业无人制止；安全隐患无人检查与整改；安全教育不进行或敷衍了事等，都是酿成坍塌或倒塌事故的因素。

(a) 建筑物坍塌

(b) 基坑坍塌

(c) 脚手架倒塌

(d) 支模架垮塌

(e) 卸料平台倒塌

(f) 爆破坍塌

图 2-2　坍塌事故的形式

2.2.2　事故案例分析

1. 事故概况

某综合业务楼工程，总建筑面积为 31000 m^2，7 层，高 25 m，地下室 1 层，结构形式为后张法预应力框架结构。整幢大楼分为东西两层楼，中间设后浇带断开，西楼中央 768 m^2，范围从 3 层楼面到 7 层屋顶为共享空间，共享空间顶为井字梁(宽 0.5 m，高 2 m)梁网配玻璃，自重 650 t，且高出 7 层楼顶 3 m。由某一级建筑安装总公司承建。

1996 年 10 月 19 日，建设单位、设计单位和施工单位召开 6 层以上的技术交底会。1996 年 10 月底开始，施工单位将 3~7 层楼的内脚手架逐步搭共享空间混凝土大梁模板支架，共享空间长为 32 m，宽为 24 m，高从 3 层楼面往上为 16.7 m。共享空间 7 层楼顶的 4 个角向内挑出 4 块 10 cm 厚、32 m^2 的非预应力反吊板，距上方混凝土大梁 1 m，即这 4 块非预应力筋采取反吊工艺，将其两边反吊固定在共享空间顶层混凝土大梁上。在支模过程中，违规将梁的一侧模板支架直接设在 4 块非预应力板上。

1997 年 1 月 15 日上午 9：00，由东向西开始浇灌混凝土。浇到中午，经检查，未发现任何异常。到下午 4：40 左右，浇到约 140 m^3 混凝土，即近 2/5 时，木工队长蒋某听工人反映，说是感觉到靠东面已浇好的一根大梁动了一下，于是立即进行上梁检查，发现大梁下沉 2~3 cm，少数钢立管变形弯曲，部分扣件爆裂，浇好部分大梁下的钢管支撑已发生移位而不垂直了。这时，项目经理包某指派电工接电灯，准备加固模板支架，同时安排施工员王某向分公司电话汇报。公司领导吩咐，停止浇灌，撤离人员，放掉一些混凝土以减轻上部负荷。包某通知灌浆工撤离现场，同时组织 30 余名工人上操作面拆模、放混凝土、拆混凝土泵管。没隔多久，在下午 6：15 左右，已浇好的混凝土大梁随板支架失稳，从东面开始直至全部坍塌，在上面作业的 30 名工人随混凝土大梁一起坠落，造成项目经理包某等 6 人死亡、7 人重伤、

7人轻伤的重大伤亡事故。

2.事故原因分析

发生这起伤亡事故的直接原因：一是架设32 m长、24 m宽、16.7 m高的共享空间顶层混凝土大梁的超高模板支架时，未按设计计算编制分阶段施工方案，仅按常规模板支架；四周的支架利用原来3～7层的脚手架，略加加固；立杆、横杆采用3.8 cm钢管，立杆间距80 cm(偏大)，水平分层高1.6 m，底层高达1.8 m(偏高)，且无扫地杆；横向、纵向剪刀撑不足；分层立杆驳接处薄弱，且上下不垂直；共享空间4个角上方的混凝土大梁模板支架直接支在4块非预应力板上，致使现浇混凝土模板支架强度和稳定性不够，造成系统失稳。二是当出现异常情况时，施工单位缺乏经验，又不讲科学，盲目蛮干，指派30余名工人上现浇大梁操作面拆模、放混凝土拆混凝土泵管，人为地增加了施工负载，以致人员随混凝土大梁和模板支架一起坍塌而造成重大伤亡。

发生这起重大伤亡事故的主要原因：一是施工单位违反了《建设工程施工现场管理规定》第十条"施工单位必须编制建设工程施工组织设计"的规定，没有编制共享空间顶层混凝土大梁的分段施工方案就盲目施工。二是施工单位缺乏一系列的内外部技术监督，以致没有一道关卡对共享空间大梁的施工方案进行严格审查把关。三是施工单位、建设单位和有关部门都缺乏经验，即使对上述共享空间大梁的模板支架搭设质疑，对这个超高支撑系统的技术复杂性和难度也没有引起重视，也没有提出问题。

3.防范措施

(1)施工单位应切实加强施工生产的技术管理。

(2)施工单位应加强安全和技术培训。不断提高各级管理人员和施工人员的法治观念、安全意识、质量意识和管理水平。

(3)建设工程项目施工必须严格执行《建设工程施工现场管理规定》。必须编制好施工组织设计，并按有关权限、程序审批后才能施工，对违者要严肃处理。

(4)施工单位加强内部管理。必须建立一套完整、有效的安全技术保障体系。

(5)加强建设工程项目的工程监理。同时，要进一步加大行业管理的力度，对违反监理规定而擅自施工的，坚决予以处理。

(6)要求各建筑设计单位进一步端正设计思想。在设计的全过程中始终贯彻"科学、合理、优化"的设计思想，不给施工单位带来施工上的麻烦，同时还要认真进行技术交底，关键部位、关键工艺要详细交底，并提出施工方案的建议，切实把好设计和施工指导关。

2.2.3　坍塌事故管理方法

1.施工设计控制法

建筑企业发生的坍塌或倒塌事故都与模板支撑系统有着必然的联系。因为模板支撑系统是一个受力结构，在搭建过程中，必须遵循建筑工程力学原理。一个结构通常由若干个杆件组成，但不是若干杆件就可任意组成一个结构。只有在受力状态下，几何形状不变的体系(即几何不变体系)才算结构。在工程施工中，模板支撑系统应该是一个能受力的结构，是一个有多余约束的超静定结构。所谓多余约束，在实际中就是增加纵、横向联系杆，增加斜撑，增设扫地杆，使整个支撑形成超稳定系统，这样形成的支撑系统最稳定。正因为具有这样的结构特性，所以建筑项目设计部门和施工人员必须按规设计、按标搭设，掌握支撑系统的稳定性参数，加强斜撑、纵横连接杆、扫地杆、立杆强度的设计和验算，确保支撑系统的稳定可靠。如果不按照科学规律办事，违反设计规范，冒险蛮干，就要受到规律的制裁、科学的惩罚。

那么如何对模板支撑系统进行质量、安全控制？

一是通过计算参数进行控制。根据现有结构规范及施工现场实际情况，项目部技术人员必须对模板支撑系统进行强度、刚度及稳定性校核计算。只有对模板支撑系统、钢管顶撑及由此组成的整个结构进行精确的力学计算，才能避免各类坍塌事故的发生。

二是通过构造性加固进行控制。虽经计算可以满足要求，但是没有十足的把握，此时可以根据现有施工规范进行构造性加固处理。可采取以下方法：①增加水平连杆：底部设置纵横向扫地杆(联系杆)；②设置连线斜撑：根据施工经验，增加立杆截面(采用双立管)等措施。

三是从监督管理制度上进行强制性控制：①实行严格的编制、审核、审批备案制度。建筑施工企业专业工程技术人员编制安全专项施工方案后，由施工企业技术部门的专业技术人员及监理工程师进行审核。审核合格后，由施工企业技术负责人、监理单位总监理工程师签字。②对施工方案的内容明确要求。模板支撑设计必须有计算书，编制方案必须进行会审交底；细部构造的大样图，选用材料的规格、尺寸、接头方法，间距及剪刀撑设置要详细注明；还需进行编制模板的制作、安装及拆除等施工程序、方法和安全措施；模板工程安装完毕，必须由技术负责人按照设计要求检查验收，合格后才能浇筑混凝土。

2. 安全交底管理办法

为规范建筑施工人员安全操作程序，消除和控制施工作业过程中的不安全行为，预防各类伤害事故，确保作业人员的安全健康，在施工前期，每道工序都必须进行安全交底，即把工序中各个环节的施工组织方案和安全技术措施进行翔实的说明，并按要求逐级向作业人员进行安全技术交底。

3. 四位一体监管法

四位一体监管法是指公司领导、项目部、施工队、作业班，按各自职责和分工形成一体，做好现场安全生产管理工作。应用此法能控制施工现场的危险因素，避免或减少各类事故的发生，是一种有效的监管方式和方法。

(1)公司领导建立跟踪督查制。公司领导可针对项目施工的危险程度和所要整改的内容等情况，采取定期或不定期的跟踪督查，以便及时了解、掌握施工现场的安全状况。重点督查的内容如下：

①整改项目是否有专人负责？

②具体的内容、方法、进度和要求是否落实到人？

③隐患整改是否执行"五不准"？

④整改人员是否明白整改方案的相关要求？

⑤实施前所使用的工具、材料、防护用品是否准备到位？

⑥整改中的临时性措施是否执行到位？

⑦整改后是否做到自检、互检、专检及验收？

⑧整改人员和验收人员是否签字？

⑨整改结束后是否做好台账记录？

（2）项目部采用全面监管制。项目部采用全面监管制针对施工现场的安全管理及文明施工进行重点检查，主要内容如下：

①施工现场是否按要求实行封闭管理？工地外围的主要路段是否设置防护围挡？

②现场是否张挂"五牌一图"？主要施工部位、作业点、危险区、主要通道口是否设置安全宣传标语或安全警示牌？

③主要道路是否畅通、平坦、整洁？场地排水系统是否通畅不堵？建筑垃圾是否集中堆放，并及时处理？

④施工设施设备、模板、钢筋、水泥等是否集中存放、不散乱？

⑤构配件及特殊材料是否分类、分型、按规格定置堆放整齐？

⑥施工作业区与生活区（包括办公区）是否隔开？

⑦脚手架的搭设是否符合有关规定要求（材质、纵距、横距等）？

⑧各类软硬拉结、支撑点、剪刀撑、斜撑搭接是否符合规范要求？

⑨斜道两侧是否设两道防护栏杆？登高平台、临边、洞口、楼梯口的防护设施是否符合安全技术要求？

⑩作业需要设置的坑、壕、池等是否有围栏、盖板？牢固性如何？

⑪"三宝"（安全帽、安全带、安全网）使用是否正确？

⑫机具设备的设置是否便于员工安全操作？

⑬易燃易爆及放射性物质的作业场所、仓库的防护措施是否符合防火防爆和防辐射的有关规定？

⑭特殊作业，如密闭设备或狭小空间的作业是否提供特殊的劳动条件和防护措施？

⑮消防器材等工具的摆放是否到位、醒目？有效期是否已过？

⑯车辆进出、装卸、就位等是否有专人指挥？

（3）施工队现场巡检制。施工队现场巡检制是指由各施工队根据所承包的工种和施工特性，制定科学、合理的检查路线和不同要求，通过眼测、手感、测量、询问等手段，及时发现和消除物的不安全状态、人的不安全行为。针对发现的问题，集思广益，消除缺陷，改进施工方案，形成良性循环。

（4）班组"五分钟"防范自检制。班组"五分钟"防范自检制是指班组成员每天自查的必修课，通过自查，对设备、环境状态、生产过程进行监管，严格执行操作规程，做到"三不伤害"，促进班组成员的安全意识增强，确保企业的安全生产。

4.安全检查提示法

安全检查提示法是针对作业场所的重点部位和危险源点，应用科学的管理方法，采用挂牌的形式，对作业人员进行安全检查提示。此方法的应用可及时提示作业人员对照标准和要求进行施工作业，能起到一定的示警作用。

1）模板支护搭设检查

模板支护搭设检查项目及检查标准见表 2-1。

表 2-1　模板支护安全检查提示牌

序号	检查项目	检查标准（内容）提示
1	施工方案	1. 必须有模板支撑设计、编制施工方案（项目工程师）、审核（项目经理），并经上级技术部门批准。 2. 混凝土运输管道应设置独立架体及安全措施
2	立柱稳定	立柱底部须设置底座或垫板，立杆、纵横向支撑的间距、高度根据方案设计设置，立杆纵横向设置扫地杆
3	施工荷载	模板上堆放物要均匀布置，堆放物不得超过设计要求
4	支拆模板	高度超过 2 m 模板的支拆要有可靠立足点，拆除区域设置警戒线并专人监护；模板堆放平稳，高度不得超过 2 m，并有防倾倒措施
5	模板验收	支拆模板工程应有相关技术人员对执行班组进行安全技术交底，并组织验收
6	劳动保护	1. 进入施工现场及高度 2 m 以上作业须佩戴好安全帽、安全带，以及必要的劳动防护用品。 2. 作业面洞口、临边必须设置安全防护措施

2）悬挑式脚手架搭设检查

悬挑式脚手架搭设检查项目及检查标准见表 2-2。

表 2-2　悬挑式脚手架安全检查提示牌

序号	检查项目	检查标准（内容）提示
1	施工方案	1. 根据悬挑架高度，对挑梁的刚度、强度、抗倾覆进行验算选材，编制详细方案 2. 有编制人、审核人并经总工审批签字
2	交底验收	搭设需有详细书面及口头交底，搭后有检查验收，有交接、验收签字记录
3	悬挑梁及搭设	1. 悬挑架应采用 14 号以上槽钢制作，槽钢尾部应牢固地固定在建筑物上，梁上焊短钢管做底座，脚手架立杆插入固定，有扫地杆。 2. 立杆纵距不大于 1.5 m，步距为 1.5~1.8 m，搭设要求同落地脚手架
4	拉接	墙件必须采用可承受拉力和压力的构造。对高度 24 m 以上的双排脚手架，应采用刚性连墙件与建筑物可靠连接
5	荷载	悬挂架荷载每平方米不超过 200 kg。不超载堆物，不集中站人，不允许用悬挂架做垂直运输
6	脚手架及防护	1. 按脚手架宽度满铺脚手板。平稳牢固，不准有探头板。 2. 架体外侧有密目网严密防护，脚手架与建筑物缝隙大于 15 cm 时应有防护

3)门型脚手架搭设检查

架体不稳定，缺失横向杆件、扫地杆；作业平台防护设施缺乏；个人防护用品未穿戴等违章行为。门型脚手架搭设检查项目及检查标准见表2-3。

表2-3　门型脚手架安全检查提示牌

序号	检查项目	检查标准(内容)提示
1	施工方案	1.根据建筑物形状、高度，作业条件等，对门形架选型、绘制搭设构造及节点图。 2.门架(高度限45 m以下)制定完整施工方案，超过45 m必须有设计计算书，经上级技术部门或总工审核
2	基础	1.基础平整夯实。 ①架高25 m以下，立杆下垫5 cm厚木板；架高25~45 m，铺15 cm厚道碴，上垫木板或槽钢。 ②架高45 m以上基础，要由设计计算确定。 2.有扫地杆，四周有排水措施
3	架体稳定	1.为保稳定，门架体内设交叉支撑，外侧设落地剪刀撑。 2.连墙杆为刚性设置。 ①架高45 m以下高6 m、水平8 m设一组。 ②架高45 m以上高4 m、水平6 m设一组
4	杆件	锁件与杆件配套，正确安装，不得损坏，所有杆件应锁牢
5	荷载	结构架每平方米荷载300 kg，装饰架每平方米荷载200 kg，堆物站人不超载
6	脚手架及防护	1.作业层连续满铺挂扣式脚手架，铺稳扣牢。 2.外侧有1.2 m高防护栏杆和18 cm挡脚板，并用密目网严密防护
7	通道	有上下行人通道或爬梯
8	交底验收	1.塔前有详细交底，并确定专人指挥。 2.搭后有验收，并有交底验收签字记录

5.危险隐患监控法

危险隐患监控法是针对各类设备设施和作业环境中存在的危险(害)因素，通过辨识和评估确定危险等级。一般可分为三级：A级(可能会造成多人重大伤亡事故)；B级(可能会造成较大伤亡事故)；C级(可能会造成一般伤亡事故)。根据评定的等级采用挂牌方式，实施监控管理。

6.班组安全互保法

为进一步贯彻"安全第一，预防为主，综合治理"的方针，加强"群防群治，防治结合"的力度，在建筑施工安全生产活动中，可积极推广应用"班组安全互保法"。此方法的应用能有效预防各类伤亡事故的发生，起到较好的促进作用。其具体的方式、内容和要求如下：

(1)签订协议。《安全互保协议书》有"互保目标、互保内容、互保责任、互保时间、互保奖惩"五大内容。

（2）明确职责。班组长是安全互保责任人，工会组长是安全互保监督检查人。班组职工是班组安全互保的核心，既要向班长负责，又要向互保对象负责，还要对自己负责，负有"三不伤害"的责任。

（3）制定制度。制定"四个一"制度：

①班组每天要利用班前会布置一次安全生产任务；

②施工队每周组织检查一次安全互保活动落实情况；

③项目部每季度对安全互保协议考评一次；

④公司每年对班组和互保责任人进行一次总结评比。

（4）管理落实。安全互保活动对安全生产思想教育要进班组、落到人，形成安全生产纵向到底、横向到边的安全管理体制，有利于班组安全生产制度的落实，有利于项目部、总公司安全生产目标的实现。

要求说明：

①责任：安全互保警钟鸣，一事一抓不放松；上岗之前有交代，操作运转紧跟踪。

②执行：各种规章记心间，时刻恪守不放松；生产安全同步行，安全隐患保为零。

③落实：班组团结如磐石，相互监督常提醒；安全达标都有份，榜上有名皆光荣。

2.3　起重机械事故

2.3.1　基本概念

起重机械事故是指从事起重作业时引起的机械伤害事故，包括起重设备在使用和安装、拆除过程中的倾翻事故及提升设备过卷事故，但不包括触电、检修时制动失灵引起的伤害、上下驾驶室时引起的坠落或跌倒。起重机械事故的形式如图2-3所示。

(a) 吊物打击事故　　　　(b) 吊物坠落事故　　　　(c) 吊车侧翻事故

图2-3　起重机械事故的形式

1）起重机械设备的种类

在建筑施工场所常见的起重机械设备有施工升降机、塔式起重机、物料提升机、龙门式起重机、汽车吊、电动葫芦等。

2) 起重机械伤害事故的特点

随着生产经营的发展，起重机械已经成为生产、储运、建筑施工和商品流通等领域中不可缺少的重要设备，使用日益广泛，数量和类型不断增加。起重机械与其他设备相比，存在大量难以准确控制的状态。伴随着物的升降和大幅度运动，它的工作场所需要有很大的作业空间，其设备的隐患和操作者的不安全行为容易对作业空间内的人或设备设施造成伤害。据不完全统计，起重机械伤亡事故占我国企业职工伤亡事故的10%以上。

3) 起重机械伤害事故的类型

(1) 吊物、吊索具打击事故：指起重机械在吊物或吊钩、吊臂、吊索具在运行、回转过程中，从水平方向打击(碰撞、挤压)人员而引起的伤害事故。

(2) 吊物坠落打击事故：指起重机械吊起重物后，因脱钩、断绳等机械故障或操作失误使重物坠落而引起的人员伤亡事故。

(3) 结构损坏事故：指起重机械结构部件断落并严重损毁的事故。该类事故主要包括折臂和坠臂两种形式。折臂事故是指起重臂因超载或仰角调整不当超过其强度极限而折断的事故。坠臂事故是指在正常操作的情况下，因起重机械变幅机构制动器失灵或起重臂铰轴有裂纹等缺陷而引起的起重臂坠落事故。

(4) 吊车倾翻事故：当起重机的动臂幅度过大，起重超负荷，不正确吊运物体时，均会产生起重机失稳现象，导致翻车事故，出现人员伤亡。

(5) 违反了"十不吊"规定：如斜吊、吊物上站人、捆扎不牢、指挥不力或无人指挥等违章行为所引起的起重伤害事故。

4) 起重机伤害事故的主要原因

(1) 人的不安全行为。

① 起重机司机工作责任心不强或操作技能差、注意力不集中、对设备和作业环境不熟悉，遇有异常情况往往措手不及。

② 司索工和指挥人员未能严格遵守起重作业安全规程，不检查、不瞭望，指挥信号不标准，上下配合不协调，违章冒险作业。

③ 工作前未对起重机械及吊索具进行安全检查。

④ 操作中造成失误，如斜吊、变幅过大、起吊及回转过快过猛、运送速度过快，对重物估计错误而导致的超载、挂钩不牢等。

(2) 物的不安全状态。

① 零部件质量缺陷，如起重机械零部件本身材料存在砂眼、裂纹等质量缺陷。

② 安装失误或不符合要求，如轨道基础不牢固，轨道安装有坡度，夹轨钳数量不足、强度不够，底座压铁重量不足，地锚埋设不符合要求及选用的绳卡不匹配等。

③ 设备设施陈旧、老化，如多股钢丝绳出现一股或多股断裂，吊钩磨损，有关安全装置(防坠安全器、断绳保护器、力矩限制器、过卷扬限制器、起重幅度指示器、行程限位器、缓冲器等)失效或失灵。这些都是导致事故的潜在危险因素。

(3) 环境因素。

① 因雷电、阵风、龙卷风、台风、地震等自然灾害造成的出轨、倒塌、倾翻等设备事故。

② 因场地拥挤、杂乱造成的碰撞、挤压事故。

③因亮度不够或遮挡视线造成的碰撞事故等。

（4）管理原因。

①起重机械性能不良，或维修保养差，致使机械性能达不到原设计要求。

②起重机械设备安装不符合规定，如塔吊或施工电梯、物料提升机基础不符合设计要求，搭设后也不进行检查验收或验收不到位。

③吊钩、绳索不符合要求，如自制吊钩断裂，钢丝绳断丝，用麻绳或铁丝做索具等；

④起重机械司机或指挥人员未经专业培训，无上岗证，起重机械租赁和司机的聘用违反管理规定，如不签订合同和协议，也不审查有关资质和证件等。

⑤作业现场管理混乱，不执行专机专人的规定，指挥人员不熟悉所指挥的机械性能和现场环境，违章行为也无人制止，导致现场管理失控，酿成了事故。

2.3.2　事故案例分析

1. 事故概况

某商贸综合楼，建筑面积 4500 m²，框架结构 6 层。1999 年 4 月 6 日下午，钢筋工丁某、电工陈某、电焊工平某三人进行竖向电渣埋弧焊作业，焊接五层框架柱钢筋。17 时 30 分左右，焊接作业结束下班，平某将焊接工具放入手推车，并把手推车推上了停靠在四层楼面的简易龙门架吊篮。见地面无人开卷扬机，平某就从门架立柱下爬至地面。这时丁某、陈某走上吊篮，准备搭乘吊篮下楼。平某下到地面后，没有查看吊篮上是否有人就开动了卷扬机。当吊篮下降 1 m 多时，卷扬机停转，吊篮停止下降，平某迅速启动提升按钮将吊篮向上提升。在此瞬间，钢丝绳突然断裂，丁某、陈某两人随吊篮从 16.8 m 高处坠落至地面，丁某经抢救无效于次日死亡，陈某受重伤。

2. 事故原因分析

事故现场勘查情况：当时丁某站在斗车后面，陈某站在斗车前面，卷扬机距离龙门架导向滑轮 10 m，且绳筒上的钢丝绳排列不整齐。断裂钢丝绳断口附近有断丝和明显扭曲痕迹。

发生这起事故的直接原因：违反《起重机械用钢丝绳检验和报废使用规范》的规定，使用已达报废标准的钢丝绳，该钢丝绳承受了因吊篮运动而突然变化产生的冲击力而断裂。

发生这起事故的间接原因：丁某、陈某违章搭乘龙门架吊篮；工地所用的龙门架为非专业厂家生产，没有安装断绳保险等各项安全保险装置；工地未安排专人开卷扬机，平某未经培训，不懂卷扬机的性能及安全操作规程，擅自开机；卷扬机与导向滑轮之间的距离不足 15 m，导致钢丝绳在卷扬机绳筒上排列混乱，使钢丝绳在受力时产生扭曲、断丝的现象，加速了钢丝绳的损坏进程。

3. 防范措施

（1）严格执行《龙门架及井架物料提升机安全技术规范》（JGJ 88—2010）和《起重机械用钢丝绳检验和报废使用规范》，确保物料提升机械的各种装置符合要求。

（2）物料提升机操作工必须经过培训，并且定人定机，做到持证上岗，不串岗，不违章开机。

（3）落实各级各类人员的安全生产责任制，加强对安全管理人员、特种作业人员和机械操作人员的管理，加强监督检查。

（4）加强工人安全教育和培训，增强工人的安全意识和自我防护能力，制止违章作业、违章指挥、违反劳动纪律的现象。

2.3.3　起重机械事故管理方法

1. 规程学习训练法

规程学习训练法就是利用班后或安全活动日，对从事起重机作业安装、拆卸人员和起重司机、指挥人员、司索工及有关人员进行岗位知识教育或技能训练。其目的是丰富作业人员的安全知识，提高员工的识别判断能力和防范技能。这种方式能增强员工对起重作业安全技术法规条款的认识，效果较好。

首先，由技术管理人员带领大家学习讲解《施工现场机械设备检查技术规程》《建筑施工升降机安装、使用、拆卸安全技术规程》的规定，并结合施工现场所使用的起重机械设备，提出问题进行考查。

其次，由作业人员根据所提出的问题和安全隐患，对照法规、标准及制度谈各自的认识和看法及其防范措施。

最后，由技术管理人员进行点评、归纳、总结，并提出所要学习的内容，以便员工及时做好预习。

2. 模拟故障辨识法

模拟故障辨识法就是在作业现场设置好故障点，做好标记，然后请受训者进入现场，按规定程序排除故障。这样的训练能提高员工的危险源辨识与判断能力。

下面介绍三种类型的起重机械常遇的故障和发生的事故，进行模拟辨识和判断。

1）外用电梯（人货两用电梯）

（1）讲解施工升降机造成伤害事故的主要原因。造成施工升降机伤害事故的原因有很多，归纳起来主要有以下几种：

①驱动装置的制动器制动力矩不够，安全系数太小。

②单驱动和双（多）驱动的问题。

③防坠安全器的可靠性差。

④违反操作规程，不按产品说明书的规定冒险蛮干，致使吊笼超载运行。

⑤驱动小齿轮与齿条啮合处的背面没有装靠轮，或靠轮偏心轴无锁片。

⑥没有设置平衡重。

⑦其他偶发原因。

（2）列举案例进行分析与辨识。

某建筑工地，19名施工人员经班组长授意，在施工升降机司机未在施工现场的情况下，擅自打开梯门，乘坐施工升降机上楼准备进行粉刷和室内电梯安装作业。

当升至33层楼顶时，升降机突然坠落，导致19人死亡。

主要原因：经查证，施工升降机导轨架上部第4标准节与第5标准节连接螺栓松动脱落，吊笼及笼内作业人员产生的倾覆力矩大于导轨架上部第4节标准节产生的稳定力矩,导致吊笼连同导轨架上部第4节标准节坠落至地面。

根据上述案例,结合下列问题,谈谈你的认识和看法。

①在日常操作过程中如果碰到异常情况,你是如何处理的,应遵守哪些操作规程?

②你对所操作的升降机上安全装置的结构和原理了解吗?遇到升降机下滑、抖动、有异常等情况时,你能否正确判断、及时排除?

③人货两用电梯为什么要限乘人数,你是否知道主要有哪些危险因素?

④作业运行前重点检查的内容有哪些,你是否知道该如何执行?

⑤对所使用的电梯应怎样做好维护保养工作,你是否了解应注意哪些事项?

(3)由技管人员根据受训人员所谈的认识和看法,对照标准进行现场点评,及时纠正对法规标准的错误认识和不规范的动作。其目的是有效掌握应知应会知识。

2)物料提升机

(1)讲解物料提升机造成伤害事故的主要原因。

①物料提升机安装不符合规范标准(基础表面不平整、未有排水措施、附墙架体未连接、承载力未设计计算)。

②卷扬机安装不符合要求(缺乏超载保护、超速保护、过载保护、失压保护、零位保护、滑轮与钢丝绳不匹配、使用倒顺开关)。

③物料提升机安全装置不符合规定(安全停靠装置缺乏或不到位、断绳保护装置、连锁装置、信号装置缺乏)。

④高架提升机(30 m以上)缺乏安全装置(下极限限位器、缓冲器、超载限制器)。

⑤防护措施不符合要求(地面进料口处未搭设防护棚、挂立网或搭设不规范,吊篮安全门未做到定型化、工具化)。

⑥违章作业和其他偶发原因。

(2)列举案例进行分析与辨识。

某建筑工地4名作业人员违章乘坐物料提升机,当升至8层时,钢丝绳突然断裂,吊篮直接坠落到地面,造成吊篮内3名工人重伤。后经抢救,2人死亡,1人重伤。

主要原因:经查证,设备长期缺乏维护保养,从而造成断绳保险装置失效,限位装置损坏,钢丝绳断丝、挤压变形超过报废标准,承载能力超过承载极限。

根据上述案例,结合下列问题,谈谈你的认识和看法。

①物料提升机为什么要设置安全停靠装置和防断绳装置?

②卷扬机的安装应满足哪些安全要求,需设置哪些防护设施和保险装置?

③使用物料提升机附设摇臂把杆应满足哪些安全条件?

④物料提升机上料口、各楼层通道口为什么要搭设防护棚、护栏和护网?

⑤物料提升机为什么规定严禁载人,主要有哪些危险因素?

⑥在吊运作业中如遇到下滑或故障的情况时,应采取哪些应急措施?

⑦使用物料提升机主要有哪些安全操作规定,你是否了解并掌握?

(3)由技管人员根据受训人员所谈的认识和看法,对照标准进行现场点评,及时纠正对法规标准的错误认识和不规范的动作。其目的是有效掌握应知应会知识。

3)塔式起重机

(1)讲解塔式起重机造成各类伤害事故的主要原因。

①塔式起重机装拆违反了作业规定(顶升过大、油缸冒顶,无防超顶的安全装置或安装不到位)。

②高度限位器调整不到位(钢丝绳倍率调整后未调整限位器,致使吊钩冲顶)。

③使用的吊钩和卡环不符合规定(出现变形或裂纹时未及时更换,吊钩与起吊物不匹配)。

④起吊物件时,违反了起重作业"十不吊"(超载或构件重量估算不准,夜间施工照明不良,指挥信号不清,吊埋于土中或与冻土黏结重量不明的构件,斜拉斜吊,吊大型墙板、H型钢等构件或灰斗等不使用横吊梁和卡环,吊棱刃物时绑扎绳索不加衬垫,吊罐体、罐体内盛装液体过满,发生机械故障,6级以上大风、雷雨等恶劣天气)。

⑤其他偶发原因。

(2)列举案例进行分析与辨识。

某建设工程有限公司组织施工人员在某工地进行钢结构件垂直吊运作业,2名作业人员在地面进行司索捆绑,由塔吊司机将数十根H型钢吊至12层楼顶。当吊至30 m高时,突然钢丝绳吊索断裂,H型钢坠落击中1名司索工头部,导致其当场死亡。

主要原因:经查证,吊索具不符合要求(变形、扭曲、开焊、裂缝、磨损断丝);司机违反"十不吊",作业人员未能撤离危险区域。

根据上述案例,结合下列问题,谈谈你的认识和看法。

①造成上述案例的主要原因有哪些?应吸取哪些教训?

②什么叫"十不吊"?你是怎样遵守的?

③你执行的每一项起吊任务是怎样进行组织安排的?怎样预防意外事故?

④塔式起重机装拆应遵守哪些规定?注意哪些事项?

⑤各种吊钩、吊具、钢丝绳应满足哪些安全技术标准?你是否了解、掌握?

⑥在危险场所做起重吊装,应满足哪些安全条件?

⑦起重机作业前重点检查项目应符合哪些要求?你是否知道该如何执行?

⑧作业中如遇6级以上大风或阵风,应采取哪些应急措施?

(3)由现场负责人或安全管理人员根据受训人员所谈的认识和看法,对照塔式起重机规范标准进行现场点评,及时纠正对法规标准的错误认识和不规范的动作。其目的是使员工有效掌握应知应会知识。

3.安全隐患预测法

安全隐患预测法就是在活动之前,选定一项工种或一台设备,采用预先危险性分析(preliminary hazard analysis, PHA)法,参阅有关发生过的相似事故,对所要作业的内容进行系统性风险评价。其目的是及时了解、掌握潜在的危险因素和预防措施,确保安全作业。

举例说明:起重机械吊装作业风险评价活动程序。

①首先由作业人员发言,说出潜在的危险因素,推测可能引起的各类伤害事故(落物打击、绳索打击、物体碰撞、触电伤害、高处坠落等偶发因素),然后逐个进行分析讨论,找出危险因素的症结。

②确定危险重点部位，要求全体作业人员到施工现场针对各自岗位边说边指出重点危险部位(吊钩、绳索、绑扎方式、起吊方法、指挥信号、物件就位及人站立的位置等)。同时，大家共同确定应解决的重点危险因素，并让每个人开动脑筋提出自己的方案和建议，便于项目部或施工队在确定施工方案时作为依据或参考。

③针对起重机械吊装作业过程中可能存在的主要危险因素、触发事件、现象、形成事故的原因、事故情况、事故结果、危险等级、防治措施，进行作业风险评价(表 2-4)。

表 2-4　起重机械吊装作业风险评价

危险因素	触发事件	现象	形成事故的原因	事故情况	事故结果	危险等级	防治措施
吊钩磨损或吊钩采用不当	超载超重盲目自用	吊钩断裂绳索脱钩	现场管理混乱，未制定制度，缺乏检查、违章作业，冒险蛮干	落物打击	人员伤亡经济损失	3	制定制度，落实责任；强化监管，检查到位；加强教育，提高技能
钢丝绳断丝或锈蚀	安全系数降低，无法承受重力	钢丝绳断裂	重生产、轻安全；投入少、应付多；检查少、隐患多	落物打击钢绳打击	人员伤亡经济损失	3	学习法规，增强意识；掌握标准，加强管理；定期检查，保养到位
斜吊、斜拉、绑扎错误	人为因素，违章作业	起吊物偏离中心，物料散落	安全教育、训练不力，缺乏安全知识；现场监管不到位，违章行为无人制止	落物打击	人员伤亡经济损失	3	贯彻标准，坚持"十不吊"明确职责，履行监管职能狠抓现场，制止违章作业
料盘使用不当或吊环磨损	超载使用吊环脱焊或螺纹磨损	吊环断裂料盘坠落	管理制度不落实，设备设施不检查，安全隐患不整改，违章作业不纠正，从而造成现场混乱	落物打击	人员伤亡经济损失	3	安全交底不能忘，吊装作业措施明，职责要求落到人，安全检查标准化，工具设施定型化
提升过桥碰撞设施	回转过快，产生晃动，碰撞脚手架	物料脱钩，高处坠落	采用的吊具不当，捆扎不牢固，司机思想不集中，未瞭望环境，遇事惊慌，操作失误，造成事故	落物打击	人员伤亡经济损失	3	强化培训教育，提高判断能力，熟知本岗作业；加强吊装管理，规范作业标准，制止违章作业

续表 2-4

危险因素	触发事件	现象	形成事故的原因	事故情况	事故结果	危险等级	防治措施
防护缺乏，就位不当	防护不力就位不当冒险作业	临边就位冒险蛮干	作业程序未制定，安全交底不到位，预防措施未落实，个人护品不穿戴，违章行为无人管，造成现场管理失控	高处坠落	人员伤亡经济损失	3	分析作业现状，制定施工程序，做好作业交底，明确防护措施，落实各级责任，加强现场监管，及时制止违章作业
限位缺乏或安装不到位	钢丝绳倍率调整后，高度限位器未同时调整	吊钩冲顶坠落或吊钩侧翻吊具坠落	作业程序混乱，钢丝绳倍率调整后，未进行验收检查，盲目使用；司机操作时，未进行瞭望观察，冒险提升，酿成了事故	落物打击	人员伤亡经济损失	3	加强对设备设施的管理，制定作业标准和验收制度，严格执行安全操作规程，应做到：操作要领能掌握，集中思想做吊运，安全隐患能要辨识，遇到险情会排除

注：危险等级一般可分为 4 级(1 级为安全，尚不会造成事故；2 级为临界，处于事故边缘状态；3 级为危险，必然会造成事故；4 级为破坏性，会造成灾难性事故)。

4. 吊装作业管理法

吊装作业管理法，就是将起重吊装作业的全过程分成三个阶段(准备、实施、结束)，实行程序管理，使全过程的安全生产始终处于被监控的状态，是防患于未然最有效的管理方法。

1)准备阶段

由项目部、施工负责人和相关作业人员，对所使用的设备设施、工器具、作业环境以及吊运的物件(形状、数量、重量)、吊装方式、可能会造成事故的类别，按照吊装作业规范进行科学分析、计算，确定危险因素，并制定可靠的施工组织方案和吊装方案，确保吊装作业的进程安全。

2)实施阶段

(1)在吊装作业前，应做到"三确认"，即作业的内容、吊装的方式、注意的事项及重点部位的防范措施都要进行安全交底确认；对所有吊索具及起重机械性能、安全装置使用前进行检查验证确认；作业人员是否正确穿戴劳动防护用品，由作业负责人对其进行检查确认。

(2)在吊装过程中，要做好"六道关"，即司索关(按物件的形状、长短、重量进行司索绑扎加衬垫，并做到牢固、可靠符合要求)；挂钩关(必须系好钢丝绳准确挂钩，要求吊钩重心对准吊物重心，处于平衡、垂直状态)；起吊关(起吊作业时，必须设立吊装警戒区域，并有监护人员。吊装作业时必须先试吊，确认安全后才能起吊)；操作关(司机必须集中思想，听从指挥，谨慎操作)；就位关(起吊物就位时，司机必须观察环境，听从指挥，缓慢下降，同时要求作业人员按作业规定操作，严禁在临边处拽拉钢丝绳和物件）；脱钩关（吊物必须平稳、可靠落位后，才能脱钩）。

3）结束阶段

吊装作业结束后，应做到"三个必须"，即提升吊钩必须鸣声（塔吊司机在收钩时必须做到先瞭望、后动作，并鸣声示意）；吊机停放必须到位（作业后，起重机应停放在轨道中间位置，臂杆应转到顺风方向，并放松回转制动器）；工作完毕后必须进行检查（将每个控制开关拨到零位，再依次断开各路开关，关闭操作室门窗，下机后切断电源总开关，最后打开高空指示灯）。

2.4　触电事故

2.4.1　基本概念

触电事故是指电流流经人体，造成生理伤害的事故。触电事故分为电击和电伤两种。电击是指电流直接作用于人体所造成的伤害，可能危及生命。电伤是指电流转换成热能、机械能等其他形式的能量作用于人体造成的伤害，可伤及人体内部及骨骼，在人体体表留下电流印、电纹等触电伤痕。

1）触电事故的特点和种类

（1）触电事故的特点：触电事故往往是突然发生的，而且在极短的时间内造成严重的后果，死亡率较高。根据不完全统计，触电死亡人数在我国工矿企业职工因工死亡总数中占6%~8%。

（2）触电事故的种类：按照人体触及带电体的方式和电流通过人体的途径，触电方式分类如下。

①人体与带电体直接接触（图2-4）：

a. 单相触电。人在地面或其他接地导体上，人体某一部位触及带电体。

b. 双相触电。人体两处同时触及两相带电体。

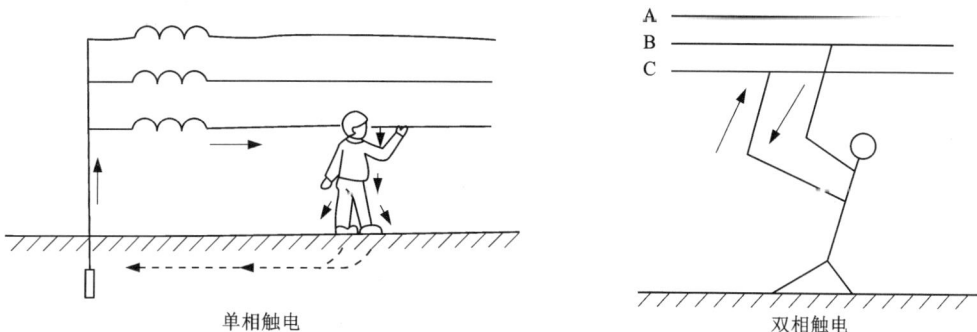

单相触电　　　　双相触电

图2-4　人体与带电体直接接触

②人体与带电体间接接触(图 2-5):

a.跨步电压触电。人体在带电导体故障接地点附近,作用于两脚之间的电位差造成的触电。

b.接触电压触电。人体触及漏电设备外壳,加于人手脚之间的电位差造成的触电。

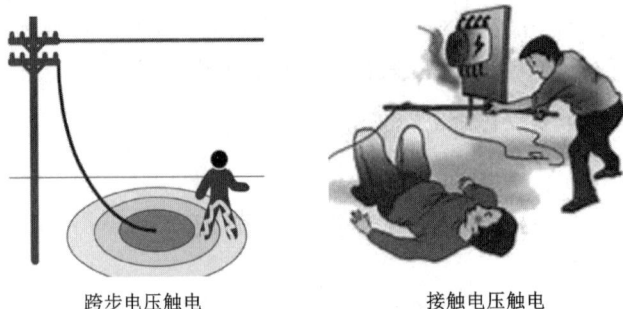

跨步电压触电　　　　　　　　接触电压触电

图 2-5　人体与带电体间接接触

2)触电事故的特征、形式和规律

(1)触电事故的特征:当不同数值的电流作用于人体的神经系统时,人体就会表现出不同的特征,这是因为神经系统对电流的敏感性很高。根据科学实验和事故分析得出的不同数值的电流对人体危害的特征见表 2-5。

表 2-5　交流电与直流电危害的特征比较

电流/mA	50~60 Hz 交流电	直流电
0.6~1.5	手指开始感觉麻	没有感觉
2~3	手指感觉强烈麻	没有感觉
5~7	手指感觉肌肉痉挛	感觉灼热和剧痛
8~10	手指关节感觉痛,手已难以脱离电源,但仍能摆脱电源	灼热增加
20~50	手指感觉痛,迅速麻痹,不能摆脱电源,呼吸困难	灼热更增,手部肌肉开始痉挛
50~80	呼吸麻痹,心室颤动	强烈灼热,手部肌肉痉挛,呼吸困难
90~100	呼吸麻痹,持续 2 s 或更长时间后心脏停搏或心脏停止跳动	呼吸麻痹

(2)人体接触电流的不同形式:对于工频交流电,按照电流通过人体的大小不同,人体呈现不同的状态,可将电击电流分为三种。

①感知电流:能引起人轻微麻抖和轻微刺痛感觉的最小电流称为感知电流。对于不同的人,感知电流也不相同。成年男性平均感知电流约为 1.1 mA;成年女性平均约为 0.7 mA。

②摆脱电流:当电流增大到一定程度时,触电者将因肌肉收缩、痉挛而抓紧带电体,不能自行摆脱电源。人触电以后,能自主摆脱电源的最大电流称为摆脱电流。不同的人的摆脱电流也不相同。成年男性平均摆脱电流约为 16 mA;成年女性平均约为 10.5 mA。

③致命电流：是指在较短时间内危及生命的最小电流。一般来说，电击致死是电流引起心室颤动造成的。因此，一般认为引起心室颤动的电流即为致命电流。根据实验资料和工频电流对人体作用的分析资料，人体通过 50 mA 以上电流是有致命危险的。

（3）触电事故的规律。

①6 月到 9 月触电事故多。由于天气炎热、多雨、潮湿，人体衣单而多汗，皮肤电阻率降低，同时也降低了电气设备的绝缘性能，最易发生触电事故。

②携带式和移动式设备触电事故多。这些设备经常移动，工作环境复杂，容易发生绝缘故障；同时经常在人紧握的情况下工作，易发生触电事故。

③电气设备连接部位触电事故多。这主要是插销、开关、接头等连接部位机械牢固性差、带电部位易外露，容易发生触电事故。

④低压设备触电事故多。由于低压设备多，低压电瓷广，与人接触的机会多，同时低压设备简陋。

⑤管理不严，而操作者又往往缺乏电气安全知识。

⑥建设、建筑、机械行业及乡镇、个体企业、项目分包单位触电事故多，主要是由于作业现场混乱，移动式设备多，防范措施不力，容易发生触电事故。

⑦青年工人和外来民工事故多，主要是由于电气安全知识缺乏，教育培训不够，识别、判断能力差，以及冒险违章作业等。

3）常见触电事故的主要原因

(1)违反了《电气安全工作规程》的规定，如检修电气线路、配电间打扫卫生、更换刀闸等工作，未能严格执行"四大"工作制度(工作票制度，工作许可制度，工作监护制度，工作间断、转移和终结制度)。

②违反了《建筑施工安全检查标准》有关防护的规定，如在高压线下移动长、高物件和使用吊车时，未对作业现场采取防范措施就贸然进行危险作业。

③违反了《建筑与市政工程施工现场临时用电安全技术标准》(JGJ/T 46—2024)的规定，如设备设施不符合电气安全技术的规定，所使用的设备设施陈旧老化，无接地、接零保护措施，漏电保护器的选择、安装和使用不符合规范要求，违规操作、维护保养没有到位等，引发了触电事故。

④违反了特种作业管理规定，如作业人员无电工操作证，擅自拉接电源，造成设备外壳带电；电焊作业者未正确穿戴防护用品、汗水浸透手套、焊钳误碰自身或误碰他人导致触电事故的发生。

⑤作业人员安全意识和防范能力较差，盲目闯入电气设备遮栏内及搭棚等，用铁丝将电源线与构件捆绑在一起，遇损坏落地电线用手捡、拿等，从而造成触电伤害事故的发生。

⑥现场管理混乱，电气线路乱拉乱接不符合规范，违章行为无人监管，因而酿成了触电事故。

2.4.2　事故案例分析

1.事故概况

2002 年 10 月 1 日，在上海某建筑公司承建的某别墅小区工地上，项目经理部钢筋组组长罗某和班组其他成员一起在 F 形 38 号房绑扎基础底板钢筋，并进行固定柱子钢筋的施工作业。因用斜撑固定钢筋柱子较麻烦，钢筋工张某就擅自把电焊机装在架子车上拉到基坑内，停放在基础底板钢筋网架上，然后将电焊机一次侧电缆线插头插进开关箱插座，准备用电焊固定柱子钢筋。当张某把电焊机焊把线拉开后，发现焊把到钢筋桩子距离不够，于是就把焊把线放在底板钢筋架上，将电焊机二次侧接地电缆绕在小车扶手上，并把接地连接钢板搭在车架上。当脚穿破损鞋子的张某双手握住车扶手去拉架子车时，遭电击受伤倒地。事故发生后，现场负责人立即将张某急送医院，张某经抢救无效死亡。

2．事故原因分析

发生这次事故的直接原因：钢筋班组工人张某在移动电焊机时，未切断电焊机一次侧电源，把焊把线放在钢筋网架上，将电焊机二次侧接地连接钢板搭在车架上。在空载电压作用下，经二次侧接地钢板、车架、人体、钢筋、焊把线形成通电回路，且张某鞋底破损不绝缘。

发生这次事故的间接原因：职工未按规定穿着劳防用品，自我保护意识差，项目经理部对施工机具的管理无人负责，对作业人员缺乏针对性的安全技术交底。

发生这次事故的主要原因：项目经理部未按规定对电焊机配置二次侧空载降压保护装置，在基础底板等潮湿部位施工未采取有效的防止触电的措施，使用前也未按规定对电焊机进行验收，致使存在安全隐患的机具直接投入施工，张某无证违章作业。

3．防范措施

(1)严格执行施工机具的管理制度，对投入使用的机械设备必须进行验收，杜绝存在安全隐患的机具投入作业。

(2)施工现场必须编制详细的临时用电施工组织设计，以明确重点，落实专人负责检查、检验、维修。

(3)加强对职工的教育和培训，增强自我保护意识，按规定配备个人劳动保护用品并在工作中正确使用。

(4)加大对施工现场危险作业过程的安全检查和监控力度，发现"违章指挥""违章作业"应及时制止。

2.4.3　触电事故管理方法

在建筑施工中发生的触电事故，都是由施工用电不规范、现场缺乏监管等造成的。因此，加强对施工用电的安全管理，降低施工用电中存在的隐患水平，是减少和避免触电事故发生的有效措施。以下根据用电管理规定和运行规程的要求，并结合多年来一些建筑企业在贯彻执行标准、使用过程中的经验，重点介绍"六大"管理方法。

1．技术措施防范法

在施工作业过程中，员工经常与电打交道。归纳各种触电事故，大致可分为两类：一是直接接触事故，即在电气装置运转时，直接与带电体接触导致的触电事故；二是间接接触事故，即当电气装置绝缘性能降低造成内部带电体漏电至外部的非带电金属部位，此时虽仅接触外部非带电金属部位，但也会造成触电事故。

为防止电气工作中发生以上两类触电事故，确保工作人员的生命安全，电气设备在设计、制造和安装时，在安全技术上可采取以下防范措施。

(1)设备要采取保护性接地方式。保护性接地就是将电气设备的金属外壳与接地体连接，以防止电气设备绝缘损坏导致外壳带电时，操作人员接触设备外壳而触电。中性点不接地的低压系统，在正常情况下各种电气装置的不带电的金属外露部分，除有规定外都应接地。

(2)设备的带电部分对地和其他带电部分相互之间必须保持一定的安全距离。如电压在 10 kV 及以上者，沿垂直方向不得小于 3 m，沿水平方向不得小于 2 m；电压在 10 kV 及以下者，沿垂直方向不得小于 1.5 m，沿水平方向不得小于 1.5 m。不得在带电导线、带电设备、变压器、油开关附近连接电炉，发现导线断落地面或悬在空中时应立即派人看守，任何人不得接近断头(室外 8 m 以内，室内 4 m 以内)，并立即通知当地供电部门或本单位负责人前往处理。

(3)低压电力系统要装设保护性中性线。项目部在建筑施工中，部分员工为了追求个人利益和贪图方便，对一些电气设备的导线不按照规定装置，随意性较大，以致导线乱拖乱拉不做保护。时间一长，导线的绝缘外皮被磨破，很容易造成漏电和触电的危险。

(4)明确划定标示电气危险场所，禁止人员未经许可进入。在全部停电或部分停电的电气设备上工作时，为保证安全应采取停电、验电、悬挂标示牌和装设遮栏等措施。检修时，在断路器和隔离开关操作把手上，均应悬挂"禁止合闸，有人工作"的标示牌。在无绝缘的架空高压裸电线附近施工时，应保持安全距离并有监管人员监督指挥，设置护栏，装绝缘防护装备或移开电路。

(5)根据电气设备的特性和要求采取特殊的安全保护措施。可以采取重复接地的方法。重复接地是指中性线上的一处或多处通过接地装置与大地再连接，其作用是降低漏电设备对地电压，减小中性线断线时的触电危险，缩短碰壳或接地短路持续时间，从而尽可能保证职工的安全。再有，职工使用各类手持电动工具时，外壳应接地线，并站在绝缘垫上或戴绝缘手套。在对设备进行保养和进行电气操作时，必须遵守操作规定。在湿度较大或设备淋湿等情况下，必须先经过电气工作人员验电，确认无任何问题后方可使用。

2."三熟三能"管理法

"三熟三能"是指电气维修人员和作业人员必须按规定和要求掌握的用电知识、防范技能及处理能力。

其主要内容如下：

1)电气维修人员的"三熟三能"

(1)"三熟"：熟悉设备的系统和基本原理；熟悉检修的工艺、质量和运行知识；熟悉各类设备设施的线路图和操作规程。

(2)"三能"：能熟练地进行本工种的修理工作，有排除故障及应急处理能力；能看懂图纸并绘制简单的加工图；能掌握一般的钳工工艺和常用材料的性能。

2)用电作业人员的"三熟三能"

(1)"三熟"：熟悉本岗位设备系统及其基本原理；熟悉操作规程和用电规定；熟悉现场各类安全用电标志牌。

(2)"三能"：能正确地进行操作和识别危险源；能及时发现故障并排除故障；能掌握一般的触电事故急救常识和处理方法。

3）具体方法

"三熟三能"管理法，关键要加强日常安全用电教育，努力提高各类人员对电气知识的认识和掌握。

电气维修人员教育。一般可采用复训与日常性教育相结合的方式进行培训，使其掌握新知识和提高操作技能。

用电作业人员教育。可采用专题讲座与案例分析的形式进行培训教育，使其认识到安全用电的重要性。

3. "三示"教育法

为进一步贯彻"安全第一，预防为主，综合治理"的方针，加深员工对用电知识的认识和提高防范技能，在管理方法上可采取"三示"教育法（警示、提示、告示），引导、教育员工安全用电，确保施工安全。

1）警示教育

警示教育指利用各类触电事故、案例开展安全教育，使员工通过血的教训，认识到安全用电的重要性，从而克服侥幸心理，增强遵章守纪的自觉性。

2）提示教育

提示教育指根据《建筑与市政工程施工现场临时用电安全技术标准》（JGJ/T 46—2002）的规定，结合施工现场临时用电的状态，开展有针对性的安全检查，发现隐患及时提示，并教育员工立即进行整改。此方法的应用可有效预防触电事故的发生，同时有助于强化员工安全意识和提高防范能力。

3）告示教育

告示教育指将现场拍下的电气设备和临时线路照片公之于众，让员工对照《建筑与市政工程施工现场临时用电安全技术标准》（JGJ/T 46—2024）的规定，开展辨识电气安全隐患的讨论活动。此项活动的开展能提高员工辨识危险源（点）的能力和对规范用电必要性的认识。

4. 季节用电预防法

施工场所各种高低压架空线路在露天架设，常年受季节和气候变化的影响，还要受周围环境条件的影响，容易发生各种事故。所以，为保证线路的安全运行，防止电气事故，除定期对线路进行巡视检查外，还应针对不同的天气、季节特点，开展电气线路、设备、设施巡查预防活动。

（1）梅雨季节。在梅雨季节到来之前，要抓紧对绝缘子进行测试、清扫工作，对木结构的螺栓进行紧固，防止漏电流烧杆、烧横梁。

（2）雷雨季节。雷雨季节前应做好防雷设备的试验、安装和检查，按期完成接地装置电阻的测试，更换损坏的绝缘瓷瓶。

（3）高温季节。在高温季节前，要做好导线弧垂的检查和测量，特别是交叉跨越档的检查，防止因弧垂的增大而发生事故。对满负荷和可能过负荷的线路与设备，要加强温度监视与接头检查。

（4）严冬季节。在严冬前，要检查导线弧垂，防止过紧引起断线；还要注意气候变化，注意导线是否结冰。

（5）风季前，要做好电杆杆基加固，清除线路近旁杂物，剪除导线两侧过近的树枝，以免碰触导线造成事故。

（6）雨季前，应对河道附近易受冲刷或基坑旁杆基不稳的电杆，采取培土、筑防水墙、拉线等加固措施，防止电杆被冲刷。此外，还要注意做好防车撞、防风筝、防外力破坏等工作。

（7）运行管理。在运行管理上，应着重抓好巡视维护及隐患排查两项工作。巡视维护上，制定巡视制度，落实责任人，确保巡视到位。对于巡查中发现的缺陷或隐患，应进行分析、归类，按先急后缓的原则，及时研究，制定方案，落实隐患排查工作。

5. 预防触电"五抓"法

发生触电事故的具体原因很多，但概括来讲，有两个：人的不安全行为和物的不安全状态。要预防触电事故的发生，不但要从这两个根本原因上着手，而且要重视日常的管理。因而，在管理上可推行预防触电"五抓"法。

（1）抓教育。在教育上应遵循易懂、易记、易操作、趣味性的原则，采用多种形式增强教育效果。常见的职业教育形式有以下几种：

①事故教育。根据施工作业特点，选择不同类型的触电事故，对职工进行安全教育，让职工理解"违章作业等于自杀，违章指挥等于杀人"的含义，使职工认识到用电安全的重要性。

②悼念教育。结合各种事故案例，对亡者进行悼念，从而向广大职工进行安全生产再教育，真正从思想上做到警钟长鸣，不忘安全，把血的教训转化为责任、担当落到实处。

③现身说教。可邀请部分伤残职工，用自己不重视安全生产造成肉体痛苦的亲身经历，向广大职工诉说不重视用电安全的危害。选用这种活动形式，说服力强，职工容易接受，效果明显。

（2）抓措施。一个新开工程，必须根据规范要求，事先做好临时用电的施工设计，采用TN-S 线配线，采取五芯电缆，并严格按照 TN-S 系统的要求进行保护接零。

（3）抓验收交底。当一个施工现场临时用电设施布置完毕后，在使用前应进行安全验收，依据是《建筑与市政工程施工现场临时用电安全技术标准》（JGJ/T 46—2024）和《建筑施工安全检查标准》（JGJ 59—2011）中的"施工用电检查评分表"等。验收后还要对操作者进行安全技术交底，并履行签字手续。

（4）抓防护。在设施方面，可按照国家颁布的《漏电保护器安全监察规定》和国家电工委员会认可生产的漏电保护装置，设置三级配电两级保护。在个人防护方面，必须强调劳动防护用品的作用，应按规定穿戴绝缘手套、绝缘鞋，带电作业时应有人监护。

（5）抓检查。电气设施在使用中，要经常进行检查，发现乱接电源、乱拉电气线路要及时制止、纠正；发现设备有漏电现象要立刻切断电源，认真检查并找出问题所在。发现人的违章行为（未能正确穿戴防护用品，使用不符合规定的手持式电动工具，拖线板、插座、插头及熔丝不匹配等）要立即责令整改，绝不能马虎从事。

6. 监督检查提示法

监督检查提示法是针对建筑施工场所作业人员在临时用电过程中，为提示员工遵章守纪，制止违章作业，确保用电安全所采用的一种监督方法。具体检查提示的内容、方式有以下几种。

1）配电箱检查提示的内容、方式

临时用电是否实行三级配电（总配电箱，分配电箱，开关箱配电）？是否实行两级保护（在总配电箱和开关箱中各设漏电保护器）？开关箱是否做到"一箱、一机、一闸、一漏"，有门、有锁和防雨、防尘设施？电箱安置是否适当，周围是否有杂物？总配电箱和开关箱内漏电保护器的额定漏电动作电流、动作时间及潮湿、腐蚀环境下额定漏电动作电流是否符合规范标准？配电箱内是否有乱接的电源线？采用的熔丝是否匹配？配电箱和开关箱的进、出线口，是否设在箱体的下底面，并加护套保护？进、出线是否分路成束，不承受外力？电箱正门内是否绘有接线图？箱门是否配锁？箱体是否用红漆喷上警示标志？配电箱安放的位置、高度是否符合要求？配电箱是否有专人负责？

检查方式：采取提问、察看、检验的形式。

2）电焊机作业检查提示的内容、方式

使用的电焊机是否单独设置防触电开关？电焊机外壳是否做接零保护？电焊机一次线长度、二次线长度是否符合规范标准？电焊机两侧接线是否压接牢固，并安装可靠的防护罩？电焊把线是否双线到位，并有防浸、防雨、防砸措施？交流电焊机是否装设专用防触电保护装置？电焊工是否持证上岗？个人防护用品是否正确穿戴？电焊工是否能坚持"十不焊"？

检查方式：采取提问、察看、查证的形式。

3）电动工具检查提示的内容、方式

手持式用电设备的保护线，是否在绝缘良好的多股铜线、橡皮电缆内，其截面不得小于 1.5 mm^2？与电气设备室连接的保护零线是否为截面不小于 2.5 mm^2 的绝缘主股铜线？Ⅰ类手持电动工具用电设备的插销上是否具备专用的保护接零（接地）触头，所有插头是否能避免将导电触头误作接地触头使用？在危险场所作业（潮湿、狭窄的环境），选用的手持电动工具和接入的电源线是否符合安全要求？现场的电气线路是否有违规行为（乱接电源、乱拖线路、使用拖线板等）？手持电动工具手柄处的电源线是否完好？线头是否有破损、包扎的绝缘胶布是否符合安全要求？个人穿戴的防护用品是否符合规定（绝缘手套、绝缘鞋）？

检查方式：采取提问、察看、检测的形式。

4）施工起重机械检查提示的内容、方式

选用的电气设备及电气元件是否符合提升机工作性能、工作环境等条件的要求？提升机的总电源是否装设短路保护及漏电保护装置？主回路上，是否同时装设短路、失压、过电流保护装置？提升机的金属结构及所有电气设备的金属外壳是否接地？是否按照规范要求做好防雷和接地措施？施工升降机与架空线路的安全距离和防护措施是否符合规范要求？工作照明、控制开关是否符合规定？电缆导向架的设置是否符合产品说明书和规范要求？配电箱的安装、防护设施、电气保护装置、电气线路的敷设是否符合规范要求？电源接通后，电压是否正常，有无漏电现象？各限位装置、梯笼、围护门等处的电气连锁装置是否安全可靠？电气仪表是否灵敏有效？

检查方式：采取提问、察看、检验的形式。

5)检查提示的内容、方式

输电线路与在建工程及脚手架、起重机械、厂(场)内机动车道是否保持足够的安全距离？当安全距离不符合规范要求时，采取的隔离防护措施是否满足安全要求？悬挂的警示标志是否正确、醒目？防护设施采用的绝缘等材料是否符合规定要求，搭设是否坚固、稳定？外电架空线路正下方是否有违规作业(临时设施、堆放材料物品)？外电线路四周施工场所是否有违章行为(搬运长物件等)？

检查方式：采取提问、查看、测量的形式。

6)配电线路检查提示的内容、方式

施工现场是否采用符合规范要求的绝缘导线，线路是否设短路、过载保护，线路及接头是否能保证机械强度和绝缘强度？施工现场配电线路是否采用架空线路或电缆线路？架空线路的设施、材料以及相序排列、档距、与邻近线路或固定物的距离是否符合规范要求？电缆是否采用架空或埋地敷设？是否有违规敷设的情况(沿地面明设或沿脚手架、树木、屋面等)？

检查方式：采取提问、查看、测量的形式。

7)临时线路检查提示的内容、方式

拉设临时电源线是否有管理制度(申请单、线路图、使用期限、安装人、监护人等相关措施)？拉设的临时电源线是否符合规范标准(使用的电箱，接入的线路，采用的电缆，敷设的保护措施，接零、接地保护措施，遮栏、标志牌等安全措施)？临时电源线在使用过程中是否有违章现象(未办理手续，无电工证，擅自拉设电源线，同时未做保护措施，也未使用开关箱，违规使用拖线板，并直接用两线头插入孔内，未正确穿戴防护用品)？

检查方式：采取提问、查看、抽查的形式。

2.5　车辆伤害事故

2.5.1　基本概念

车辆伤害事故是指企业施工现场内由机动车辆引起的机械伤害事故。

1)厂(场)内机动车辆的分类

汽车类：载重汽车、自卸汽车、大客车、小汽车、客货两用汽车、内燃叉车等。

电瓶车类：平板电瓶车、电瓶叉车等。

拖拉机类：方向盘式拖拉机、手扶式拖拉机、操纵杆式拖拉机等。

有轨车类：有轨电动车、电瓶机车等。

施工车辆：挖掘机、推土机、叉车、装载机、压路机、土方自卸车等。

2)车辆伤害事故发生的环境和行业

(1)发生的环境。一般是指现场道路环境和气候条件。①道路因素，如道路坑洼、地面不平、场地狭窄、道路转弯处无明显标志等。②天气因素，如下雨、下雪、大雾、积水、积雪、结冰等不良气候条件。

（2）主要行业。据统计，大多集中在交通运输（装卸过程中倒车、就位）、建设工程（材料运输、施工作业过程中）、机械、化工（原材料或成品转运仓库过程中）等行业。

3）车辆伤害事故的类型和特点

类型：行驶中引起的挤压、撞车、碾压、倾覆等事故；行驶中上下车、攀爬车辆、搭乘非载人车辆等事故；车辆运输摘挂钩、就位倒车、车辆掉头以及在作业搬运、装卸、堆垛中所造成的事故均属此类事故。

有如下特点。

（1）流动性。厂（场）内机动车经常处于流动状态，因而增大了监管的难度。

（2）频繁性。每天运输作业频繁和重复动作频繁，致使操作者易产生生理、心理疲劳而引发事故。

（3）危险性。作业场所异常情况较多，难免会出现疏漏，这就决定了厂（场）内机动车作业存在很大的潜在危险。

（4）严重性。厂（场）内发生的车辆伤害事故，后果较为严重，一般死亡率较高。

4）发生车辆伤人事故的原因

发生车辆伤害事故的原因主要有人、车、物和管理。

（1）人。是指人的不安全行为。如无证驾驶、判断失误、思想麻痹、精神不集中、车速过快、倒车未瞭望、违章登爬、横穿道路、饮酒开车及吸烟、接听手机（玩手机游戏）、收听广播或录音、同乘车人闲聊等违反厂（场）内车辆管理规定的违章行为，这些都是造成车辆伤害事故的直接原因。

（2）车。是指车辆的不安全状况。如制动器、转向器、喇叭、灯光、雨刷、后视镜、前桥、车轮胎存在缺陷和陈旧老化，不灵敏可靠，因而为事故的形成埋下隐患。

（3）物。是指物的不安全状态。一般是违反了《工业企业厂内运输安全规程》的有关规定。如超重装载，致使车辆倾覆；又如超高超长，影响了驾驶员视线，造成撞车、撞人；再如堆放不平稳，捆扎不牢固，重量分布不均匀，再加上道路环境差（道路狭窄、曲折）、天气恶劣及防范措施不到位等不安全因素，极易引发物体塌落和人的坠落事故。

（4）管理。是指日常安全管理不到位，没有严格执行法律法规和标准（超高、超速及无证驾驶等）；安全意识淡薄，日常安全教育流于形式，内容肤浅，不切合实际；各项管理制度不健全或执行不力（车辆维护保养制度不执行，安全检查制度执行不严）；责任制贯彻不到位（甲、乙双方安全责任制未签订或签订不明确）；现场管理混乱（车辆缺乏指挥，车辆乱停，材料、工具、成品、半成品、毛坯等乱堆乱放，违章行为无人制止）；作业环境差（工作场地狭窄，安全距离不够）；安全标志（限速标志、转弯标志等）缺乏。这些都是诱发车辆伤害事故的管理原因。

2.5.2 事故案例分析

1. 事故概况

2002年10月16日下午5时30分，在上海某建筑企业承包的高层工地上，瓦工班普工杨某在完成填充墙上嵌缝工作后，站在建筑物15层施工电梯通道板中间两根竖管边准备下班。当时施工电梯笼装着混凝土小车向上运行，电梯操作工听到上面有人呼叫，就将电梯开到

16 层楼面，发现 16 层没有人，就再启动电梯往下运行。在下行至不到 15 层处，正好压在将头部与上身伸出到竖管探望施工电梯运行情况的杨某头部，受伤部位为左侧顶部，以致其当场昏迷。当电梯厢内人员发现在 15 层连接运料平台板的电梯稳固撑上有人趴在上面后，及时采取措施将伤者送往医院抢救，终因杨某头部颅脑外伤严重，抢救无效死亡。

2. 事故原因分析

发生本次事故的直接原因：杨某在完成填充墙上嵌缝工作后，擅自拆除竖管的临边防护措施，将头部与上身伸入正在运行的施工电梯轨迹中。

发生本次事故的间接原因：分包项目经理部施工电梯管理制度不健全、安全教育培训不够、安全检查不到位；作业班长在安排工作时，未按规定做好安全监护工作；总包单位对施工现场的安全管理力度不够，未严格实施总包单位对现场管理的具体要求，对安全隐患整改的监督不力。

发生本次事故的主要原因：施工企业安全管理松懈，安全措施制定得不严格，对施工人员的安全教育培训工作不够深入。

3. 防范措施

(1) 总包单位必须加强对施工现场各分包单位安全生产管理的监管力度，强化安全生产责任制，健全和实施安全生产的规章制度。

(2) 施工企业必须加强对职工的安全教育与培训，增强职工的自我保护意识，加强施工作业前有针对性的安全技术交底工作，杜绝各类违章现象。

(3) 总包单位与施工企业针对事故发生原因，举一反三，实施全面的现场安全检查，制定有效的安全防护措施，严格按体系要求对安全防护设施进行检查与检验工作，杜绝隐患。

2.5.3　车辆伤害事故管理方法

1. 危险隐患辨识法

危险隐患辨识法，是针对车辆在行驶过程中或停车、倒车、装卸货物时出现的不安全状态和人的不安全行为，及时辨识和正确判断，并采取相应措施，防止各类车辆伤害事故的发生。具体辨识的内容、方法有以下几种。

1) 物的不安全状态

应按企业内机动车辆驾驶和装卸作业的规范、标准来辨识车辆在运行中出现的危险状态。

举例说明：叉车装载运输。

请辨识、判断、纠正危险状态。

(1) 辨识危险源(点)。装载的物体超过了规定高度，会影响司机的视线；稍有不慎，就容易引发各类伤害事故。

(2) 判断事故类别。车辆伤害事故(物体坍塌、倾倒和碰撞)。

(3) 纠正危险状态。按规定高度装载物体，确保司机的视线不受影响，并按规定的时速行驶。同时，要确定物体的重心位置。对于稳固情况不好和重心位置高的物体，采用绳索捆绑，防止物体坍塌、倾倒。

2)人的不安全行为

可根据企业内机动车驾驶作业的管理规定来辨识人的不安全行为(操作错误，忽视安全，忽视警告，冒险蛮干，违章作业，违反劳动纪律，违反作业程序等)。

举例说明：物体上站人。

请辨识、判断、纠正危险状态。

(1)辨识危险源(点)：①直线方向的惯性危险(车辆紧急制动和突然启动)；②转弯时的惯性离心力危险(一种会产生相互碰撞，另一种可能是人或物体被甩出车外)；③人货摇摆颠簸碰撞危险(机动车下坡时，导致人货滑动)。

(2)判断事故类别。车辆倾倒、冲撞、碰撞、挤压、甩出等伤害事故。

(3)纠正危险状态。严禁在物体上站人，发现违章行为应立即制止；物体按规定要求装载，并做到牢固、安全可靠；按规定时速行驶，遇到转弯和下坡时，速度必须减慢并鸣笛警示，确保安全行车。

2.车辆管理提示法

为加强建筑施工车辆驾驶作业的安全管理，有效控制施工场所车辆伤害事故的发生，一般可根据人与车辆接触的时间和作业场所，采取时段性、针对性的管理方式进行提示。具体做法如下：

①在上下班途中，人与车辆接触的机会较多，稍有不慎，极易发生车辆伤害事故。因而应提示施工企业必须建立管理制度，加强现场监管，实行车辆行车道，行人走人行道，确保交通安全。

②在施工场所行车和穿越道路时，如不注意瞭望，盲目驾驶，冒险穿越，极易发生车辆伤害事故。此提示法告诫员工，在施工场所作业务必多看一眼，确认安全后才能穿越；同时也提醒司机，驾驶车辆莫大意，查前看后观左右，宁可减速莫抢道。

③施工车辆进入作业现场时，司机如果忽视安全，冒险驾驶，容易引发车与人相撞事故。因此，提示企业管理者和作业人员，务必提高警惕，加强现场监管，发现违章行为，应立即指出和纠正。

④车辆到达现场进行就位倒车时，如现场缺乏指挥，司机违章倒车，极易造成碰撞、挤压伤害事故。血的教训提示人们，在倒车时应做到，现场必须有人指挥，必须坚持先瞭望(鸣笛)后驾驶的原则，并控制车速(不超过5 km/h)，确保安全行车。

⑤装货、卸货的作业场所危险因素较多，如果放松现场安全管理，违章行为得不到及时制止和纠正，事故就难以得到控制。由此提示企业管理人员，要加强现场安全管理，应做到：危险区域有各类警示、提示标志；危险场所有人指挥，违章行为有人监管。

⑥驾驶挖掘机进行挖土作业时，应注意作业场所周围环境是否安全，稍有不慎，就容易引发车辆伤害事故。为此，提示车辆司机，驾驶要谨慎，时速要减慢，鸣笛要及时，查看要细致，确定无误后，才能行驶。现场监管人员要认真履行职责，发现有人进入危险区域要及时警示，发现违规驾驶和冒险操作的行为要立即制止，发现有人进行交叉作业时要立刻提示，并做好协调、沟通工作。

3. 日常安全教育法

日常安全教育法是针对建筑业驾驶员流动作业较多、可变因素大的特点所开展的一种安全教育方法。此方法形式多样,针对性强,效果明显。具体教育的方式和内容如下:

①行车安全交底(工作任务、地点和要求、危险路段、防范措施及注意事项)。

②根据人的不同情况和路线状况,发放安全警示卡、提示卡和平安卡(红色为警示卡,黄色为提示卡,绿色为平安卡),并做好出车前的安全嘱托工作,确保安全行车,同时遵守车辆驾驶的八条禁令。

车辆驾驶的八条禁令:严禁无证驾驶和无令开车;严禁酒后开车;严禁人货混装;严禁超速开车;严禁带病开车;严禁违章超车;严禁超载行车;严禁违章空挡滑行。

③安全技术练兵。针对司机的薄弱环节和技能的缺乏,开展技术练兵培训活动,努力增强司机的安全意识和操作技能。

④车辆事故教育。可采用两种方式进行事故教育。

一是可利用本企业和本行业的交通事故来开展安全教育。让车辆驾驶员通过血的教训,提醒大家安全行车的必要性,从而克服侥幸心理,增强遵章守纪的自觉性。

二是可采取现身说法。可邀请一些老司机,用自己的亲身经历或他人不重视安全行车造成车辆伤害事故的实例,向驾驶人员讲述不重视安全行车的危害。采用这种活动形式,说服力强,职工容易接受,效果明显。

4. 行车安全五字法

行车安全五字法是由众多车辆驾驶员在长期工作中积累的实践经验,可归纳为"一安、二严、三勤、四慢、五掌握"。具体内容如下:

"一安",指要牢固树立以人为本、安全第一的思想。就是要求驾驶员在思想上,把他人的生命放在第一位(心中),不能牺牲他人的健康、生命来开英雄车、疲劳车。

"二严",指要严格遵守操作规程;严格遵守交通规则。要求驾驶员在日常工作中必须严格遵守法律法规和操作规程,努力提高自身素质、驾驶技能,开好安全车。

"三勤",指脑勤、眼勤、手勤。在车辆行驶过程中要多思考,知己知彼,严格做到不超速、不违章、不超载;要知车、知人、知路、知货物;要眼观六路,耳听八方;要注意上下、左右、前后的情况,对车辆要勤检查、勤保养、勤维修、勤搞卫生。

"四慢",指情况不明(异常情况)要慢;视线不清(下雨、下雪、大雾)要慢;起步、会车、停车要慢;通过交叉路口、狭路、弯路、人行道、人多繁杂地段要慢。

"五掌握",指掌握车辆技术状况(设备结构)、行人动态(冒险穿越道路等)、行区路面变化(路面开挖、修路等)、气候影响(大风、大雨、大雪、大雾)、装卸情况(物件的长短、形状、重量、安放的位置、吊装的方式)等。

5. 违章作业纠正法

在施工现场监管中,经常会遇到各类机动车辆的违章行为(车辆超速、超载、超高、超长、逆向行驶、盲目倒车等)。这些违章行为产生的原因主要是车辆驾驶员存在侥幸心理,认为一般情况下不会发生事故,久而久之形成了习惯性违章,并对纠正违章行为的处理抱有抵触情绪。所以，对违章行为人的处理方法是否得当，直接影响到施工现场车辆安全运输能否顺利开展。纠正违章的方法正确，可教育驾驶员自觉遵守各项管理制度，提高整个团队的安全素质，否则会埋下安全隐患。因此，在日常纠正车辆违章时，可采用因人制宜、因事制宜和人事结合的方法处理各类违章行为。此方法的应用，可以起到事半功倍的效果。

(1)因人制宜。由于每个人的自身素质不同，对违章行为的认识程度也不同，因此接受管理或处罚的心态也不一样。因此，在处理时要对违章行为人有比较全面的了解，掌握其心理状态，采用"一把钥匙开一把锁"的方法来处理。如对于安全意识淡薄、对安全制度认识不足、技术素质不高的违章行为人，可以加强安全教育，让其抄背安全行车制度、操作规程、技术标准，加深对规章制度的认识和理解；对于一些情绪易冲动的违章行为人，应查清原因，及时提醒；对于那些怕麻烦而不遵守规章的人，应以血的教训事例，加以详细说明，使其理解。

(2)因事制宜。施工现场的车辆违章行为可分为三大类：致命违章(饮酒冒险开车等)、严重违章(盲目倒车等)、一般违章(停车不规范等)。在处理过程中，要根据不同类型的违章现象采取不同的处理方法。对致命违章、严重违章行为，要坚决给予严肃处理，决不心慈手软，要坚决落实执行施工现场安全制度中的处罚细则；一般违章行为出现的概率较高，处理时要结合当时的环境、可能导致事故的严重度，以及对周围员工安全意识的影响程度等综合因素，采取恰当的处理方法。

(3)人事结合。纠正违章的关键点在于如何纠正麻痹大意思想、纠正侥幸心理和惰性行为。因此，在纠正违章过程中要结合违章行为人自身的实际情况和现场实际等综合因素，采取合适的处理方法，不能简单粗暴地直接套用安全制度中的处罚细则进行处理。因事而异提出的处理方法要尽量让违章行为人接受，从而使其在今后的工作中不再发生此类违章行为，自觉执行安全制度。

总之，在纠正违章时，安全管理人员应做到动之以情、晓之以理，以高度负责的精神做好耐心细致的教育工作，使员工充分理解安全的重要性，加强其遵章守纪的自觉性。

2.6 物体打击事故

2.6.1 基本概念

物体打击事故是指由失控物体的惯性力造成的人身伤亡事故，如落物、滚石、锤击、碎裂、崩块、砸伤等造成的伤害，但不包括因爆炸、起重机械吊装等引起的物体打击。

1)物体打击事故的主要特点

(1)广泛性。在各行业企业中均会发生物体打击伤害事故，建筑施工行业尤为突出。

(2)偶然性。事故一般没有预兆，具有突发性，不易防护。

(3)必然性。现场管理混乱，交叉作业多，制度落实不到位；隐患作业多，现场检查少等，违章行为未能及时纠正和制止。

(4)伤害性。由于多数物体打击能量大，凡受伤者，轻者伤残，重者死亡，甚至发生多人死亡的事故。

2）物体打击事故的主要类型

（1）高处作业中，工具、零件、砖瓦、木块、钢筋、钢管和管夹等废杂物乱扔或悬空物掉落。

（2）地面作业时，硬物、反弹物碰伤、撞击。

（3）设备运转中，物体、物件、模具、器具、零部件及打桩过程中物件飞出，砂轮破裂等。

（4）使用各类工具（手锤、凿子、铁镐、斧头等）时，如果使用不当，均会引起物击伤人的事故。

（5）大风等强烈自然因素造成的物体打击。

3）物体打击事故发生的原因

物体打击事故是建筑施工过程中常发生的事故之一，其原因也是各式各样的，但归纳起来主要有以下几方面。

（1）物的不安全状态。设备设施存在缺陷，陈旧老化，安全性能差，无法承受突然增大的离心力，再加上安全防护装置不齐全，或损坏、失灵等；作业场所防护设施缺乏，脚手板不满铺或铺设不规范，材料堆放不稳、过多、过高；拆除工程未设警示标志，周围未设护栏或未搭设防护棚；缆风绳、地锚埋设不牢或缆风绳不规范、不合格；平网、密目网防护不严，不能很好地阻挡坠落的物体等。

（2）人的不安全行为。未按规定穿戴个人劳动防护用品，如安全帽、防砸背心、防砸鞋等；冒险进入危险场所；作业时未能观察周围环境，站立在危险作业区下方作业或与人谈话等；高处作业和坑内作业中操作方法错误，如用抛掷方法取送材料、利用工具拆除设施（脚手架、模板、平台、钢结构件）时，无任何防护措施，造成落物伤人；又如在基坑边坡旁作业时，未检查四周环境，也未采取预防措施，致使落物造成伤害事故。

（3）安全管理不到位。没有严格执行法律法规和标准；安全意识淡薄，安全教育流于形式，内容肤浅，不切合实际；各项管理制度不健全，责任制落实不到位，安全交底不明确；现场管理混乱，作业环境差，如作业中所用材料、工具、成品、半成品等乱堆乱放，工作场地狭窄，安全距离不够；搬运物件时，采用的方式不符合规范标准，施工中立体交叉作业管理不力及违章作业无人制止等。

2.6.2 事故案例分析

1. 事故概况

2000年6月22日上午，在四川省成都市某高层工地，该市某建筑公司当时正在做外墙装饰工程。外墙抹灰班组图施工操作方便，经班长同意后，拆除该大楼西侧外脚手架顶排朝下第三步围挡密目网，搭设了操作小平台。在上午9时40分左右，抹灰工牛某在取用抹灰材料时，觉得小平台上料口空当过大，就拿来了一块小木板，准备放置在小平台空当上。在放置时，因小木板后端绑着的一根铁丝钩住了脚手架密目网，牛某想用力甩掉小木板的钢丝，不料用力太大而失手，小木板从90 m高度坠落，正好击中施工现场的普工李某头部。事故发生后，现场负责人立即将李某送往医院抢救，终因伤势过重，经医院全力救治无效而死亡。

2.事故原因分析

发生本次事故的直接原因：抹灰工牛某在小平台上放置小木板时，因用力过大失手，木板从90 m的高处坠落，击中底层普工李某。

发生本次事故的间接原因：施工单位管理人员未落实安全防护措施，导致作业班组长擅自搭设不符合规范的操作平台；缺乏对作业人员的遵章守纪教育，现场管理和安全检查不力。

发生本次事故的主要原因：外墙抹灰班长图操作方便，擅自同意作业人员拆除脚手架密目网，违章在脚手架外侧搭设操作小平台。

3.防范措施

(1)施工单位召开全体职工事故现场会，进行安全意识和遵章守纪教育，强调有关规章制度，加强安全管理和安全检查制度，杜绝各类事故发生。

(2)施工单位决定对清退的肇事班组进行处罚。

(3)施工单位立即组织施工现场安全检查，对查出的事故隐患限期整改并组织复查。

(4)施工单位组织专职安全管理人员加强对现场安全检查的巡视，对违章作业、违章指挥加大执法力度。

2.6.3　物体打击事故管理方法

物体打击事故是建筑施工行业常见的伤害事故之一，其都是由于管理不善、防护不力、违章操作，致使钢管、扣件、砖石、斗车、木料等杂物从洞口、临边处坠落，从而引发物体打击伤害事故。为有效预防此类事故的发生，加强现场安全管理，以下重点介绍"六大"管理方法，以便参考应用。

1.班组一日活动法

班组一日活动法就是把一日的工作分成三个阶段(班前、班中、班后)进行全天候管理。一般可采用告示、警示、提示的方式，对人的不安全行为和物的不安全状态进行监管，是一种科学的、合理的管理方法。

1) 班前告示

由班组长根据项目部或施工队布置的当日任务和要求，对员工进行作业前的安全交底。其主要内容有：作业任务、施工地点、进度要求、危险部位、操作程序、注意事项和防范措施等，都必须交代清楚，并落实到人员，各司其职，确保安全。

2) 班中警示

要定时做好巡回检查工作，对于现场作业环境、危险部位、防护设施、材料堆放、工具使用、人的行为等交叉作业，都必须按照《建筑施工安全检查标准》(JGJ 59—2011)进行监督检查。如钢管、模板、扣件乱堆放，必须及时指出并立即整改；又如"洞口、临边"防护设施存在安全隐患，应立刻进行加固整改，不留后患；再如发现人的违章行为(乱抛、乱丢)，要及时制止、纠正，并做好说服教育工作。

3）班后提示

每日工作结束时，现场负责人应严格按照文明施工的要求，提示作业人员对现场予以清理、检查，使每天工作的部位达到安全要求，同时开好收工会。

具体活动的内容如下：①整。主要是对自身周围的作业场所进行整理（工具、多余物料、物件等）。②查。当日作业任务完毕后，必须检查有关设备设施及防护措施情况（移位的防护设施复位，未能固定的物料、工件设提示标志等）。③改。对检查出的问题或安全隐患，要及时整改，一时无法解决的问题要立即报告。④看。离开作业现场前先查看一下四周的环境中是否有安全隐患和危险状态（悬空物、未固定的物件等）。⑤讲。利用 10 分钟讲评一日工作的情况和所需注意的问题，其目的是提示员工遵章守纪，规范自身行为。

2. 三级安全教育法

三级安全教育法是指企业对新职工入厂（公司），必须进行入厂（公司）教育、车间（项目部）教育、班组（岗位）教育，经考试合格才准上岗操作的方法。搞好三级安全教育活动，关键要按照法规要求，建立健全培训教育制度和工作程序，并能理论联系实际，按各类工种和岗位编写教学内容，有针对性地开展新职工入厂的三级安全教育活动，使其得到较好效果。三级安全教育的方式、方法和内容如下：

（1）公司教育。由安全管理部门负责，教育内容以"理性教育"为主。要全面讲解国家法律法规、标准、企业概况、规章制度、劳动纪律、事故教训、防范技能、应急救护等知识，使新员工认识到安全生产的重要性。

（2）项目部教育。由项目部领导或安全员负责，教育内容宜以"认知教育"为主。项目部应将施工的作业环境、安全要求、主要危险因素、规章制度以及各工种施工程序、作业规定、防范措施等作为安全教育的重点，使新员工体会到安全生产的必要性。

（3）班组教育。由班组长或班组安全员负责，其主要内容宜以"感知教育"为主。可进入施工现场重点讲解设备设施的使用、防护用品的穿戴、施工作业的要点和注意事项等。作为新员工入班组的必修课，让其体会到"安全就在身边"。

3. 三不伤害活动法

三不伤害是指在日常作业过程中我不伤害自己，我不伤害别人，我不被别人伤害。此项活动的开展，能有效预防各类事故的发生，同时能增强员工的自我保护意识和防范能力。

1）怎样开展"三不伤害"活动

首先，要广泛开展宣传活动。企业上下步调一致，开动员会，进行动员宣讲，充分利用广播、板报等各种宣传工具讲清开展"三不伤害"活动的意义。让"三不伤害"家喻户晓、人人皆知，在每位职工及家属的脑海里扎根。

其次，要分析原因，制定对策。认真开展以"三不伤害"为内容的讨论分析会。学习岗位安全规程和作业标准，并结合实际分析自己岗位上的设备、设施、工具和作业环境的危险部位，有哪些因素可能造成自我伤害、伤害别人或被别人伤害。还可通过回忆以往工作岗位曾发生过的各类事故，同时针对工作岗位的危险部位，制定岗位"三不伤害"保护卡，使自己所在岗位使用的设备、设施、工具、材料及他人的设备、设施、工具都不能伤害自己，也不因自己的行为而伤害他人。

2）如何做到"三不伤害"

（1）不伤害自己。不伤害自己就是要增强自我保护意识，不能由于自己的疏忽、失误而使自己受到伤害。这取决于自己的安全意识、安全知识、对工作任务的熟悉程度、岗位技能、工作态度、工作方法、精神状态、作业行为等多方面因素。要想做到不伤害自己，应做到以下几个方面：

①在工作前应该思考并明确回答下列问题。

我是否了解这项任务？我的责任是什么？我具备完成这项工作的技能吗？这项工作有什么不安全因素，有可能出现什么差错？万一出现故障我该怎么办？我应该如何防止失误？

②要有严谨的工作态度。弄懂工作程序，严格按工作程序办事；出现问题时停下来思考，必要时请求帮助；遵章守规，谨慎小心地工作，切忌贪图省事，干起活来毛手毛脚。

③保护自己免受伤害的措施。身体、精神保持良好状态，不想与工作无关的事；劳动着装齐全，劳动防护用品符合岗位要求；注意现场的安全标志；不违章作业，拒绝违章指挥；对作业现场的危险有害因素进行充分辨识。

（2）不伤害他人。不伤害他人就是自己的行为或行为后果不能给他人造成伤害。在多人同时作业时，由于自己不遵守操作规程、对作业现场周围观察不够以及自己操作失误等，自己的行为可能对现场周围的人员造成伤害。要想做到不伤害他人，应做到以下方面：

①自己遵章守纪、正确操作，是我不伤害他人的基础保证。

②多人作业时要相互配合，要顾及他人的安全，决不能冒险蛮干。

③每个人在工作后都要对作业现场周围仔细观察，尤其是"洞口、临边"处是否存在物的不安全状态，都要认真检查，做到工完场清，不留安全隐患。

（3）不被他人伤害。不被他人伤害就是要求每个人都加强自我防范意识，工作中要避免他人的错误操作或其他隐患对自己造成伤害。要想做到不被他人伤害，应做到以下方面：

①拒绝违章指挥，增强防范意识，保护自己。一旦发现"三违"现象，必须敢于抵制，及时果断地处理险情并报告上级。

②要避免由于其他人员工作失误、设备状态不良或管理缺陷遗留的隐患给自己带来伤害。如发生危险性较大的坍塌事故等，没有可靠的安全措施不得进入危险场所，以免盲目施救，导致自己被伤害。

③在危险性较大的岗位（例如高处作业、交叉作业等），必须设有专人监护。

④对作业场地周围不安全因素要加强警觉，一旦发现险情要及时排除，对他人的不安全行为要及时纠正。

4.定置管理码放法

定置管理是对施工现场中的人、物、场所三者之间的关系进行科学的分析研究，使之达到最佳结合状态的一种科学管理方法。它以物在场所的科学定置为前提，以实现人和物的有效结合为目的，通过对生产现场的整理、整顿，把施工中不需要的物品清除掉，把需要的物品放在规定的位置上，使其随手可得，从而促进施工现场管理文明化、科学化，达到安全施工的目的。应用此方法，可以有效预防物体打击事故的发生。

根据物体打击事故发生的原因和特点，对施工现场堆放的物件、物料等物品，可采用"三定"（定区域、定位置、定人员）管理法，做好定置码放工作。

（1）定区域。定区域，是指按照文明施工的规定和要求，将建筑材料、构件、工具等按总平面布置图的布局，划区域、分门别类地堆放整齐，且符合标准，并挂牌标明。同时要做到工完料净场地清，建筑垃圾也要分出类别，堆放整齐，挂牌标明。

（2）定位置。定位置，是指应按照《建筑施工高处作业安全技术规范》的基本规定，做好各类物件、工具的定位、定置管理。也就是高处作业所用的物料或拆卸的物件、使用的工具，均应符合定置管理的规定。如在装拆钢管、扣件和模板时，应按指定位置堆放平稳、安全可靠，不得任意向下丢弃，更不能把物件放置在洞口、临边处，应及时清理运走；又如所使用的工具必须定置放入工具袋或专用箱，不得乱丢乱放；再如作业完工前，应对高处作业场所（走道、通道）进行整理、清扫，不留隐患。

（3）定人员。定人员，是指按照定置管理的规定，对作业场所采取人、定时的管理方法，加强作业区的监督检查。

检查的方法如下：

①班前巡视。施工前由专（兼）职监管人员巡视施工场所堆放的物件是否符合定置管理要求，如发现问题和隐患，则应及时提醒告知并组织整改。

②班中巡查。作业中要加强巡回检查，尤其要针对高处作业中人的不安全行为（乱抛、乱丢）加强监管，一旦发现要立即制止和纠正。

③班后巡检。完工后必须加强"洞口、临边"等危险处的巡检工作，如现场的材料、物件是否堆放整齐、安全可靠，杂物是否清除运走等。如发现隐患要立刻提示，并督促清除，不留后患，确保安全。

总之，定置管理的实施必须做到：有图必有物，有物必有区，有区必挂牌，有牌必分类；按图定置，按类存放，账（图）物一致。

5. 安全信息管理法

安全信息是指在施工过程中，可能使作业人员造成伤害的种种危险预兆及各种有关安全施工的信息。因而，在建筑施工中可采用信息管理方法，通过信息传递建立安全保障体系。组建由公司建立的安全信息督管中心、项目部设立的安全信息管理站、施工队或班组设置的安全信息传递（反馈）员组成的网络体系，使现场每个作业区、作业层及每个作业岗位一旦发现安全隐患能及时反馈，及时处理，防患于未然。

信息在安全施工中的应用，一般可采用信息传递、信息反馈、信息处理、信息警示的方式，加强施工安全管理，强化员工的安全意识。

①信息传递，是指将公司作出的重大决定、有关管理规定、作业要求等安全事项，迅速传递到项目部、施工队（班组）和员工，以便及时了解安全施工信息，做好现场安全管理和防范工作。

②信息反馈，是指将施工现场所发现的安全隐患和存在的问题，按信息程序逐级反馈给上级领导和主管部门，便于及时掌握施工场所的安全动态，并对有关问题进行分析、研究，拟定整改方案，完善防范措施，及时反馈到现场，立即进行整改、处理。

③信息处理，是指把反馈上来的信息按类别进行分类处理，属于班组有能力解决的信息，由项目部向班组发出信息反馈指令，限期解决；属于项目部有能力解决的信息，由公司主管部门发出信息反馈单，限期解决；属于公司权限范围内的信息，应报公司领导研究解决。

④信息警示，是指可收集本单位、本行业、本地区和外省（区、市）发生的事故信息，开展有针对性的员工警示活动，从中吸取教训，增强遵章守纪的自觉性；也可收集有关施工技术标准、管理方法和作业经验等信息，对员工进行技能培训和教育，努力增强员工的安全意识和防范能力。

6.交叉作业管理法

交叉作业管理法就是根据施工现场的上下不同层次，针对在空间贯通状态下同时进行的高处作业的危险特征，所采用的一种管理方法。此方法的应用能加强施工现场的作业管理，同时能有效预防物体打击伤害事故的发生。为进一步理解掌握此管理方法，下面重点介绍一下项目部的具体做法。

(1)合理安排，是指根据施工作业的进度和各类工种进场的情况，按照施工组织方案和作业程序合理安排工作任务。具体做法是，在作业安排交底时，要做到"三个明确、三个到位"。三个明确为：明确各方工作任务、时间和主次；明确作业中存在的危险源（点）；明确各方作业方式和方法。三个到位：各方的安全责任贯彻到位；各方的监管人员定人到位；各方的安全措施落实到位。

(2)互通信息，是指在多工种场合作业时，所采用的工种与工种互通信息的一种方式。互通信息的主要做法是，在立体交叉作业过程中，应做到"三沟通、三提示、三落实"。一是在同一垂直方向上进行高处交叉作业时，人与人之间必须保持信息沟通，尤其是上层作业人员在搬运物件时务必提示下层作业人员，同时要落实防护隔离措施；二是钢模板、脚手架等拆除时，首先要与地面相关人员进行联络沟通，其次要提示其他作业人员，最后要落实监护人员，做好警戒工作；三是当日工作完工时，班组与班组要相互沟通信息（工作完成的情况、有关设施的移位和未能固定的物件等内容），同时对作业中存在的危险部位要相互提示，并落实防护措施。

(3)加强监管，按照总包方的施工管理要求，对作业现场实行全天候、全过程、全方位的监督管理。具体监管的内容有：工种与工种是否衔接，上层与下层防护措施是否到位，物件的堆放是否符合规定，使用的设备、设施和工器具是否正确，洞口、临边处是否存在危险物和悬空物，作业中是否有不安全的行为（乱抛、乱丢）和不规范的动作（拆、推、抬、扛、挑）等。如发现矛盾和问题，各施工队必须服从总包方的管理，协调统一，综合安排，确保施工安全。

思考题

(1)简述建筑施工企业主要的伤亡事故类型。

(2)高处坠落事故的主要原因有哪些？高处坠落事故管理方法有哪些？

(3)起重机械设备的种类有哪些？起重机械伤害事故的类型有哪些？

(4)因爆炸、起重机械吊装等引起的物体打击是物体打击事故吗？为什么？

(5)触电事故的特点和种类有哪些？

第 3 章　建筑工程安全相关法律法规

3.1　《中华人民共和国建筑法》对建筑安全生产管理的有关规定

(1)建筑工程安全生产管理必须坚持安全第一、预防为主的方针,建立健全安全生产的责任制度和群防群治制度。

(2)建筑工程设计应当符合按照国家规定制定的建筑安全规程和技术规范,保证工程的安全性能。

(3)建筑施工企业在编制施工组织设计时,应当根据建筑工程的特点制定相应的安全技术措施;对专业性较强的工程项目,应当编制专项安全施工组织设计,并采取安全技术措施。

(4)建筑施工企业应当在施工现场采取维护安全、防范危险、预防火灾等措施;有条件的,应当对施工现场实行封闭管理。

施工现场对毗邻的建筑物、构筑物和特殊作业环境可能造成损害的,建筑施工企业应当采取安全防护措施。

(5)建设单位应当向建筑施工企业提供与施工现场相关的地下管线资料,建筑施工企业应当采取措施加以保护。

(6)建筑施工企业应当遵守有关环境保护和安全生产的法律、法规的规定,采取控制和处理施工现场的各种粉尘、废气、废水、固体废物以及噪声、振动对环境的污染和危害的措施。

(7)有下列情形之　的,建设单位应当按照国家有关规定办理申请批准手续:

①需要临时占用规划批准范围以外场地的;

②可能损坏道路、管线、电力、邮电通信等公共设施的;

③需要临时停水、停电、中断道路交通的;

④需要进行爆破作业的;

⑤法律法规规定需要办理报批手续的其他情形。

(8)建设行政主管部门负责建筑安全生产的管理,并依法接受劳动行政主管部门对建筑安全生产的指导和监督。

(9)建筑施工企业必须依法加强对建筑安全生产的管理,执行安全生产责任制度,采取有效措施,防止伤亡和其他安全生产事故的发生。

建筑施工企业的法定代表人对本企业的安全生产负责。

（10）施工现场安全由建筑施工企业负责。实行施工总承包的，由总承包单位负责。分包单位向总承包单位负责。服从总承包单位对施工现场的安全生产管理。

（11）建筑施工企业应当建立健全劳动安全生产教育培训制度，加强对职工安全生产的教育培训；未经安全生产教育培训的人员，不得上岗作业。

（12）建筑施工企业和作业人员在施工过程中，应当遵守有关安全生产的法律、法规和建筑行业安全规章、规程，不得违章指挥或者违章作业。作业人员有权对影响人身健康的作业程序和作业条件提出改进意见，有权获得安全生产所需的防护用品。作业人员对危及生命安全和人身健康的行为有权提出批评、检举和控告。

（13）建筑施工企业应当依法为职工参加工伤保险缴纳工伤保险费。鼓励企业为从事危险作业的职工办理意外伤害保险，支付保险费。

（14）涉及建筑主体和承重结构变动的装修工程，建设单位应当在施工前委托原设计单位或者具有相应资质条件的设计单位提出设计方案；没有设计方案的，不得施工。

（15）房屋拆除应当由具备保证安全条件的建筑施工单位承担，由施工单位负责人对安全负责。

（16）施工中发生事故时，建筑施工企业应当采取紧急措施减少人员伤亡和事故损失，并按照国家有关规定及时向有关部门报告。

3.2 《中华人民共和国安全生产法》中生产经营单位的安全生产保障

（1）生产经营单位的全员安全生产责任制应当明确各岗位的责任人员、责任范围和考核标准等内容。

生产经营单位应当建立相应的机制，加强对全员安全生产责任制落实情况的监督考核，保证全员安全生产责任制的落实。

（2）生产经营单位应当具备的安全生产条件所必需的资金投入，由生产经营单位的决策机构、主要负责人或者个人经营的投资人予以保证，并对由安全生产所必需的资金投入不足导致的后果承担责任。

有关生产经营单位应当按照规定提取和使用安全生产费用，专门用于改善安全生产条件。安全生产费用在成本中据实列支。安全生产费用提取、使用和监督管理的具体办法由国务院财政部门会同国务院应急管理部门征求国务院有关部门意见后制定。

（3）矿山、金属冶炼、建筑施工、运输单位和危险物品的生产、经营、储存、装卸单位，应当设置安全生产管理机构或者配备专职安全生产管理人员。

前款规定以外的其他生产经营单位，从业人员超过一百人的，应当设置安全生产管理机构或者配备专职安全生产管理人员；从业人员在一百人以下的，应当配备专职或者兼职的安全生产管理人员。

（4）生产经营单位的安全生产管理机构以及安全生产管理人员应当恪尽职守，依法履行职责。

生产经营单位不得因安全生产管理人员依法履行职责而降低其工资、福利等待遇或者解除与其订立的劳动合同。

危险物品的生产、储存单位以及矿山、金属冶炼单位的安全生产管理人员的任免，应当告知主管的负有安全生产监督管理职责的部门。

(5)生产经营单位应当对从业人员进行安全生产教育和培训，保证从业人员具备必要的安全生产知识，熟悉有关的安全生产规章制度和安全操作规程，掌握本岗位的安全操作技能，了解事故应急处理措施，知悉自身在安全生产方面的权利和义务。未经安全生产教育和培训合格的从业人员，不得上岗作业。

生产经营单位使用被派遣劳动者的，应当将被派遣劳动者纳入本单位从业人员统一管理，对被派遣劳动者进行岗位安全操作规程和安全操作技能的教育和培训。劳务派遣单位应当对被派遣劳动者进行必要的安全生产教育和培训。

生产经营单位接收中等职业学校、高等学校学生实习的，应当对实习学生进行相应的安全生产教育和培训，提供必要的劳动防护用品。学校应当协助生产经营单位对实习学生进行安全生产教育和培训。

生产经营单位应当建立安全生产教育和培训档案，如实记录安全生产教育和培训的时间、内容、参加人员以及考核结果等情况。

(6)生产经营单位采用新工艺、新技术、新材料或者使用新设备，必须了解、掌握其安全技术特性，采取有效的安全防护措施，并对从业人员进行专门的安全生产教育和培训。

(7)生产经营单位的特种作业人员必须按照国家有关规定经专门的安全作业培训，取得相应资格，方可上岗作业。

特种作业人员的范围由国务院应急管理部门会同国务院有关部门确定。

(8)生产经营单位新建、改建、扩建工程项目(以下统称建设项目)的安全设施，必须与主体工程同时设计、同时施工、同时投入生产和使用。安全设施投资应当纳入建设项目概算。

(9)生产经营单位应当在有较大危险因素的生产经营场所和有关设施、设备上，设置明显的安全警示标志。

(10)生产经营单位不得使用应当淘汰的危及生产安全的工艺、设备。

(11)生产经营单位应当建立健全生产安全事故隐患排查治理制度，采取技术、管理措施，及时发现并消除事故隐患。事故隐患排查治理情况应当如实记录，并通过职工大会或者职工代表大会、信息公示栏等方式向从业人员通报。

县级以上地方各级人民政府负有安全生产监督管理职责的部门应当将重大事故隐患纳入相关信息系统。建立健全重大事故隐患治理督办制度，督促生产经营单位消除重大事故隐患。

(12)生产经营单位发生生产安全事故时，单位的主要负责人应当立即组织抢救，并不得在事故调查处理期间擅离职守。

(13)生产经营单位必须依法参加工伤保险，为从业人员缴纳保险费。

国家鼓励生产经营单位投保安全生产责任保险。

3.3 从业人员的安全生产权利义务

（1）生产经营单位与从业人员订立的劳动合同，应当载明有关保障从业人员劳动安全、防止职业危害的事项，以及依法为从业人员办理工伤保险的事项。

生产经营单位不得以任何形式与从业人员订立协议，免除或者减轻其对从业人员因生产安全事故伤亡依法应承担的责任。

（2）生产经营单位的从业人员有权了解其作业场所和工作岗位存在的危险因素、防范措施及事故应急措施，有权对本单位的安全生产工作提出建议。

（3）从业人员有权对本单位安全生产工作中存在的问题提出批评、检举、控告；有权拒绝违章指挥和强令冒险作业。

生产经营单位不得因从业人员对本单位安全生产工作提出批评、检举、控告或者拒绝违章指挥、强令冒险作业而降低其工资、福利等待遇或者解除与其订立的劳动合同。

（4）从业人员发现直接危及人身安全的紧急情况时，有权停止作业或者在采取可能的应急措施后撤离作业场所。

生产经营单位不得因从业人员在前款紧急情况下停止作业或者采取紧急撤离措施而降低其工资、福利等待遇或者解除与其订立的劳动合同。

（5）生产经营单位发生生产安全事故后，应当及时采取措施救治有关人员。

因生产安全事故受到损害的从业人员，除依法享有工伤保险外，依照有关民事法律尚有获得赔偿的权利的，有权提出赔偿要求。

（6）从业人员在作业过程中，应当严格落实岗位安全责任，遵守本单位的安全生产规章制度和操作规程，服从管理，正确佩戴和使用劳动防护用品。

（7）从业人员应当接受安全生产教育和培训，掌握本职工作所需的安全生产知识，提高安全生产技能，增强事故预防和应急处理能力。

3.4 法律责任

（1）生产经营单位的决策机构、主要负责人或者个人经营的投资人不依照本法规定保证安全生产所必需的资金投入，致使生产经营单位不具备安全生产条件的，责令限期改正，提供必需的资金；逾期未改正的，责令生产经营单位停产停业整顿。

有前款违法行为，导致发生生产安全事故的，对生产经营单位的主要负责人给予撤职处分，对个人经营的投资人处二万元以上二十万元以下的罚款；构成犯罪的，依照刑法有关规定追究刑事责任。

（2）生产经营单位的主要负责人未履行本法规定的安全生产管理职责的，责令限期改正，处二万元以上五万元以下的罚款；逾期未改正的，处五万元以上十万元以下的罚款，责令生产经营单位停产停业整顿。

生产经营单位的主要负责人有前款违法行为，导致发生生产安全事故的，给予撤职处分；构成犯罪的，依照刑法有关规定追究刑事责任。

生产经营单位的主要负责人依照前款规定受刑事处罚或者撤职处分的，自刑罚执行完毕或者受处分之日起，五年内不得担任任何生产经营单位的主要负责人；对重大、特别重大生产安全事故负有责任的，终身不得担任本行业生产经营单位的主要负责人。

(3)生产经营单位的主要负责人未履行本法规定的安全生产管理职责，导致发生生产安全事故的，由应急管理部门依照下列规定处以罚款：

①发生一般事故的，处上一年年收入百分之四十的罚款；

②发生较大事故的，处上一年年收入百分之六十的罚款；

③发生重大事故的，处上一年年收入百分之八十的罚款；

④发生特别重大事故的，处上一年年收入百分之一百的罚款。

(4)生产经营单位有下列行为之一的，责令限期改正，处十万元以下的罚款；逾期未改正的，责令停产停业整顿，并处十万元以上二十万元以下的罚款，对其直接负责的主管人员和其他直接责任人员处二万元以上五万元以下的罚款：

①未按照规定设置安全生产管理机构或者配备安全生产管理人员、注册安全工程师的；

②危险物品的生产、经营、储存、装卸单位以及矿山、金属冶炼、建筑施工、运输单位的主要负责人和安全生产管理人员未按照规定经考核合格的；

③未按照规定对从业人员、被派遣劳动者、实习学生进行安全生产教育和培训，或者未按照规定如实告知有关的安全生产事项的；

④未如实记录安全生产教育和培训情况的；

⑤未将事故隐患排查治理情况如实记录或者未向从业人员通报的；

⑥未按照规定制定生产安全事故应急救援预案或者未定期组织演练的；

⑦特种作业人员未按照规定经专门的安全作业培训并取得相应资格，上岗作业的。

(5)生产经营单位有下列行为之一的，责令停止建设或者停产停业整顿，限期改正，并处十万元以上五十万元以下的罚款，对其直接负责的主管人员和其他直接责任人员处二万元以上五万元以下的罚款；逾期未改正的，处五十万元以上一百万元以下的罚款，对其直接负责的主管人员和其他直接责任人员处五万元以上十万元以下的罚款；构成犯罪的，依照刑法有关规定追究刑事责任：

①未按照规定对矿山、金属冶炼建设项目或者用于生产、储存、装卸危险物品的建设项目进行安全评价的；

②矿山、金属冶炼建设项目或者用于生产、储存、装卸危险物品的建设项目没有安全设施设计或者安全设施设计未按照规定报经有关部门审查同意的；

③矿山、金属冶炼建设项目或者用于生产、储存、装卸危险物品的建设项目的施工单位未按照批准的安全设施设计施工的；

④矿山、金属冶炼建设项目或者用于生产、储存危险物品的建设项目竣工投入生产或者使用前，安全设施未经验收合格的。

3.5 《中华人民共和国刑法》
涉及的建设工程刑事责任的有关规定

（1）在生产、作业中违反有关安全管理的规定，因而发生重大伤亡事故或者造成其他严重后果的，处三年以下有期徒刑或者拘役；情节特别恶劣的，处三年以上七年以下有期徒刑。

强令他人违章冒险作业，因而发生重大伤亡事故或者造成其他严重后果的，处五年以下有期徒刑或者拘役；情节特别恶劣的，处五年以上有期徒刑。

（2）安全生产设施或者安全生产条件不符合国家规定，因而发生重大伤亡事故或者造成其他严重后果的，对直接负责的主管人员和其他直接责任人员，处三年以下有期徒刑或者拘役；情节特别恶劣的，处三年以上七年以下有期徒刑。

举办大型群众性活动违反安全管理规定，因而发生重大伤亡事故或者造成其他严重后果的，对直接负责的主管人员和其他责任人员，处三年以下有期徒刑或者拘役；情节特别恶劣的，处三年以上七年以下有期徒刑。

（3）违反爆炸性、易燃性、放射性、毒害性、腐蚀性物品的管理规定，在生产、储存、运输、使用中发生重大事故，造成严重后果的，处三年以下有期徒刑或者拘役；后果特别严重的，处三年以上七年以下有期徒刑。

（4）建设单位、设计单位、施工单位、工程监理单位违反国家规定，降低工程质量标准，造成重大安全事故的，对直接责任人员，处五年以下有期徒刑或者拘役，并处罚金；后果特别严重的，处五年以上十年以下有期徒刑，并处罚金。

（5）违反消防管理法规，经消防监督机构通知采取改正措施而拒绝执行，造成严重后果的，对直接责任人员，处三年以下有期徒刑或者拘役；后果特别严重的，处三年以上十年以下有期徒刑。

在安全事故发生后，负有报告职责的人员不报或者谎报事故情况，贻误事故抢救，情节严重的，处三年以下有期徒刑或者拘役；情节特别严重的，处三年以上七年以下有期徒刑。

（6）生产不符合保障人身、财产安全的国家标准、行业标准的电器、压力容器、易燃易爆产品或者其他不符合保障人身、财产安全的国家标准、行业标准的产品，或者销售明知是以上不符合保障人身、财产安全的国家标准、行业标准的产品，造成严重后果的，处五年以下有期徒刑，并处销售金额百分之五十以上二倍以下罚金；后果特别严重的，处五年以上有期徒刑，并处销售金额百分之五十以上二倍以下罚金。

（7）公司、企业或者其他单位的工作人员利用职务上的便利，索取他人财物或者非法收受他人财物，为他人谋取利益，数额较大的，处五年以下有期徒刑或者拘役；数额巨大的，处五年以上有期徒刑，可以并处没收财产。

（8）为谋取不正当利益，给予公司、企业或者其他单位的工作人员以财物，数额较大的，处三年以下有期徒刑或者拘役；数额巨大的，处三年以上十年以下有期徒刑，并处罚金。

3.6 《中华人民共和国消防法》中对建筑工程的有关规定

（1）建设工程的消防设计、施工必须符合国家工程建设消防技术标准。建设、设计、施工、工程监理等单位依法对建设工程的消防设计、施工质量负责。

（2）按照国家工程建设消防技术标准需要进行消防设计的建设工程，除本法第十一条另有规定的外，建设单位应当自依法取得施工许可之日起七个工作日内，将消防设计文件报公安机关消防机构备案，公安机关消防机构应当进行抽查。

（3）国务院公安部门规定的大型的人员密集场所和其他特殊建设工程，建设单位应当将消防设计文件报送公安机关消防机构审核。公安机关消防机构依法对审核的结果负责。

（4）依法应当经公安机关消防机构进行消防设计审核的建设工程，未经依法审核或者审核不合格的，负责审批该工程施工许可的部门不得给予施工许可，建设单位、施工单位不得施工；其他建设工程取得施工许可后经依法抽查不合格的，应当停止施工。

（5）按照国家工程建设消防技术标准需要进行消防设计的建设工程竣工，依照下列规定进行消防验收、备案：

①本法第十一条规定的建设工程，建设单位应当向公安机关消防机构申请消防验收；

②其他建设工程，建设单位在验收后应当报公安机关消防机构备案，公安机关消防机构应当进行抽查。

依法应当进行消防验收的建设工程，未经消防验收或者消防验收不合格的，禁止投入使用；其他建设工程经依法抽查不合格的，应当停止使用。

（6）建设工程消防设计审核、消防验收、备案和抽查的具体办法，由国务院公安部门规定。

（7）公众聚集场所在投入使用、营业前，建设单位或者使用单位应当向场所所在地的县级以上地方人民政府公安机关消防机构申请消防安全检查。

公安机关消防机构应当自受理申请之日起十个工作日内，根据消防技术标准和管理规定，对该场所进行消防安全检查。未经消防安全检查或者经检查不符合消防安全要求的，不得投入使用、营业。

（8）禁止在具有火灾、爆炸危险的场所吸烟、使用明火。因施工等特殊情况需要使用明火作业的，应当按照规定事先办理审批手续，采取相应的消防安全措施；作业人员应当遵守消防安全规定。

进行电焊、气焊等具有火灾危险作业的人员和自动消防系统的操作人员，必须持证上岗，并遵守消防安全操作规程。

（9）建筑构件、建筑材料和室内装修、装饰材料的防火性能必须符合国家标准；没有国家标准的，必须符合行业标准。

人员密集场所室内装修、装饰，应当按照消防技术标准的要求，使用不燃、难燃材料。

（10）任何单位、个人不得损坏、挪用或者擅自拆除、停用消防设施、器材，不得埋压、圈占、遮挡消火栓或者占用防火间距，不得占用、堵塞、封闭疏散通道、安全出口、消防车通道。人员密集场所的门窗不得设置影响逃生和灭火救援的障碍物。

3.7 《建设工程安全生产管理条例》 中建设单位的安全责任

(1)建设单位应当向施工单位提供施工现场及毗邻区域内供水、排水、供电、供气、供热、通信、广播电视等地下管线资料,气象和水文观测资料,相邻建筑物和构筑物、地下工程的有关资料,并保证资料的真实、准确、完整。

建设单位因建设工程需要,向有关部门或者单位查询前款规定的资料时,有关部门或者单位应当及时提供。

(2)建设单位不得对勘察、设计、施工、工程监理等单位提出不符合建设工程安全生产法律、法规和强制性标准规定的要求,不得压缩合同约定的工期。

(3)建设单位在编制工程概算时,应当确定建设工程安全作业环境及安全施工措施所需费用。

(4)建设单位不得明示或者暗示施工单位购买、租赁、使用不符合安全施工要求的安全防护用具、机械设备、施工机具及配件、消防设施和器材。

(5)建设单位在申请领取施工许可证时,应当提供建设工程有关安全施工措施的资料。

依法批准开工报告的建设工程,建设单位应当自开工报告批准之日起15日内,将保证安全施工的措施报送建设工程所在地的县级以上地方人民政府建设行政主管部门或者其他有关部门备案。

(6)建设单位应当将拆除工程发包给具有相应资质等级的施工单位。

建设单位应当在拆除工程施工15日前,将下列资料报送建设工程所在地的县级以上地方人民政府建设行政主管部门或者其他有关部门备案:

①施工单位资质等级证明;

②拟拆除建筑物、构筑物及可能危及毗邻建筑的说明;

③拆除施工组织方案;

④堆放、清除废弃物的措施。

实施爆破作业的,应当遵守国家有关民用爆炸物品管理的规定。

3.8 《生产安全事故报告和调查处理条例》 事故等级划分

根据生产安全事故(以下简称事故)造成的人员伤亡或者直接经济损失,事故一般分为以下等级:

(1)特别重大事故,是指造成30人以上死亡,或者100人以上重伤(包括急性工业中毒,下同),或者1亿元以上直接经济损失的事故;

(2)重大事故,是指造成10人以上30人以下死亡,或者50人以上100人以下重伤或者

5000万元以上1亿元以下直接经济损失的事故；

（3）较大事故，是指造成3人以上10人以下死亡，或者10人以上50人以下重伤，或者1000万元以上5000万元以下直接经济损失的事故；

（4）一般事故，是指造成3人以下死亡，或者10人以下重伤，或者1000万元以下直接经济损失的事故。

3.9 《生产安全事故报告和调查处理条例》事故的法律责任规定

（1）事故发生单位主要负责人有下列行为之一的，处上一年年收入40%至80%的罚款；属于国家工作人员的，并依法给予处分；构成犯罪的，依法追究刑事责任：

①不立即组织事故抢救的；

②迟报或者漏报事故的；

③在事故调查处理期间擅离职守的。

（2）事故发生单位及其有关人员有下列行为之一的，对事故发生单位处100万元以上500万元以下的罚款；对主要负责人、直接负责的主管人员和其他直接责任人员处上一年年收入60%至100%的罚款；属于国家工作人员的，并依法给予处分；构成违反治安管理行为的，由公安机关依法给予治安管理处罚；构成犯罪的，依法追究刑事责任：

①谎报或者瞒报事故的；

②伪造或者故意破坏事故现场的；

③转移、隐匿资金、财产，或者销毁有关证据、资料的；

④拒绝接受调查或者拒绝提供有关情况和资料的；

⑤在事故调查中作伪证或者指使他人作伪证的；

⑥事故发生后逃匿的。

（3）事故发生单位对事故发生负有责任的，依照下列规定处以罚款：

①发生一般事故的，处10万元以上20万元以下的罚款；

②发生较大事故的，处20万元以上50万元以下的罚款；

③发生重大事故的，处50万元以上200万元以下的罚款；

④发生特别重大事故的，处200万元以上500万元以下的罚款。

（4）事故发生单位主要负责人未依法履行安全生产管理职责，导致事故发生的，依照下列规定处以罚款；属于国家工作人员的，并依法给予处分；构成犯罪的，依法追究刑事责任：

①发生一般事故的，处上一年年收入30%的罚款；

②发生较大事故的，处上一年年收入40%的罚款；

③发生重大事故的，处上一年年收入60%的罚款；

④发生特别重大事故的，处上一年年收入80%的罚款。

（5）有关地方人民政府、安全生产监督管理部门和负有安全生产监督管理职责的有关部门有下列行为之一的，对直接负责的主管人员和其他直接责任人员依法给予处分；构成犯罪的，依法追究刑事责任：

①不立即组织事故抢救的；

②迟报、漏报、谎报或者瞒报事故的；

③阻碍、干涉事故调查工作的；

④在事故调查中作伪证或者指使他人作伪证的。

(6)事故发生单位对事故发生负有责任的，由有关部门依法暂扣或者吊销其有关证照；对事故发生单位负有事故责任的有关人员，依法暂停或者撤销其与安全生产有关的执业资格、岗位证书；事故发生单位主要负责人受到刑事处罚或者撤职处分的，自刑罚执行完毕或者受处分之日起，5年内不得担任任何生产经营单位的主要负责人。

为发生事故的单位提供虚假证明的中介机构，由有关部门依法暂扣或者吊销其有关证照及其相关人员的执业资格；构成犯罪的，依法追究刑事责任。

(7)参与事故调查的人员在事故调查中有下列行为之一的，依法给予处分；构成犯罪的，依法追究刑事责任：

①对事故调查工作不负责任，致使事故调查工作有重大疏漏的；

②包庇、袒护负有事故责任的人员或者借机打击报复的。

思考题

1.根据《中华人民共和国建筑法》(2011年修正版)有关规定，建设单位在何种情形下应当按照国家有关规定办理申请批准手续？

2.从业人员具有哪些安全生产的权利和义务？请简要说明。

3.根据《建设工程安全生产管理条例》有关规定，建设单位的安全责任包括哪些？

4.根据《生产安全事故报告和调查处理条例》，事故一般分为哪几个等级？

第4章 建筑施工安全管理基础知识

4.1 安全管理概述

4.1.1 安全管理基本概念

安全生产管理是管理科学的一个重要分支。安全生产管理是针对人们在安全生产过程中遇到的安全问题，发挥人们的智慧，运用有效的资源，通过人们的努力，进行有关决策、计划、组织和控制等活动，达到安全生产的目标，从而实现生产过程中人与机器设备、物料环境的和谐。所以，安全管理被定义为"以安全为目的而进行的有关决策、计划、组织和控制方面的活动"。

安全生产管理工作的核心是控制事故，而控制事故最好的方式就是实施事故预防，及时管理和技术手段相结合，消除事故隐患，控制不安全行为，保障劳动者的安全，这也是"预防为主"的本质所在。但根据事故的特性可知，由于受技术水平、经济条件等各方面的限制，有些事故是难以完全避免的。因此，控制事故的第二种手段就是应急措施，即通过抢救、疏散、抑制等手段，在事故发生后控制事故的蔓延，把事故的损失减至最小。

事故总是带来损失。对于一家企业来说，重大事故在经济上对其的打击是相当沉重的，有时甚至是致命的，因此在实施事故预防和应急措施的基础上，通过购买财产保险、工伤保险、责任保险等，以保险补偿的方式，保证企业的经济平衡和在发生事故后恢复生产的基本能力，这也是控制事故的手段之一。

因此，安全管理也可以说是利用管理的活动，将事故预防、应急措施与保险补偿三种手段有机地结合在一起，以达到保障安全的目的。

在企业安全管理系统中，专业安全工作者起着非常重要的作用，他们既是企业内部上下沟通的纽带，也是企业领导者在安全方面的得力助手。在掌握充分资料的基础上，他们为企业安全生产实施日常监管工作，并向有关部门或领导提出安全改造、管理方面的建议。可见，专业安全工作者的工作归纳起来可分为以下四个部分。

（1）分析：这是事故预防的基础，即对事故与损失产生的条件进行判断和估计，并对事故的可能性和严重性进行评价，也是进行危险分析与安全评价。

（2）决策：确定事故预防和损失控制的方法、程序和规划，在分析的基础上制定出合理可行的事故预防、应急措施及保险补偿的总体方案，并向有关部门或领导提出建议。

（3）信息管理：收集、管理并交流与事故和损失控制有关的资料、情报信息，并及时反馈给有关部门和领导，保证信息的及时交流和更新，为分析与决策提供依据。

（4）测定：对事故和损失控制系统的效能进行测定和评价，并为取得最佳效果做出必要的改进。

4.1.2　安全管理的范围

安全管理的中心问题，是保护生产活动中人的健康与安全及财产不受损伤，保证生产顺利进行。宏观的安全管理包括劳动保护、施工安全技术和职业健康安全。三者既相互联系又相互独立，具体表现如下：

（1）劳动保护偏重以法律法规、规程、条例、制度等形式规范管理或操作行为，从而使劳动者的劳动安全与身体健康得到应有的法律保障。

（2）施工安全技术侧重于对"劳动手段与劳动对象"的管理，包括预防伤亡事故的工程技术和安全技术规范、规程、技术规定、标准条例等，以规范物的状态来减轻对人或物的威胁。

（3）职业健康安全着重于施工生产中粉尘、振动、噪声、有毒物的管理。通过防护、医疗、保健等措施，防止劳动者的安全与健康受到有害因素的危害。

4.1.3　安全管理基本原则

4.1.3.1　正确处理五种关系

1.安全与危险并存

安全与危险在同一事物的运动中是相互对立的，相互依赖而存在的。因为有危险，所以才要进行安全管理，以防止危险。安全与危险并非等量并存、平静相处。随着事物的运动变化，安全与危险每时每刻都在变化着，进行着此消彼长的斗争。可见，在事物的运动中，都不会存在绝对的安全和危险。

危险因素客观地存在于事物的运动之中，自然是可知的，也是可控的。

保持生产的安全状态，必须采取多种措施，以预防为主，危险因素是可以控制的。

2.安全与生产的统一

生产是人类社会存在和发展的基础。如果生产中人、物、环境都处于危险状态，则生产无法顺利进行，因此安全是生产的客观要求。自然地，当生产完全停止，安全也就失去意义。就生产的目的性来说，组织好安全生产就是对国家、人民和社会最大的负责。

生产有了安全保障，才能持续、稳定发展。生产活动中事故层出不穷，生产势必陷于混乱，甚至瘫痪状态。当生产与安全发生矛盾，危及职工生命或国家财产时，生产活动停下来整顿、消除危险因素以后，生产形势会变得更好。

3.安全与质量的同步

从广义上看，质量包含安全工作质量，安全概念也包含着质量，两者相互作用，互为因果。安全第一，质量第一，两个第一并不矛盾。安全第一是从保护生产因素的角度提出的，而质量第一则是从关心产品成果的角度而强调的。安全为质量服务，质量需要安全保证。生产过程无论舍掉哪一头，都要陷入失控状态。

4.安全与速度的互促

在生产活动中，依靠蛮干、乱干，抱着侥幸心理求快，这种速度缺乏真实可靠性，一旦酿成不幸，非但没有速度可言，反而会延误时间。速度应以安全做保障，安全是实现稳定、有效速度的前提。在确保安全的基础上追求合理的速度提升，避免因忽视安全而导致进度受阻，追求安全加速度，竭力避免安全减速度。

安全与速度并非简单的正比例关系。在实际情况中，它们相互关联且相互影响。当速度与安全发生矛盾时，暂时减缓速度，保证安全才是正确的做法。

5.安全与效益的兼顾

安全技术措施的实施，会改善劳动条件，调动职工的积极性，焕发劳动热情，带来经济效益，足以使原投入得以补偿。从这个意义上说，安全促进了效益的增长，安全与效益是一致的。

在安全管理中，投入要适度，统筹安排，既要保证安全生产，又要经济合理，还要考虑力所能及。单纯为了省钱而忽视安全生产，或单纯追求安全，不惜投入大量资金，盲目寻求高标准，都是不可取的。

4.1.3.2 坚持安全管理六项基本原则

1.坚持管生产同时管安全

安全寓于生产之中，并对生产发挥促进与保证作用。从安全生产管理的目标、目的来说，安全与生产表现出高度的一致和完全的统一。

安全管理是生产管理的重要组成部分，在安全与生产的实施过程中，两者既存在密切的联系，又存在共同管理的基础。

管生产同时管安全，国务院《关于加强企业生产中安全工作的几项规定》中明确指出："各级领导人员在管理生产的同时，必须负责管理安全工作""企业单位中的生产、技术、设计、供销、运输、财务等各有关专职机构，都应该在各自业务范围内，对实现安全生产的要求负责。"这不仅是对各级领导人员明确安全管理责任，同时，也向一切与生产有关的机构、人员明确了业务范围内的安全管理责任。可见，一切与生产有关的机构、人员，都必须参与安全管理并在管理中承担责任。认为安全管理只是安全部门的事，是一种片面的、错误的认识。

各级人员安全生产责任制度的建立，管理责任的落实，体现了管生产同时管安全的原则。

2.坚持目标管理

安全管理的内容是对生产的人、物、环境因素状态的管理，有效地控制人的不安全行为和物的不安全状态，消除或避免事故，达到保护劳动者的安全与健康的目的。

没有明确目标的安全管理是一种盲目行为。盲目的安全管理，只会劳民伤财，危险因素依然存在，而且，只会纵容威胁人的安全与健康的状态向更为严重的方向发展或转化。

3.坚持预防为主的方针

安全生产的方针是"安全第一，预防为主、综合治理"。"安全第一"是从保护生产力的角度和高度，表明在生产范围内，始终将保障人员生命安全和健康置于首位，肯定安全在生产活动中的位置和重要性。进行安全管理是针对生产的特点，对生产因素采取管理措施，有效控制不安全因素的发展与扩大，把可能发生的事故消灭在萌芽状态，以保证生产活动中人的安全与健康。

贯彻"预防为主"，要端正对生产中不安全因素的认识，端正为消除不安全因素采取的态度，选准消除不安全因素的时机。在安排与布置生产内容的时候，针对施工生产中可能出现的危险因素，采取措施予以消除是最佳选择。在生产活动过程中，经常检查、及时发现不安全因素，采取措施，明确责任，尽快地、坚决地予以消除。

4.坚持动态安全管理

生产活动中必须坚持全员、全过程、全方位、全天候的动态安全管理。安全管理不是少数人和安全机构的事，而是一切与生产有关的人共同的事。缺乏全员的参与，安全管理不会有生气，不会出好的管理效果。当然，这并非否定安全管理第一责任人和安全机构的作用。生产组织者在安全管理中的作用固然重要，全员参与管理也十分重要。

安全管理涉及生产活动的方方面面，涉及从开工到竣工交付的全部生产过程，涉及全部的生产时间，涉及一切变化着的生产因素。

5.坚持过程控制

进行安全管理的目的是预防、消灭事故，防止或消除事故伤害，保护劳动者的安全与健康。在安全管理的主要内容中，虽然都是为了达到安全管理的目的，但是对生产因素状态的控制，与安全管理目的的关系更直接，显得更为突出。因此，对生产中人的不安全行为和物的不安全状态的控制，必须是动态安全管理的重点。事故的发生，是由于人的不安全行为运动轨迹与物的不安全状态运动轨迹的交叉。从事故发生的原理，也说明了对生产因素状态的控制，应该作为安全管理的重点，而不能把约束当作安全管理的重点。

6.坚持持续改进

既然安全管理是在变化着的生产活动中的管理，是一种动态，其管理就意味着是不断变化的，以适应变化的生产活动，消除新的危险因素，更重要的是不间断地摸索新规律，总结管理、控制的办法与经验，持续改进，指导新变化后的管理，从而不断提高安全管理水平。

4.2　安全管理措施

4.2.1　安全责任

4.2.1.1　建设单位的安全责任

建设单位在工程建设中居主导地位，对建设工程的安全生产负有重要责任。《建设工程安全生产管理条例》（以下简称《条例》）规定建设单位应在工程概算中确定并提供安全作业环境和安全施工措施费用；不得要求勘察、设计、监理、施工企业违反国家法律法规和强制性标准规定，不得任意压缩合同约定的工期；有义务向施工单位提供工程所需的有关资料，有责任将安全施工措施报送有关主管部门备案，应当将拆除工程发包给有施工资质的单位等。

建设单位应建立的安全管理制度，见表4-1。

表4-1　建设单位安全管理制度

条例序号	安全管理制度	备注
第7条	执行法律法规与标准制度	
第7条	履行合同约定工期制度	
第8条	提高安全生产费用制度	
第10条	保证安全施工措施施工许可证制度	
第10条	保证安全施工措施的开工报告备案制度	
第11条	拆除工程发包制度	
第11条	保证安全施工措施拆除工程备案制度	

4.2.1.2　勘察设计单位的安全责任

《条例》规定勘察单位应当按照法律法规和工程建设强制性标准进行勘察，提供的勘察文件应当真实、准确，满足建设工程安全生产的需要。在勘察作业时，应当严格执行操作规程，采取措施保证各类管线、设施和周边建筑物、构筑物的安全。

《条例》规定设计单位应当按照法律法规和工程建设强制性标准进行设计，应当考虑施工安全操作和防护的需要，对涉及施工安全的重点部位和环节在设计文件中注明，并对防范生产安全事故提出指导意见。对采用新结构、新材料、新工艺的建设工程和特殊结构的建设工程，设计单位应当在设计中提出保障施工作业人员安全和预防生产安全事故的措施建议。同时，设计单位和注册建筑师等注册执业人员应当对其设计负责。

勘察设计单位应建立的安全管理制度，见表4-2。

表 4-2　勘察设计单位安全管理制度

单位	条例序号	安全管理制度	备注
勘察单位	第 12 条	勘察文件满足安全生产需要制度	
设计单位	第 13 条	执行法律法规与标准设计制度	
	第 13 条	新结构、新材料等安全措施建议制度	

4.2.1.3　工程监理单位的安全责任

1.《中华人民共和国建筑法》及其他对监理单位安全责任的规定

《中华人民共和国建筑法》第三十条规定："国家推行建筑工程监理制度。国务院可以规定实行强制监理的建筑工程范围。"《建设工程质量管理条例》第十二条规定："实行监理的建设工程，建设单位应当委托具有相应资质等级的工程监理单位进行监理，也可以委托具有工程监理相应资质等级并与被监理工程的施工承包单位没有隶属关系或者其他利害关系的该工程的设计单位进行监理。下列建设工程必须实行监理：（一）国家重点建设工程；（二）大中型公用事业工程；（三）成片开发建设的住宅小区工程；（四）利用外国政府或者国际组织贷款、援助资金的工程；（五）国家规定必须实行监理的其他工程。"《建设工程监理规范》（GB50319—2000）6.1.2 规定：在发生下列状况之一时，总监理工程师可签发工程暂停令：……施工出现了安全隐患，总监理工程师认为有必要停工以消除隐患……。

《中华人民共和国刑法》第一百三十七条规定："建设单位、设计单位、施工单位、工程监理单位违反国家规定，降低工程质量标准，造成重大安全事故的，对直接责任人员，处五年以下有期徒刑或者拘役，并处罚金；后果特别严重的，处五年以上十年以下有期徒刑，并处罚金。"

根据上述规定，工程监理单位受建设单位的委托，根据国家批准的工程项目建设文件，依照法律法规和建设工程监理规范的规定，对工程建设实施的监督管理。工程监理单位受建设单位的委托，作为公正的第三方承担监理责任，不仅要对建设单位负责，同时，也应承担国家法律法规和建设工程监理规范所要求的责任。工程监理单位承担建设工程安全生产责任，也有利于控制和减少生产安全事故。

2.安全责任

监理单位是建设工程安全生产的重要保障。《条例》规定监理单位应审查施工组织设计中的安全技术措施或专项施工方案是否符合工程建设强制性标准，发现存在安全事故隐患时应当要求施工单位整改或暂停施工并报告建设单位。施工单位拒不整改或者不停止施工的，应当及时向有关主管部门报告。监理单位应当按照法律法规和工程建设强制性标准实施监理，并对建设工程安全生产承担监理责任。《条例》明确规定了监理单位的安全管理制度，即安全技术措施审查制度、专项施工方案审查制度、安全隐患处理制度、严重安全隐患报告制度及执行法律法规与标准监理制度。

监理单位应建立的安全管理制度，见表 4-3。

表 4-3 监理单位安全管理制度

条例序号	安全管理制度	备注
第 14 条	安全技术措施审查制度	
第 14 条	专项施工方案审查制度	
第 14 条	安全隐患处理制度	
第 14 条	严重安全隐患报告制度	
第 14 条	执行法律法规与标准监理制度	

4.2.1.4 施工单位的安全责任

施工单位在建设工程安全生产中处于核心地位。《条例》对施工单位的安全责任做了全面、具体的规定，包括施工单位主要负责人和项目负责人的安全责任、施工总承包和分包单位的安全生产责任等。同时，《条例》规定施工单位必须建立企业安全生产管理机构和配备专职安全管理人员，应当在施工前向作业班组和人员作出安全施工技术要求的详细说明，应当对因施工可能造成损害的毗邻建筑物、构筑物和地下管线采取专项防护措施，应当向作业人员提供安全防护用具和安全防护服装并书面告知危险岗位操作规程。《条例》还对施工现场安全警示标志使用、作业和生活环境标准等做了明确规定。

施工单位应建立的安全管理制度，见表 4-4。

表 4-4 施工单位安全管理制度

条例序号	安全管理制度	备注
第 20 条	安全生产条件	安全生产许可证制度
第 21 条	安全生产责任制度、安全生产教育培训制度	
第 22 条	安全生产费用保障制度	
第 23 条	安全生产管理机构和专职管理人员制度	
第 24 条	总分承包安全生产管理	
第 25 条	特种作业人员持证上岗制度	
第 26 条	安全技术措施制度、专项施工方案专家论证审查制度	
第 27 条	施工前详细说明制度	安全技术交底制度
第 28 条	安全施工措施	
第 29 条	施工现场要求	
第 30 条	现场保护要求	
第 31 条	消防安全责任制度	
第 32 条	作业人员的权利	

续表 4-4

条例序号	安全管理制度	备注
第 33 条	作业人员的安全责任	
第 34 条	防护用品及设备管理制度	
第 35 条	起重机械和设备设施验收登记制度	
第 36 条	三类人员考核任职制度	
第 37 条	作业人员教育培训	
第 38 条	意外伤害保险制度	
第 48、49 条	安全事故应急救援制度	
第 50 条	安全事故报告制度	

1. 安全生产许可证制度

《条例》规定施工单位应当具备安全生产条件。同时,《安全生产许可证条例》进一步明确规定,国家对矿山企业、建筑施工企业和危险化学品、烟花爆竹、民用爆破器材生产企业实行安全生产许可制度,上述企业未取得安全生产许可证的,不得从事生产活动。国务院建设主管部门负责中央管理的建筑施工企业安全生产许可证的颁发和管理。省、自治区、直辖市人民政府建设主管部门负责上述规定以外的建筑施工企业安全生产许可证的颁发和管理,并接受国务院建设主管部门的指导和监督。

2. 安全生产责任制度

安全生产责任制度是指企业对企业中各级领导、各个部门、各类人员所规定的在他们各自职责范围内对安全生产应负责任的制度,其内容应充分体现责、权、利相统一的原则。建立以安全生产责任制为中心的各项安全管理制度,是保障安全生产的重要手段。安全生产责任制应根据"管生产必须管安全""安全生产人人有责"的原则,明确各级领导、各职能部门和各类人员在施工生产活动中应负的安全责任。

3. 安全生产教育培训制度

安全生产教育培训制度是指对从业人员进行安全生产的教育和安全生产技能的培训,并将这种教育和培训制度化、规范化,以增强全体人员的安全意识和提高安全生产的管理水平,减少、防止生产安全事故发生的各种制度。安全教育主要包括安全生产思想教育、安全知识教育、安全技能教育、安全法制教育四个方面,其中对新职工的三级安全教育,是安全生产基本教育制度。培训制度主要包括对施工单位的管理人员和作业人员的定期培训,特别是在采用新技术、新工艺、新设备、新材料时,对作业人员的培训。

4. 安全生产费用保障制度

安全生产费用是指建设单位在编制建设工程概算时,为保障安全施工确定的费用,建设单位根据工程项目的特点和实际需要,在工程概算中要确定安全生产费用,并全部、及时地将这笔费用划转给施工单位。安全生产费用保障制度是指施工单位对安全生产费用必须用于施工安全防护用具及设施的采购和更新、安全施工措施的落实、安全生产条件的改善。

5.安全生产管理机构和专职安全生产管理人员制度

安全生产管理机构是指施工单位专门负责安全生产管理的内设机构,其人员即为专职安全生产管理人员。管理机构职责负责落实国家有关安全生产的法律法规和工程建设强制性标准,监督安全生产措施的落实,组织施工单位进行内部的安全生产检查活动,及时整改各种安全事故隐患以及日常的安全生产检查。

专职安全生产管理人员是指施工单位专门负责安全生产管理的人员,是国家法律法规、标准在本单位实施的具体执行者,其职责是对安全生产进行现场监督检查,发现安全事故隐患,应当及时向项目负责人和安全生产管理机构报告,对于违章指挥、违章操作的,应当立即制止。

6.特种作业人员持证上岗制度

特种作业人员是指从事特殊岗位作业的人员,不同于一般的施工作业人员。特种作业人员所从事的岗位,有较大的危险性,容易发生人员伤亡事故,对操作者本人、他人及周围设施的安全有重大危害。特种作业人员必须按照国家有关规定经过专门的安全作业培训,并取得特种作业操作资格证书后,方可上岗作业。

7.安全技术措施制度

安全技术措施是指为防止工伤事故和职业病的危害,从技术上采取措施。在工程施工中,具体针对工程项目特点、环境条件、劳动组织、作业方法、施工机械、供电设施等制定确保安全施工的措施。安全技术措施也是建设工程项目管理实施规划或施工组织设计的重要组成部分。

安全技术措施包括:防火、防毒、防爆、防洪、防尘、防雷击、防触电、防坍塌、防物体打击、防机械伤害、防溜车、防高空坠落、防交通事故、防寒、防暑、防疫、防环境污染等方面的措施。

8.专项施工方案专家论证审查制度

对于结构复杂、危险性较大、特性较多的特殊工程,如深基坑,指开挖深度超过5 m的基坑(槽),或深度未超过5 m但地质情况和周围环境较复杂的基坑(槽);地下暗挖工程,指不扰动上部覆盖层面修建地下工程的一种施工方法;高大模板工程,指模板支撑系统高度超过8 m,或者跨度超过18 m,或者施工总荷载大于10 kN/m²,或者集中线荷载大于15 kN/m²的模板支撑系统等,必须编制专项施工方案,并附安全验算结果,经施工单位技术负责人、总监理工程师签字后,还应当组织专家进行论证审查,经审查同意后,方可组织施工。

9.施工前详细说明制度

施工前详细说明制度,即安全技术交底制度,指在施工前,施工单位负责项目管理的技术人员应将工程概况、施工方法、安全技术措施等情况向作业工长、作业班组、作业人员进行详细讲解和说明。施工前详细说明制度的主要内容包括：本项目的施工作业特点和危险点；针对危险点的具体预防措施；应注意的安全事项；相应的安全操作规程和标准；发生事故后应及时采取的避难和急救措施等。

10. 消防安全责任制度

消防安全责任制度是指施工单位确定施工现场的消防安全责任人，制定用火、用电、使用易燃易爆材料等各项消防安全管理制度和操作规程，施工现场设置消防通道、消防水源，配备消防设施和灭火器材，并在施工现场入口处设置明显标志。

11. 防护用品及设备管理制度

防护用品及设备管理制度是指施工单位采购、租赁的安全防护用具、机械设备、施工机具及配件，应当具有生产(制造)许可证、产品合格证，并在进入现场前进行查验。同时，做好防护用品和设备的维修、保养、报废和资料档案管理。

12. 起重机械和设备设施验收登记制度

施工单位在使用施工起重机械和整体提升脚手架、模板等自升式架设设施前，应当组织有关单位进行验收，也可以委托具有相应资质的检验检测机构进行验收；使用承租的机械设备和施工机具及配件的，由施工总承包单位、分包单位、出租单位和安装单位共同进行验收。验收合格的方可使用。施工单位应自验收合格之日起 30 日之内，向建设行政主管部门或者其他有关部门登记。

《特种设备安全监察条例》规定的施工起重机械，在验收前应当经有相应资质的检验检测机构监督检验合格。

13. 三类人员考核任职制度

三类人员是指施工单位的主要负责人、项目负责人和专职安全生产管理人员。施工单位的主要负责人对本单位的安全生产工作全面负责，项目负责人对所承包的项目安全生产工作全面负责，专职安全生产管理人员直接、具体承担本单位日常的安全生产管理工作。三类人员在施工安全方面的知识水平和管理能力直接关系到本单位、本项目的安全生产管理水平。三类人员必须经建设行政主管部门或其他有关部门对其安全知识和管理能力考核合格后方可任职。

14. 意外伤害保险制度

意外伤害保险是法定的强制性保险，由施工单位作为投保人与保险公司订立保险合同，支付保险费，以本单位从事危险作业的人员作为被保险人，当被保险人在施工作业人员发生意外伤害事故时，由保险公司依照合同约定向被保险人或者受益人支付保险金。该项保险是施工单位必须办理的，以维护施工现场从事危险作业人员的利益。

15. 安全事故应急救援制度

施工单位应当制定本单位生产安全事故应急救援预案，建立应急救援组织或者配备应急救援人员，配备必要的应急救援器材、设备，并定期组织演练。同时，施工单位应制定施工现场生产安全事故应急救援预案，并根据建设工程施工的特点、范围，对施工现场易发生重大事故的部位、环节进行监控。

实行施工总承包的，由总承包单位统一组织编制建设工程生产安全事故应急救援预案，工程总承包单位和分包单位按照应急救援预案，各自建立应急救援组织或者配备应急救援人员，配备救援器材、设备，并定期组织演练。

16. 安全事故报告制度

施工单位按照国家有关伤亡事故报告和调查处理的规定，及时、如实地向负责安全生产监督管理部门、建设行政主管部门或者其他有关部门报告；特种设备发生事故的，还应当同时向特种设备安全监督管理部门报告。实行施工总承包的建设工程，由总承包单位负责上报事故。

4.2.1.5　其他参与单位的安全责任

1. 提供机械设备和配件的单位的安全责任

《条例》规定提供机械设备和配件的单位应当按照安全施工的要求配备齐全有效的保险、限位等安全设施和装置。

2. 出租单位的安全责任

《条例》规定出租机械设备和施工机具及配件的单位应当具有生产（制造）许可证、产品合格证；应当对出租的机械设备和施工机具及配件的安全性能进行检测，在签订租赁协议时，应当出具检测合格证明；禁止出租检测不合格的机械设备和施工机具及配件。

3. 拆装单位的安全责任

《条例》规定拆装单位在施工现场安装、拆卸施工起重机械和整体提升脚手架、模板等自升式架设设施必须具有相应等级的资质。

安装、拆卸施工起重机械和整体提升脚手架、模板等自升式架设设施，拆装单位应当编制拆装方案、制定安全施工措施，并由专业技术人员现场监督。

施工起重机械和整体提升脚手架、模板等自升式架设设施安装完毕后，安装单位应当自检，出具自检合格证明，并向施工单位进行安全使用说明，办理签字验收手续。

4. 检验检测单位的安全责任

《条例》规定检验检测机构对检测合格的施工起重机械和整体提升脚手架、模板等自升式架设设施，应当出具安全合格证明文件，并对检测结果负责。

其他参与单位应建立的安全管理制度，见表4-5。

表 4-5　其他参与单位安全管理制度

单位	条例序号	安全管理制度	备注
提供单位	第 15 条	安全设施和装置齐全有效制度	
出租单位	第 16 条	安全性能检测制度	
拆装单位	第 17 条	安全施工措施制度	
	第 17 条	现场监督制度	
	第 17 条	自检制度	
	第 17 条	验收移交制度	
检测单位	第 19 条	检测结果负责制度	

4.2.2　安全教育与培训

4.2.2.1　安全教育的目的和意义

人的生存依赖于社会的生产和安全。显然，安全条件是重要的方面。安全条件的实现是由人的安全活动去实现的，安全教育又是安全活动的重要形式，这是由于安全教育是实现安全目标，即防范事故发生的主要对策之一。由此看来，安全教育是人类生存活动中基本而重要的活动。

安全教育的目的、性质是社会体制所规定的。以计划经济为主的体制，企业的安全教育的目的较强地表现为"要你安全"，被教育者偏重被动地接受；在市场经济体制下，需要做到"你要安全"，变被动地接受安全教育为主动要求安全教育。安全教育的功能、效果，以及安全教育的手段都与社会经济水平有关，都受社会经济基础的制约。并且，安全教育与生产力相互影响，安全教育的内容、方法、形式都受生产力发展水平的限制。由于生产力的落后，生产操作复杂，对人的操作技能要求很高，相应的安全教育主体是人的技能；现代生产的发展，使生产过程对于人的操作要求越来越简单，安全对人的素质要求主体发生了变化，即强调了人的态度、文化和内在的精神素质，安全教育的主体也应发生改变。因此，安全文化的建设确实与现代社会的安全活动要求是合拍的。

企业职工培训是企业劳动管理的重要组成部分。安全教育培训是企业职工培训中的一项重要内容。安全教育是预防事故的主要途径之一，它在各种预防措施中占有极为重要的地位。安全教育之所以非常重要，首先，在于它能增强企业领导和广大职工搞好安全生产的责任感和自觉性；其次，安全技术知识的普及和提高，能使广大干部、职工掌握安全生产的客观规律，提高安全技术水平，掌握检测技术和控制技术的科学知识，学会消除工伤事故和预防职业病的技术本领，搞好安全生产，保障自身的安全和健康，提高劳动生产率以及创造更好的劳动条件。

工业发达国家把对职工的安全教育培训看作"安全的保证"，认为"在一切隐患中，无知是最大的隐患"。因此，他们的职工都要具有较高的科学文化知识水平和安全技术水平，并实行着相应的强制培训制度。我国对职工的安全教育一直很重视，中华人民共和国成立以来先后制定了一系列相应的法律法规。

4.2.2.2　安全教育的分类

1. 安全法制教育

对员工进行安全生产、劳动保护方面的法律法规的宣传教育，使每个人从法制的角度去认识搞好安全生产的重要性，明确遵章、守法、守纪是每个员工应尽职责，而违章违规的本质也是一种违法行为，轻则会受到批评教育，造成严重后果的，还将受到法律的制裁。

2. 安全思想教育

通过对员工进行深入细致的思想工作，提高员工对安全生产重要性的认识。各级管理员，特别是领导干部要加强对员工的安全思想教育，要从关心人、爱护人、保护人的生命与健康出发，重视安全生产，做到不违章指挥。工人要增强自我保护意识，施工过程中要做到互相关心、互相帮助、互相督促，共同遵守安全生产规章制度，做到不违章操作。

3. 安全知识教育

安全知识教育是让员工了解施工生产中的安全注意事项、劳动保护要求，掌握一般安全基础知识，是最基本、最普遍和经常性的安全教育。

安全知识教育的主要内容有：本企业生产的基本情况，施工流程及施工方法，施工中的主要危险区域及其安全防护的基本常识，施工设施、设备、机械的有关安全常识，电气设备安全常识，车辆运输安全常识，高处作业安全知识，施工过程中有毒有害物质的辨别及防护知识，防火安全的一般要求及常用消防器材的使用方法，特殊类专业(如桥梁、隧道、深基础、异形建筑等)施工的安全防护知识，工伤事故的简易施救方法和报告程序及保护事故现场的规定，个人劳动防护用品的正确穿戴、使用常识等。

4. 安全技能教育

安全技能教育是在安全知识教育基础上，进一步开展的专项安全教育，其侧重点在安全操作技术方面，是通过结合本工种特点、要求，以培养安全操作能力，而进行的一种专业安全技术教育。主要内容包括安全技术、安全操作规程和劳动卫生规定等。

根据安全技能教育的对象不同，这种教育主要可分为以下两类：

(1)对一般工种进行安全技能教育。即除国家规定的特种作业人员以外的所有工种的教育。

(2)对特殊工种作业人员的安全技能教育。特种作业人员需要由专门机构进行安全技术培训教育，并进行考试，合格后才可持证上岗，从事该工种的作业。同时，还必须按期进行审证复训。

5. 事故案例教育

事故案例教育是通过对一些典型事故进行原因分析、事故教训及预防事故发生所采取的措施，来教育职工引以为戒、不重蹈覆辙，是一种运用反面事例进行正面宣传的独特的安全教育方法。教育中要注意：

（1）事故应具有典型性：即施工现场常见的、有代表性的、具有教育意义的、因违章引起的典型事故，阐明违章作业不出事故是偶然的，出事故是必然的。

（2）事故应具有教育性：事故案例应当以教育职工遵章守纪为主要目的，不应过分渲染事故的恐怖性、不可避免性，减少事故的负面影响。

以上安全教育的内容往往不是单独进行的，而是根据对象、要求、时间等不同情况，有机地结合开展的。

4.2.2.3 安全教育及培训的形式

1.班前安全活动

施工班组应该在每天施工前进行班组的安全教育和施工交底。班前安全交底由班长负责进行，班前安全交底须做好记录。

2.施工安全技术交底

在施工前，项目部安全技术人员必须对施工人员进行安全技术总交底，安全技术总交底必须采用书面形式进行。在分部分项的施工前，项目部安全技术人员必须对施工作业班组进行安全技术等交底，安全技术交底必须采用书面形式，并由施工人员签字确认。

3.新工艺、新技术、新设备、新材料的科技讲座

在项目施工中推行新工艺、新技术、新设备、新材料的，必须由技术人员对施工人员进行安全、工艺的培训。科技讲座必须有培训计划和培训考核。

4.项目安全专项治理及安全案例讲座

公司每季度组织安全专项治理，对项目的安全检查通过安全例会的形式进行通报，项目部要充分利用各种安全案例对施工人员进行安全教育，安全教育必须记录在案。

5.新员工进单位、上岗位的安全教育和继续教育

新职工进单位、上岗位必须按有关规定进行"安全三级教育""安全三级教育"，且时间必须满足规定要求。特殊工种、特殊岗位人员的安全培训按有关规定进行，并建立教育档案。安全培训工作由人力资源部负责牵头，安全部门配合。

6.年度的安全系列培训

在岗员工的安全继续教育每年至少进行一次，并建立员工的安全教育档案。对分包单位的进入现场的施工人员每年必须进行一次安全教育培训，安全教育培训的情况必须记录在案。在岗员工的安全继续教育由人力资源部负责牵头，分包单位的安全继续教育由施工生产部负责牵头，安全部门配合。

7.其他安全培训

根据企业的发展需要和有关方面的要求，企业要建立长效的安全教育培训机制，使安全

教育落到实处。

4.2.2.4　安全教育的对象

1. 三类人员(建筑施工企业的主要负责人、项目负责人、专职安全生产管理人员)

依据原建设部《建筑施工企业主要负责人、项目负责人、专职安全生产管理人员安全生产考核管理暂行规定》(建质〔2004〕59号)的规定,为贯彻落实《中华人民共和国安全生产法》《建设工程安全生产管理条例》《安全生产许可证条例》,提高建筑施工企业主要负责人、项目负责人、专职安全生产管理人员安全生产知识水平和管理能力,保证建筑施工安全生产,对建筑施工企业三类人员进行考核认定。三类人员应当经建设行政主管部门或者其他有关部门考核合格后方可任职,考核内容主要是安全生产知识和安全管理能力。

(1)建筑施工企业主要负责人:指对本企业日常生产经营活动和安全生产全面负责、有生产经营决策权的人员,包括企业法定代表人、经理、企业分管安全生产工作的副经理等。其安全教育的重点内容为:

①国家有关安全生产的方针政策、法律法规、部门规章、标准及有关规范性文件,本地区有关安全生产的法规、规章、标准及规范性文件。

②建筑施工企业安全生产管理的基本知识和相关专业知识。

③重大、特大事故的防范、应急救援措施,报告制度及调查处理方法。

④企业安全生产责任制和安全生产规章制度的内容、制定方法。

⑤国内外安全生产管理经验。

(2)建筑施工企业项目负责人:指由企业法定代表人授权,负责建设工程项目管理的项目经理或负责人等。其安全教育的重点内容为:

①国家有关安全生产的方针政策、法律法规、部门规章、标准及有关规范性文件,本地区有关安全生产的法规、规章、标准及规范性文件。

②工程项目安全生产管理的基本知识和相关专业知识。

③重大、特大事故的防范、应急救援措施,报告制度及调查处理方法。

④企业和项目安全生产责任制和安全生产规章制度的内容、制定方法。

⑤施工现场安全生产监督检查的内容和方法。

⑥国内外安全生产管理经验。

⑦典型事故案例分析。

(3)建筑施工企业专职安全生产管理人员:指在企业专职从事安全生产管理工作的人员,包括企业安全生产管理机构的负责人及其工作人员和施工现场专职安全生产管理人员。其安全教育的重点内容为:

①国家有关安全生产的方针政策、法律法规、部门规章、标准及有关规范性文件,本地区有关安全生产的法规、规章、标准及规范性文件。

②重大、特大事故的防范、应急救援措施,报告制度,调查处理方法以及防护、救护方法。

③企业和项目安全生产责任制和安全生产规章制度的内容、制定方法。

④施工现场安全监督检查的内容和方法。

⑤典型事故案例分析。

2. 特种作业人员

特种作业是指容易发生人员伤亡事故，对操作者本人、他人及周围设施的安全有重大危害的作业。其包括：电工作业，金属焊接切割作业，起重机械(含电梯)作业，企业内机动车辆驾驶，登高架设作业，锅炉作业(含水质化验)，压力容器操作，制冷作业，爆破作业，矿山通风作业(含瓦斯检验)，矿山排水作业(含尾矿坝作业)，以及由省、自治区、直辖市安全生产综合管理部门或国务院行业主管部门提出，并经国家经济贸易委员会批准的其他作业。如垂直运输机械作业人员、安装拆卸工、起重信号工等，都应当列为特种作业人员。

特种作业人员必须按照国家有关规定，经过专门的安全作业培训，并取得特种作业操作资格证书后，才可上岗作业。专门的安全作业培训，是指由有关主管部门组织的专门针对特种作业人员的培训，也就是特种作业人员在独立上岗作业前，必须进行与本工种相适应的、专门的安全技术理论学习和实际操作训练。经培训考核合格，取得特种作业操作资格证书后，才能上岗作业。特种作业操作资格证书在全国范围内有效，离开特种作业岗位一定时间后，应当按照规定重新进行实际操作考核，经确认合格后才可上岗作业。对于未经培训考核，即从事特种作业的，《建设工程安全生产管理条例》第六十二条规定了行政处罚；造成重大安全事故，构成犯罪的，对直接责任人员，依照刑法的有关规定追究刑事责任。

3. 入场新工人

每个刚进企业的新工人必须接受首次安全生产方面的基本教育，即三级安全教育。三级一般是指公司(即企业)、项目(或工程处、施工队、工区)、班组这三级。

三级安全教育一般是由企业的安全、教育、劳动、技术等部门配合进行的。受教育者必须经过考试，合格后才准予进入生产岗位；考试不合格者不得上岗工作，必须重新补课并进行补考，合格后才可工作。

为加深新工人对三级安全教育的感性认识和理性认识，一般规定，在新工人上岗工作六个月后，还要对其进行安全知识复训，即安全再教育。复训内容可以从原先的三级安全教育的内容中有重点地选择，复训后再进行考核。考核成绩要登记到本人劳动保护教育卡上，不合格者不得上岗工作。

施工企业必须给每一名职工建立职工劳动保护(安全)教育卡。教育卡应记录包括三级安全教育、变换工种安全教育等的教育及考核情况，并由教育者与受教育者双方签字后入册，作为企业及施工现场安全管理资料备查。

4. 变换工种的工人

施工现场变化大，动态管理要求高，随着工程进度的进展，部分工人的工作岗位会发生变化，转岗现象较普遍。这种工种之间的互相转换，有利于施工生产的需要。但是，如果安全管理工作没有跟上，安全教育不到位，就可能给转岗工人带来伤害事故。因此，必须对他们进行转岗安全教育。根据原建设部的规定，企业待岗、转岗、换岗的职工，在重新上岗前，必须接受一次安全培训，时间不得少于20学时，其安全教育的主要内容包括：①本工种作业的安全技术操作规程；②本班组施工生产的概况介绍；③施工区域内各种生产设施、设备、工具的性能、作用、安全防护要求等。

4.2.2.5　安全教育的内容

安全教育的内容可概括为安全法规教育、安全知识教育与安全技能教育。安全法规教育特别是劳动卫生法规教育是安全教育的一项重要内容。应使职工对包括安全法规在内的国家的各种法律、法令、条例和规程等有所了解和掌握，以树立法治观念，增强安全生产的责任感，正确处理安全与生产的辩证统一关系，这对安全生产是一个重要保证。

安全技术知识教育，包括一般生产技术知识、一般安全技术知识和检测控制技术知识以及专业安全生产技术知识。安全技术知识是生产技术知识的组成部分，是人类在生产斗争中通过惨痛教训积累起来的。安全技术知识寓于生产技术知识之中，对职工进行教育时，必须把两者结合起来。

此外，应宣传安全生产的典型经验，从工伤事故中吸取教训。坚持事故处理"四不放过"：事故原因和责任查不清不放过，事故责任者和群众受不到教育不放过，事故责任者未受到处罚不放过，防止同类事故重演的措施不落实不放过。

施工现场常见的教育形式有三级安全教育，三级安全教育的内容如下所示。

1. 一级教育

进行安全基本知识、法规、法制教育，主要内容为：
(1)国家的安全生产方针、政策；
(2)安全生产法规、标准和法治观念；
(3)本单位施工过程及安全规章制度，安全纪律；
(4)本单位安全生产形势及历史上发生的重大事故及应吸取的教训；
(5)发生事故后如何抢救伤员，排险，保护现场和及时进行报告。

2. 二级教育

进行现场规章制度和遵章守纪教育，主要内容为：
(1)工程项目施工特点及现场的主要危险源分布；
(2)本项目(包括施工、生产现场)安全生产制度、规定及安全常规知识、注意事项；
(3)本工种的安全操作技术规程；
(4)高处作业、防毒、防尘、防爆知识及紧急情况安全处置和安全疏散知识；
(5)防护用品发放标准及防护用品、用具使用的基本知识。

3. 三级教育

进行本工种岗位安全操作及班组安全制度、纪律的教育，主要内容为：
(1)本班组作业特点及安全操作规程；
(2)班组安全活动制度及纪律；
(3)爱护和正确使用安全防护装置(设施)及个人劳动防护用品；
(4)本岗位易发生事故的不安全因素及防范对策；
(5)本岗位的作业环境及使用机械设备、工具的安全要求。

4.2.2.6　安全教育的基本要求

为了按计划、有步骤地进行全员安全教育，为了保证教育质量，取得好的教育效果，真正有助于增强职工安全意识和提高职工安全技术素质，安全教育必须做到：

(1)建立健全职工全员安全教育制度，严格按制度进行教育对象的登记、培训、考核、发证、资料存档等工作，环环相扣，层层把关，考核时将口头与书面考试相结合。坚决做到不经培训者、考试(考核)不合格者、没有安全教育部门签发的合格证者，不准上岗工作。

(2)结合企业实际情况，结合事故案例，编制企业年度安全教育计划，每个季度应当有教育的重点，每个月要有教育的内容。计划要有明确的针对性，并随企业安全生产的特点，适时修改计划，变更或补充内容。

(3)要有相对稳定的教育培训大纲、培训教材和培训师资，确保教育时间和教学质量。相应补充新内容、新专业。

(4)在教育方法上，力求生动活泼，形式多样，多媒体、动画片与口头教育相结合，寓教于乐，增强教育效果。

(5)经常监督检查，认真查处未经培训就顶岗操作和特种作业人员无证操作的责任单位和责任人员。

4.2.3　安全检查

4.2.3.1　安全检查的目的及意义

1.安全检查的目的

建设工程安全检查的目的在于发现不安全因素(危险因素)存在的状况，如机械、设施、工具等潜在的不安全因素状况、不安全的作业环境场所条件、不安全的作业职工行为和操作潜在危险，以采取防范措施，防止或减少伤亡建设工程事故的发生。

2.安全检查的意义

建设工程安全检查的意义在于通过检查减少建设工程安全事故的发生，提前发现可能发生事故的各种不安全因素(危险因素)，针对这些不安全因素，制定防范措施。最终保证建设工程在安全的状态下施工，保护工作人员的安全。

4.2.3.2　安全检查的内容

1.安全管理的检查

内容包括：安保体系是否建立；安全责任分配是否落实；各项安全制度是否完善；安全教育、安全目标是否落实；安全技术方案是否制定和交底；各级管理人员、施工人员、分包人员的证件是否齐全；作业人员和管理人员是否有不安全行为，如作业职工是否按相关工种的安全操作规程操作，操作时的动作是否符合安全要求等。

2. 文明施工的检查

内容包括：现场围挡封闭是否安全；《建筑施工安全检查标准》（JGJ 59—2011）标准各项要求是否落实；各项防护措施是否到位；现场安全标志、标牌是否齐全；施工场地、材料堆放是否整洁明了；各种消防配置、各种易燃物品保管是否达到消防要求；各级消防责任是否落实；现场治安、宿舍防范是否达到要求；现场食堂卫生管理是否达标；卫生防疫的责任是否落实；社区共建、不扰民措施是否落实。

3. 脚手架工程的检查

内容包括：落地式、悬挑式、门型脚手架，吊篮，挂脚手架，附着式提升脚手架的方案是否经过审批；架体搭设及与建筑物拉结是否达到规范要求；脚手板与防护栏杆是否规范；杠杆锁件、大小横杆、斜撑、剪刀撑是否达到规范要求；升降操作是否达到规范要求。

4. 机械设备（提升机、外用电梯、塔吊、起重吊装）的检查

内容包括：各种机械设备的施工、搭拆方案是否经过审批；各种机械的检测报告、验收手续是否齐全；各种机械的安装是否按照施工方案进行；各种机械的保险装置是否安全可靠、灵敏有效；各种机械的机况、机貌是否良好；机械的例保是否正常；各种机械配置是否达到规范要求；机械操作人员是否持证上岗。

5. 施工用电的检查

内容包括：临时用电、生活用电、生产用电是否按施工组织设计实施；各种电器、电箱是否达到《建筑与市政工程施工现场临时用电安全技术标准》（JGJ/T 46—2024）的要求；各种电器装置是否达到安全要求。

6. "三宝""四口"防护的检查

内容包括：安全帽、安全带、安全网的设置、佩戴是否达到规范要求；楼梯口、电梯井口、预留洞口、通道口、阳台口、楼层口的防护是否达到规范要求；各种防护措施是否落实；各种基础台账及记录是否齐全完整。

7. 基坑支护与模板工程的检查

内容包括：基坑支护方案、模板工程施工方案是否经过审批；基坑临边防护、坑壁支护、排水措施是否达到方案要求；模板支撑部门是否稳定；操作人员是否遵守安全操作规程；模板支、拆的作业环境是否安全。

4.2.3.3 安全检查的形式

建筑工程安全检查的形式可分为日常性安全检查、专业性安全检查、季节性安全检查、节假日前后的安全检查和不定期的特种检查。

1. 日常性安全检查

日常性安全检查是指按建筑工程的检查制度每天都进行的、贯穿生产过程的安全检查。

2. 专业性安全检查

对易发生安全事故的大型机械设备、特殊场所、特殊操作工序，除综合性检查，还应组织有关专业技术人员、管理人员、操作职工或委托有资格的相关专业技术检查评价单位，进行安全检查。

3. 季节性安全检查

根据季节特点对建筑工程安全的影响，由安全部门组织相关人员进行检查。如春节前后以防火、防爆为主要内容，夏季以防暑降温为主要内容，雨季以防雷、防静电、防触电、防洪、防建筑物倒塌为主要内容的检查。

4. 节假日前后的安全检查

节假日前，要针对职工思想不集中、注意力分散等情况，提示其注意综合安全检查。节后要进行遵章守纪的检查，防止因人的不安全行为而造成事故。

5. 不定期的特种检查

由于新、改、扩建工程的新作业环境条件、新工艺、新设备等可能会带来新的不安全因素（危险因素），在这些设备、设施投产前后的时间内进行的竣工验收检查。

4.2.3.4　安全检查重点

1. 前期准备阶段安全检查的重点

(1)检查施工组织设计及安全技术方案的完整性、针对性和有效性；
(2)检查用电、用水的牢固性、可靠性和安全性；
(3)检查目标、措施策划的前瞻性、合理性和可行性；
(4)检查安全责任制的职责、目标、措施落实的全面性；
(5)检查施工人员的上岗资质、务工手续的完备性。

2. 基础阶段安全检查的重点

(1)检查施工人员的教育培训资料、分包单位的安全协议、人员证件资料；
(2)检查用电用水的安全度、机械设备的状况及检测报告；
(3)检查安全围护、基坑排水、污染处理的落实；
(4)检查安保体系的运转状况和实施效果。

3. 结构阶段安全检查的重点

(1)检查脚手架、登高设施的完整性；

(2)检查员工遵章守纪的自觉性、技术操作的熟练性；

(3)检查用电用水、机械设备状况的安全性；

(4)检查洞口临边的围挡、围护的可靠性；

(5)检查场容场貌、环境卫生、文明创建工作长效管理的有效性；

(6)检查危险源识别、告示及管理的针对性；

(7)检查动火程序、消防器材的管理、配置的严密性。

4. 装饰阶段安全检查的重点

(1)检查场容场貌、环境卫生、文明创建工作常态管理的持久性；

(2)检查危险源识别、告示及管理的针对性；

(3)检查动火程序、消防器材、易燃物品管理的严密性；

(4)检查中、小型机械的安全性能和防坠落、防触电措施的落实情况。

5. 竣工扫尾阶段安全检查的重点

(1)检查装饰扫尾、总体施工的安全措施；

(2)检查易燃易爆物品的使用、存放管理；

(3)检查通水通电、安装调试的安全措施；

(4)检查材料设备清理撤场的安全措施；

(5)检查竣工备案、安全评估的资料汇总。

4.2.3.5　安全检查标准、记录及反馈

1. 安全检查标准

安全检查标准依据《建筑施工安全检查标准》(JGJ 59—2011)等规范、标准进行检查。结合《建设工程安全生产管理条例》《施工企业安全生产评价标准》《施工现场安全生产保证体系》以及文明工地的评比标准、有关规范要求进行检查评分，力求达到各项规定要求的一致性。

2. 安全检查的考核

安全检查的考核评分依据《建筑施工安全检查标准》《施工企业安全生产保证体系》以及文明工地的评比标准、公司的安全检查评分内容进行百分制考核评分。考核评分进行累计计算，作为对分公司、项目部安全工作的评比考核。

3. 安全检查记录与反馈

各级安全检查必须做好检查记录。对发现的隐患必须进行整改，整改必须有复查记录。项目部对上级检查所提出的整改要求，必须在限定时间内进行整改，并向分公司提出复查，待分公司复查后进行封闭或报公司备案。各级安全生产检查工作及资料都要实施封闭管理。

4.2.3.6 安全检查处理程序

1."安全检查记录表"程序

分包单位、项目部、分公司、公司在安全检查中,对所发现的安全隐患和违章行为,除立即消除及纠正外,必须填写"安全检查记录表"(以下简称记录表)交由项目部签收。项目部在按照要求进行整改后,于签发日3日内反馈给分公司,待分公司复查后将记录表反馈给记录表开具部门。

2."安全检查处理通知单"程序

项目部、分公司、公司在安全检查中,对所发现的安全隐患和违章行为,除立即消除及纠正外,认为必须作出罚款的,须填写"安全检查处理通知单",实施奖罚程序。

3."安全检查整改单"程序

项目部、分公司、公司在安全检查中,对所发现的安全隐患和违章行为,除立即消除及纠正外,认为可以作出整改通知的,必须填写"安全检查整改单",交由项目部签收。项目部在按照要求进行整改后,于签发日5日内反馈给分公司,待分公司复查后将记录表反馈给"安全检查整改单"单开具部门。

4."安全检查谈话单"程序

分公司、公司在安全检查中,对所发现的安全隐患和违章行为,除立即消除及纠正外,认为有必要要求分包单位、项目部的安全生产责任人必须重视所存在的问题,可以填写"安全检查谈话单",交由项目部签收。被谈话人必须按"安全检查谈话单"的要求在指定时间和地点接受谈话。

5."安全停工整改单"程序

分公司、公司在安全检查中,对所发现的安全隐患和违章行为,除立即阻止外,认为一定要进行停工整改的,必须填写"安全停工整改单",交由项目部签收。项目部必须按照"安全停工整改单"要求进行全面的安全整改。整改完毕后,由项目部向"安全停工整改单"开具部门提出复查申请,待复查通过后才能组织施工。

4.2.3.7 《建筑施工安全检查标准》评分方法

(1)在建筑施工安全检查评定中,应保证项目全数检查。

(2)建筑施工安全检查评定应符合《建筑施工安全检查标准》(JGJ 59—2011)第3章中各检查评定项目的有关规定,并应按该标准的相关评分表进行评分。检查评分表应分为安全管理、文明施工、脚手架、基坑工程、模板支架、高处作业、施工用电、物料提升机与施工升降机、塔式起重机、起重吊装、施工机具分项检查评分表和检查评分汇总表。表头示例见图4-1。

单位工程（施工现场）名称	建筑面积/m²	结构类型	总计得分（满分100分）	项目名称及分值									
				安全管理（满分10分）	文明施工（满分20分）	脚手架（满分10分）	基坑支护与模板工程（满分10分）	"三宝""四口"防护（满分10分）	施工用电（满分10分）	物料提升机与外用电梯（满分10分）	塔式起重机（满分10分）	起重吊装（满分5分）	施工机具（满分5分）

图4-1 安全检查评分汇总表表头示例

（3）各评分表的评分应符合下列规定：

①分项检查评分表和检查评分汇总表的满分分值均应为100分，评分表的实得分值应为各检查项目所得分值之和；

②评分应采用扣减分值的方法，扣减分值总和不得超过该检查项目的应得分值；

③当按分项检查评分表评分时，保证项目中有一项未得分或保证项目小计得分不足40分，此分项检查评分表不应得分；

④检查评分汇总表中各分项项目实得分值应按式（2-1）计算：

$$A_1 = \frac{B \times C}{100} \qquad (2-1)$$

式中：A_1——检查评分汇总表各分项项目实得分值；

  B——检查评分汇总表中该项应得满分值；

  C——检查评分检查评分汇总表中该项实得分值。

⑤当评分遇有缺项时，分项检查评分表和检查评分汇总表的总得分值应按式（2-2）计算：

$$A_2 = \frac{D}{E} \times 100 \qquad (2-2)$$

式中：A_2——遇有缺项时的总得分值；

  D——实查项目在该表中的实得分值之和；

  E——实查项目在该表中的应得满分值之和。

⑥脚手架、物料提升机、施工升降机、塔式起重机与起重吊装项目的实得分值，应为所对应专业的分项检查评分表实得分值的算术平均值。

4.2.3.8 《建筑施工安全检查标准》评定等级

（1）应按检查评分汇总表的总得分和分项检查评分表的得分，将建筑施工安全检查评定结果划分为优良、合格、不合格三个等级。

（2）建筑施工安全检查评定的等级划分应符合下列规定：

①优良：分项检查评分表无零分，检查评分汇总表得分值应在80分及以上。

②合格：分项检查评分表无零分，检查评分汇总表得分值应在80分以下、70分及以上。

③不合格：a.当汇总表得分值不足70分时；b.当有一分项检查评分表得零分时。

（3）当建筑施工安全检查评定的等级为不合格时，必须限期整改达到合格。

4.3 建筑施工现场的安全隐患

4.3.1 人的不安全因素

人的不安全因素是指影响安全的人的因素，也就是能够使系统发生故障或发生性能不良事件的人员。人的不安全因素可分为个人的不安全因素和人的不安全行为两大类。

(1)个人的不安全因素：个人的不安全因素指的是人员的心理、生理、能力中所具有的不能适应工作、作业岗位要求而影响安全的因素。包括：

①心理上存在影响安全的性格、气质、情绪；

②生理上具有包括视觉、听觉等感觉器官，以及体能等缺陷，不符合工作和作业岗位的要求；

③能力上包括知识技能、应变能力、资格等不能适应工作和作业岗位的要求。

(2)人的不安全行为：人的不安全行为是指能引起事故的人为错误，是人为地使系统发生故障或发生性能不良的事件，是违背设计和操作规程的错误行为。根据《企业职工伤亡事故分类》(GB 6441—1986)的规定，不安全行为在施工现场的类型可分为13大类。包括：

①操作错误、忽视安全、忽视警告；

②造成安全装置失效；

③使用不安全设备；

④用手代替工具操作；

⑤物体存放不当；

⑥冒险进入危险场所；

⑦攀、坐不安全位置；

⑧在起吊物下作业、停留；

⑨机器运转时加油、修理、检查等；

⑩有分散注意力的行为；

⑪忽视使用个人防护用品用具；

⑫不安全装束；

⑬对易燃、易爆等危险物品处理错误。

4.3.2 物的不安全状态

物的不安全状态是指能导致事故发生的物质条件，包括机械设备等物质或环境所存在的不安全因素。

(1)物的不安全状态的内容

①物(包括机器、设备、工具、物质等)本身存在的缺陷；

②防护保险方面的缺陷；

③物的放置方法的缺陷；

④作业环境场所的缺陷；

⑤外部的和自然界的不安全状态；

⑥作业方法导致的物的不安全状态；

⑦保护器具信号、标志和个体防护用品的缺陷。

（2）物的不安全状态的类型

①防护等装置缺乏或有缺陷；

②设备、设施、工具、附件有缺陷；

③个人防护用品用具缺少或有缺陷；

④施工生产场地环境不良。

4.3.3 管理上的不安全因素

管理上的不安全因素，通常也称为管理上的缺陷，也是事故潜在的不安全因素。作为造成事故的间接原因有以下方面：

①技术上的缺陷；

②教育上的缺陷；

③生理上的缺陷；

④心理上的缺陷；

⑤管理工作上的缺陷；

⑥学校教育和社会、历史上的原因造成的缺陷。

思考题

（1）坚持安全管理六项基本原则指的是哪六项基本原则？请简要说明。

（2）施工单位在建设工程安全生产中处于核心地位，其应建立的安全管理制度包括哪些？

（3）为确保安全教育落到实处，在进行安全教育时，应达到什么基本要求？

（4）安全检查的内容有哪些？请简要说明。

第 5 章　建筑施工现场安全管理

5.1　建筑施工事故案例分析

5.1.1　土方坍塌事故案例

1. 事故概况

某年 7 月 18 日，在某市中水回流工程 A 标段工地上，四川省某市政公司正在做工程前期准备工作，主要了解地下管线情况、土质情况及实施管道的土方开挖。上午 8 时 30 分，开始管道沟槽开挖作业。9 时 30 分左右，当挖掘机挖沟槽至 2 m 深时，突然土体发生塌方，当时正在坑底进行挡土板支撑作业的作业人员李某避让不及，身体头部以下被埋入土中。事故发生后，现场项目经理立即组织人员进行抢救。虽经多方全力抢救，但未能成功，下午 3 时 20 分左右，李某在该市某中心医院死亡(图 5-1)。

图 5-1　土方坍塌事故现场

2. 事故原因分析

发生这起伤亡事故的直接原因和间接原因：

（1）直接原因：施工过程中土方堆置未按规范要求，即单侧堆土高度不得超过1.5 m、离沟槽边距离不得小于1.2 m的要求进行堆置，实际堆土高度达2.5 m，距沟槽边距离仅1 m；现场土质较差，为回填土，约4.5 m深，且紧靠开挖的沟槽，其中夹杂许多垃圾，土体松散。

（2）间接原因：施工现场安全措施针对性较差。未能考虑员工逃生办法，对事故预见性较差，麻痹大意。施工单位领导安全意识淡薄，对三级安全教育、安全技术交底、进场安全教育未能引起足够重视。

发生这起伤亡事故的主要原因：施工过程中土方堆置不合理；开挖后未按规范规定在深度达1.2 m时，及时进行分层支撑，实际是施工开挖2 m后，才开始支撑挡板；现场土质较差，土体很松散。

3. 防范措施

（1）暂时停止施工，施工单位进行全面安全检查及整改。

（2）召开事故现场会对职工进行安全教育，举一反三，增强安全意识。

（3）施工单位制定有针对性的施工安全技术，严格按施工技术规范和安全操作规程作业，对作业人员进行安全技术交底，配备足够的施工保护设施。

（4）明确和落实岗位责任制。

（5）监理单位应加强施工过程的监理。

5.1.2　模板支架坍塌事故案例

1. 事故概况

某综合业务楼工程，总建筑面积为31000 m²，地上7层，高25 m，地下室1层，结构形式为后张法预应力框架结构。整栋大楼分为东西两层楼，中间设后浇带断开，西楼中央768 m²，范围从3层楼面到7层屋顶为共享空间，共享空间顶为井字梁（宽0.5 m，高2 m），梁网配玻璃，自重650 t，且高出7层楼顶3 m。该工程项目施工由某一级建筑安装总公司承建。

某年10月19日，建设单位、设计单位和施工单位召开6层以上的技术交底会。某年10月底开始，随3~7层楼的内脚手架，逐步搭设共享空间混凝土大梁模板支架，共享空间长为32 m，宽24 m，从3层楼面往上高度为16.7 m。共享空间7层楼顶的4只角向内挑出4块10 cm厚、32 m²的非预应力反吊板，距上方混凝土大梁1 m，即这4块非预应力筋是采取反吊工艺，将其两边反吊固定在共享空间顶层混凝土大梁上。在支模过程中将梁的一侧模板支架直接设在4块非预应力板上。

次年1月15日上午9时，开始由东向西浇灌混凝土，直至中午，经检查，未发现任何异常。下午4时40分左右，约浇灌140 m³混凝土（接近工程总量的2/5）。此时木工队长蒋某听工人反映，说是感觉到靠东面已浇好的一根大梁动了一下，即上梁检查，发现大梁下沉2~3 cm，少数钢立管变形弯曲，部分扣件爆裂，浇好部分大梁下的钢管支撑已发生移位而不垂直。这时，项目经理包某指派工人准备加固模板支架，同时，请施工员王某向分公司电话汇报。

公司领导吩咐，停止浇灌，撤离人员，放掉一些混凝土以减轻上部荷载。包某通知灌浆工撤离现场，同时组织 30 余名工人上操作面拆模、放混凝土、拆混凝土泵管。没隔多久，在下午 6 时 15 分左右，已浇好的混凝土大梁随板支架失稳从东面开始直至全部坍塌，在上面作业的 30 余名工人随混凝土大梁一起坠落，造成项目经理包某等 6 人死亡、7 人重伤、7 人轻伤的较大伤亡事故（图 5-2）。

图 5-2　模板坍塌事故现场

2. 事故原因分析

发生这起伤亡事故的直接原因：

（1）架设 32 m 长、24 m 宽、16.7 m 高的共享空间顶层混凝土大梁的超高模板支架，未按设计计算编制分阶段施工方案而仅按常规模板支架，四周的支架利用原来 3~7 层的脚手架，略加固；立杆、横杆采用 3.8 cm 钢管，立杆间距 80 cm（偏大），水平层高 1.6 m；底层高达 1.8 m（偏高），且无扫地杆；横向、纵向剪刀撑不足；分层立杆驳接处薄弱，且上下不垂直；共享空间 4 个角的上方的混凝土大梁模板支架直接支在 4 块非预应力板上，致使现浇混凝土模板支架强度和稳定性不够，造成系统失稳。

（2）当出现异常情况时，施工单位缺乏经验，又不讲科学，盲目蛮干，指派 30 余名工人上现浇大梁操作面拆模、放混凝土、拆混凝土泵管，人为地增加了施工负载，以致人员随混凝土大梁和模板支架一起坍塌而造成较大伤亡事故。

发生这起重大伤亡事故的主要原因：

（1）施工单位违反了相关规定，没有编制共享空间顶层混凝土大梁的分段施工方案就盲目施工。

（2）施工单位缺乏一系列的内外部技术监督，以致没有一道关卡对共享空间大梁的施工方案进行严格审查把关。

（3）施工单位、建设单位和有关部门都缺乏经验，对上述共享空间大梁的模板支架搭设，对这个超高支撑系统的技术复杂性和难度也没有引起重视，没有提出问题。

3. 防范措施

（1）施工单位切实加强施工生产的技术管理。

（2）施工单位应加强安全和技术培训，不断提高各级管理人员和施工人员的法治观念、安全意识、质量意识和管理水平。

（3）建设工程项目施工必须严格执行规定，必须编制好施工组织设计，并按有关权限、程序审批后才能施工，对违者要严肃处理。

（4）施工单位加强内部管理，必须建立一套完整、有效的安全技术保证体系。

（5）加强建设工程项目的工程监理。同时，要进一步加大行业管理的力度，对违反社会监督规定而擅自施工的，坚决予以处理。

（6）要求各建筑设计单位进一步端正设计思想。在设计的全过程中始终贯彻"科学、合理、优化"的设计思想，不给施工单位带来施工上的麻烦，同时还要认真进行技术交底，关键部位、关键工艺要详细交底，并提出施工方案的建议，切实把好设计和施工指导关。

5.1.3 井架坍塌事故案例

1. 事故概况

某住宅建筑，7 层砖混结构，由某建筑公司承建。某年 7 月 7 日下午 2 时 30 分左右，3 名架子工正在从事井字架搭设。当井字架安装到 26 m 高度时，3 名在井架上的架子工突然发现井架有倒塌的危险，立即从井架上翻爬下来，就在这一瞬间，井架突然向东边方向倾斜，3 名架子工随井架的倒塌一起从 23 m 高空坠落。项目经理王某闻讯后立即组织工人将伤员送往医院抢救，经医院全力抢救无效，3 名作业人员全部死亡(图 5-3)。

图 5-3 井架坍塌事故现场

2. 事故原因分析

发生这起井架倒塌伤亡事故的直接原因为：从事井架搭设的 3 名工人，仅有 1 名工人有架子工操作证，另 2 人均无操作证；井架已搭至 26 m 高度，按规定井架超过 15 m 高度应用 2 道缆风绳，实际施工中仅用 1 道钢丝绳作缆风绳，且每根缆风绳锚桩只用 1 根钢管，深度最大的仅 1.2 m、最小的仅 0.8 m，按规定井架如果用钢管桩必须使用联锚桩（即 2 根钢管），每根桩的深度必须超过 1.7 m；事故井架的缆风绳数量和锚桩的设置严重违反有关规定。

3. 防范措施

(1) 加强对建筑施工现场的安全管理，重点加强对施工现场项目负责人的安全教育、培训和管理，增强安全意识和现场安全管理能力。

(2) 架子工必须经过培训和考核，持证上岗，严禁无证从事井字架的搭设和拆除作业。

(3) 施工过程中，应将井字架的搭设和拆除作为安全施工管理的重点。

(4) 应严格遵守架子工安全技术操作规程和井字架搭设的安全技术规程，严禁违章指挥和违章作业。

5.2 土方工程安全管理

5.2.1 土方工程安全施工基本要求

土方工程施工前，施工单位需做好充分的准备工作，包括获取施工地点的气象资料、水文资料，地下设施工程图纸以及地质勘察资料，在地下设施方面主要包括天然气、电缆以及供热管道。施工方在获取上述资料后可以更好地编制施工方案，同时也能根据掌握的资料对部分安全法规、条例等进行编制，从而更好地保证土方工程方案的可行性。

在土方工程施工方案中，要对施工安全问题进行重视，同时要提出安全技术措施，保证施工过程中不会出现安全问题。土方工程开挖前，施工方案负责人必须做好安全技术交底工作，这样能够更好地采取施工的技术措施，同时在施工的时候也能更好地规避一些问题。

5.2.2 一般安全要求

(1) 对土方作业基坑工程勘察、设计、施工和监理实行统一管理。加强对施工队伍的培训管理，并建立专业化施工团队。

(2) 应由具有相应资质的单位承接基坑工程的设计和施工任务。基坑工程的设计和施工应由基坑工程监理单位全面监理。

(3) 基坑工程贯彻先设计后施工、先支撑后开挖、施工与监测同时进行、边施工边治理的方针。严禁坑边超载，相邻基坑施工应有防止相互干扰的措施。

(4) 必须遵守相关规范，结合当地成熟经验因地制宜地进行基坑工程的设计和施工。深基坑工程施工方案应经建设主管部门审批，并通过专家论证审查。

(5) 应加强基坑工程的监测和预报工作，包括对支护结构、周围环境及岩土变化的监测，并通过监测分析及时预报并提出建议，实现信息化施工，以防隐患扩大，且能随时检验设计施工的正确性(图 5-4)。

(6)应建立健全基坑工程档案，内容包括勘察、设计、施工、监理及监测等单位的有关资料。

图 5-4　基坑监测

5.2.3　土方工程施工技术

工程施工中，土在中国区域性差别大，各地区的土方施工难度大不相同。江苏、上海多为地下水丰富的淤泥质土，土方开挖施工一般要将基坑支护，基坑降排水和止水综合考虑。

土方施工的基本流程如图 5-5 所示。

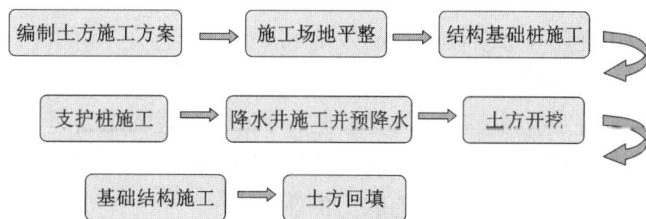

图 5-5　土方工程施工流程

1)施工准备

(1)土石方作业和基坑支护的设计、矫正应根据现场的环境、地质与水文情况，针对基坑开挖深度、范围大小，综合考虑支护方案、土方开挖、防治水方法以及对周边环境采取的措施。

(2)勘察范围应根据开挖深度及场地条件确定，应大于开挖边界外按开挖深度 1 倍以上范围布置勘探点。应根据土的性质、含水情况以及基坑环境合理选定土的压力参数。

（3）应查明作业范围周边环境及荷载情况，包括各种地下管线分布及现状，道路距离及车辆载重情况，影响范围内的建筑类型以及地表水排泄情况等。

2）土方挖掘

（1）土方挖掘方法、挖掘顺序应根据支护方案和降排水要求进行，当采用局部或全部放坡开挖时，放坡坡度应满足其稳定性要求。

（2）挖掘应自上而下进行，严禁先挖坡脚。软土基坑无可靠措施时应分层均衡开挖，层高不宜超过1 m。土方每次开挖深度和挖掘顺序必须按设计要求。坑（槽）沟边1 m以内不得堆土、堆料，不得停放机械。

（3）当基坑开挖深度大于相邻建筑的基础深度时，应保持一定距离或采取边坡支撑加固措施，并进行沉降和移位观测。

（4）施工中如发现不能辨认的物品时，应停止施工，保护现场，并立即报告工程所在地有关部门处理，严禁随意敲击或玩弄。

（5）挖土机作业的边坡应验算其稳定性，当不能满足时，应采取加固措施。在停机作业面以下挖土应选用反铲或拉铲作业，当使用正铲作业时，挖掘深度应严格按其说明书规定进行。有支撑的基坑使用机械挖掘时，应防止作业中碰撞支撑。

（6）配合挖土机作业的人员，应在其作业半径以外工作，当挖土机停止回转并制动后，方可进入作业半径内工作。

（7）开挖至坑底标高后，应及时进行下道工序基础工程施工，减少暴露时间。如不能立即进行下道工序施工，应预留3 mm厚的覆盖层。

（8）当基坑施工深度超过2 m时，坑边应按照高处作业的要求设置临边防护，作业人员上下应有专用梯道。当深基坑施工中形成立体交叉作业时，应合理布局机位、人员、运输通道，并设置防止落物伤害的防护层。

（9）从事爆破工程设计、施工的企业必须取得相关资质证书，按照批准的允许经营范围并严格遵照爆破作业的相关规定进行。

3）基坑支护

（1）支护结构的选型应考虑结构的空间效应和基坑特点，选择有利于支护的结构形式或采用几种形式相结合（图5-6）。

（2）当采用悬臂结构支护时，基坑深度不宜大于6 m。基坑深度超过6 m时，可选用单支点和多支点的支护结构。地下水位低的地区能保证降水施工时，也可采用土钉支护。

（3）寒冷地区基坑设计应考虑土体冻胀力的影响。

（4）支撑安装必须按设计位置进行，施工过程严禁随意变更，并应切实使围栏与挡土墙结合紧密。挡土板或板桩与坑壁间的回填土应分层回填夯实。

（5）支撑的安装和拆除顺序必须与施工组织设计工况相符合，并与土方开挖和主体工程的施工顺序相配合。分层开挖时，应先支撑后开挖；同层开挖时，应边开挖边支撑。支撑拆除前，应采取换撑措施，防止边坡卸载过快。

（6）钢筋混凝土支撑其强度必须达到设计要求（或达到75%）后，方可开挖支撑面以下土方；钢结构支撑必须严格检验材料和保证节点的施工质量，严禁在负荷状态下进行焊接。

（7）应合理布置锚杆的间距与倾角，锚杆上下间距不宜小于2.0 m，水平间距不宜小于

1.5 m；锚杆倾角宜为 15°~25°，且不应大于 45°。最上一道锚杆覆土厚度不得小于 4 m。

（8）锚杆的实际抗拔力经过计算后，还应按规定方法进行现场试验确定。可采取提高锚杆抗力的三次压力灌浆工艺。

（9）采用逆作法施工时，要求其外围结构必须有自防水功能。基坑上部机械挖土的深度，应按地下墙悬索结构的应力值确定；基坑下部封闭施工，应采取通风措施；当采用电梯井道作为垂直运输的井道时，对洞口楼板的加固方法应由工程设计确定。

（10）逆作法施工时，应合理地解决支撑上部结构的单柱单桩与工程结构的梁柱交叉及节点构造，并在方案中预先设计，当采用坑内排水时必须保证封井质量。

图 5-6 基坑支护施工

4）桩基施工

（1）桩基施工应按施工方案要求进行。打桩作业区应有明显标志或围栏，作业区上方应无架空线路。

（2）预制桩施工桩机作业时，严禁吊装、吊锤、回转、行走动作同时进行；桩机移动时，必须将桩锤降至最低位置；施打过程中，操作人员必须距桩锤 5 m 外监视。

（3）沉管灌注桩施工，在未灌注混凝土和未沉管以前，应将预钻的孔口盖严。

5）人工挖孔桩施工

人工挖孔桩施工应遵守下列规定：

（1）各种大直径桩的成孔，应首先采用机械成孔。当采用人工挖孔或人工扩孔时，须经上级主管部门批准后方可施工。

（2）应由熟悉人工挖孔桩施工工艺、遵守操作规定和具有应急监测防护能力的专业施工队伍施工。

（3）开挖桩孔应从上至下逐层进行，挖一层土及时浇筑一节混凝土护壁。第一节护壁应高出地面 300 mm。

（4）距孔口顶周边 1 m 位置处搭设围栏。孔口应设安全盖板，当盛土吊桶自孔内提出地面时，必须用盖板关闭孔口后，再进行卸土。孔口周边 1 m 范围内不得有堆土和其他堆积物。

（5）提升吊桶的机构，其传动部分及地面扒杆必须牢靠，制作、安装应符合施工设计要求。人员不得乘坐土吊桶上下，必须另配钢丝绳及滑轮并有断绳保护装置，或使用安全爬梯上下。

（6）应避免落物伤人，孔内应设半圆形防护板，随挖掘深度逐层下移。吊运物料时，作业人员应在防护板下面工作。

（7）每次下井作业前应检查井壁和抽样检测井内空气，当有害气体超过规定时，应进行处理和用鼓风机送风。严禁用纯氧进行通风换气。

（8）井内照明应采用安全矿灯或 12 V 防爆灯具。桩孔较深时，上下联系可通过对讲机等方式，地面不得少于 2 名监护人员。井下人员应轮换作业，连续工作时间不应超过 2 h。

（9）挖孔完成后，应当天验收，并及时将桩身钢筋笼就位和浇筑混凝土。正在浇筑混凝土的桩孔周围 10 m 半径内，其他桩不得有人作业。

6）地下水控制

（1）基坑工程的设计、施工必须充分考虑对地下水进行治理，采取排水、降水措施，防止地下水渗入基坑。

（2）基坑施工除降低地下水水位外，基坑内尚应设置明沟和集水井，以排除暴雨和其他突然而来的明水倒灌，基坑边坡视需要可覆盖塑料布，以防止大雨对土坡的侵蚀。

（3）膨胀土场地应在基坑边缘采取抹水泥地面等防水措施，封闭坡顶及坡面，防止各种水流(渗)入坑壁。不得向基坑边缘倾倒各种废水，并应防止水管泄漏而冲走桩间土。

（4）软土基坑、高水位地区应做截水帷幕，应防止单纯降水造成水土流失。

（5）截水结构的设计，必须根据地质、水文资料及开挖深度等条件进行，截水结构必须满足隔渗质量，且支护结构必须满足变形要求。

（6）在降水井点与重要建筑物之间宜设置回灌井(或回灌沟)，在基坑降水的同时，应沿建筑物地下回灌，保持原地下水位，或减缓降水速度，进而控制地面沉降。

5.2.4　相关安全措施

1）安全保证措施

（1）在土方开挖过程中，应严格按要求放坡，并应派专人随时检查槽壁和边坡的稳定状态，如发现有异常现象(如裂缝或部分坍塌等)应及时进行支撑或放坡，同时向现场责任工程师及项目有关领导汇报。

②在土方开挖过程中，两人操作间距应大于 2.5 m，两台挖土机间距应大于 10 m。在挖土机工作范围内，不许进行其他作业。挖土应由上而下进行，严禁先挖坡脚或逆坡挖土。

③基坑开挖时，应在基槽周围临边不小于 1.5 m 处沿基槽的四周设置 1.2 m 高防护栏杆和警示灯，栏杆用红白相间的油漆涂刷并用密目安全网封挡。人员上、下必须架设支撑靠梯并采取防滑措施。

④地表上的挖土机离边坡应有一定的安全距离，以防塌方，造成翻机事故。

⑤重物距土坡安全距离：汽车不小于 3 m；起重机不小于 4 m；土方堆放不小于 1 m，堆土高度不超过 1.5 m；材料堆放不小于 1 m。

⑥为防止边坡被雨水冲刷、浸润影响边坡稳定，采取边坡满铺塑料布，基槽上口砌 200 mm 高砖墙作挡水坎，基槽底部挖一道排水沟（最浅 200 mm，0.2%找坡）和四个积水坑。

⑦严禁施工人员从基槽顶向下抛扔材料、物品，以防伤人。

2）成品保护措施

（1）对定位标准桩、轴线引桩、标准水准点、降水井、降水管等，挖运土时不得碰撞，并应经常测量和校核其平面位置、水平标高和边坡坡度是否符合要求。定位标准桩和标准水准点也应定期复测和检查是否正确。

②施工中如发现文物或古墓等，应妥善保护，并应立即报请建设单位、监理和当地有关部门处理后，方可继续施工。如发现有测量用的永久性标桩或地质、地震部门设置的长期观测点等，应加以保护。在敷设有地上或地下管线、电缆的地段进行土方施工时，应事先取得有关部门的书面同意，施工中应采取措施，以防止损坏管线，造成严重事故。

③钎探完成后，应做好标记，保护好钎孔，未经监理、建设单位、设计及勘探部门复验，不得堵塞或灌砂。

3）现场管理及文明施工

（1）施工现场大门、围墙、围挡牢固整齐。

（2）道路平整畅通，有排水措施，不得有积水，现场排水经沉淀后方能排入污水管道。

（3）在道路出入口处设置一冲洗池和两排工人拍土清理架，并派专人清理车辆所运土方，使得所装载的土方必须低于槽帮 150 mm，并用彩色编织塑料布覆盖严密，确保出场上公路的车辆没有掉土、覆盖不严和车轮带泥出场，杜绝遗洒污染道路。

（4）施工现场尽量减少噪声影响附近居民。如确需夜间施工，应提前向地方派出所、街道办事处等地方机构联系，以取得允许和谅解。

（5）场区内材料堆放整齐，不得乱堆乱放。

（6）机械、车辆、停放有序。

（7）现场内不得因走车尘土飞扬，挖土期间应派专人洒水降尘。

5.3　脚手架与高空作业安全管理

5.3.1　一般规定

（1）脚手架的构造和组架工艺应能满足施工需求，并应保证架体牢固、稳定（图 5-7）。

（2）脚手架杆件连接节点应满足其强度和转动刚度要求，应确保架体在使用期内安全，节点无松动。

（3）脚手架所用杆件、节点连接件、构配件等应能配套使用，并应能满足各种组架方法和构造要求。

（4）脚手架的竖向和水平剪刀撑应根据其种类、荷载、结构和构造设置，剪刀撑斜杆应与相邻立杆连接牢固；可采用斜撑杆、交叉拉杆代替剪刀撑。门式钢管脚手架设置的纵向交叉拉杆可替代纵向剪刀撑。

（5）竹脚手架应用于作业脚手架和落地满堂支撑脚手架，木脚手架可用于作业脚手架和支撑脚手架。竹、木脚手架的构造及节点连接技术要求应符合《建筑施工脚手架安全技术统一标准》(GB51210—2016)的规定。

图 5-7　脚手架安装施工

5.3.2　一般脚手架安全技术要求

1. 脚手架杆件的安全技术要求

脚手架安装示意图如图 5-8 所示。

(1)木脚手架立杆、纵向水平杆、斜撑、剪刀撑、连墙件应选用剥皮杉、落叶松木杆,横向水平杆应选用杉木、落叶松、柞木、水曲柳。不得使用折裂、扭裂、虫蛀、纵向严重裂缝以及腐朽的木杆。立杆有效部分的小头直径不得小于 70 mm,纵向水平杆有效部分的小头直径不得小于 80 mm。

(2)竹竿应选用生长期三年以上毛竹或竹,不得使用弯曲、青嫩、枯脆、腐烂、裂纹连通两节以上以及虫蛀的竹竿。立杆、顶撑、斜杆有效部分的小头直径不得小于 75 mm,横向水平杆有效部分的小头直径不得小于 90 mm,格栅、栏杆的有效部分小头直径不得小于 60 mm。对于小头直径在 60 mm 以上,不足 90 mm 的竹竿可采用双杆。

(3)钢管材质应符合 Q235A 级标准,不得使用有明显变形、裂纹、严重锈蚀的材料。钢管规格宜采用 ϕ48 mm×3.5 mm,亦可采用 ϕ51 mm×3.0 mm 钢管。

(4)同一脚手架中,不得混用两种材质,也不得将两种规格的钢管用于同一脚手架中。

2. 脚手架绑扎材料的安全技术要求

(1)镀锌钢丝或回火钢丝严禁有锈蚀和损伤,且严禁重复使用。

(2)竹篾严禁发霉、虫蛀、断腰、有大结疤和折痕,使用其他绑扎材料时,应符合其他规定。

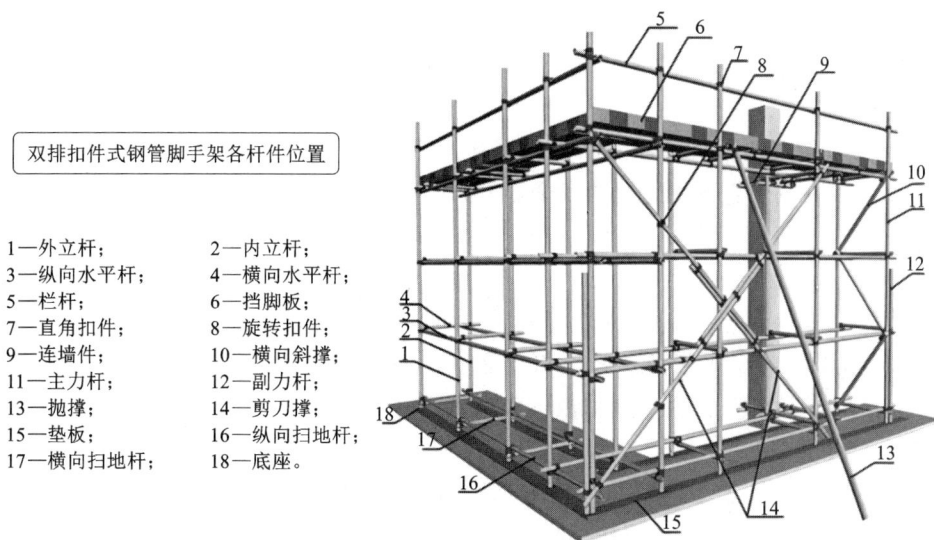

双排扣件式钢管脚手架各杆件位置

1—外立杆；　　　2—内立杆；
3—纵向水平杆；　4—横向水平杆；
5—栏杆；　　　　6—挡脚板；
7—直角扣件；　　8—旋转扣件；
9—连墙件；　　　10—横向斜撑；
11—主力杆；　　　12—副力杆；
13—抛撑；　　　　14—剪刀撑；
15—垫板；　　　　16—纵向扫地杆；
17—横向扫地杆；　18—底座。

图 5-8　脚手架安装示意图

（3）扣件应与钢管管径相配合，并符合国家现行标准的规定。

3. 脚手架上脚手板的安全技术要求

（1）木脚手板厚度不得小于 50 mm，板宽宜为 200~300 mm，两端应用镀锌钢丝扎紧。材质为不低于国家等材质标准的杉木和松木，且不得使用腐朽、劈裂的木板。

（2）竹串片脚手板应使用宽度不小于 50 mm 的竹片，拼接螺栓间距不得大于 600 mm，螺栓孔径与螺栓应紧密配合。

（3）各种形式金属脚手板，单块自重不宜超过 0.294 kN，性能应符合设计使用要求，表面应有防滑构造。

4. 脚手架搭设高度的安全技术要求

（1）钢管脚手架中，扣件式单排架不宜超过 24 m，扣件式双排架不宜超过 50 m，门式架不宜超过 60 m。

（2）木脚手架中，单排架不宜超过 20 m，双排架不宜超过 30 m。

（3）竹脚手架不得搭设单排架，双排架不宜超过 35 m。

5. 脚手架构造的安全技术要求

（1）单、双排脚手架的立杆纵距及水平杆步距不应大于 2.1 m，立杆横距不应大于 1.6 m。

（2）应按规定的间隔采用连墙件（或连墙杆）与建筑结构进行连接，在脚手架使用期间不得拆除。

（3）沿脚手架外侧应设置剪刀撑，并随脚手架同步搭设和拆除。

（4）双排扣件式钢管脚手架高度超过 24 m 时，应设置横向斜撑。

（5）门式钢管脚手架的顶层门架上部、连墙件设置层、防护棚设置处必须设置水平架。

（6）竹脚手架应设置顶撑杆，并与立杆绑扎在一起顶紧横向水平杆。

（7）架高超过40 m且有风涡流作用时，应设置抗风涡流上翻作用的连墙措施。

（8）脚手板必须按脚手架宽度铺满、铺稳，脚手板与墙面的间隙不应大于200 mm，作业层脚手板的下方必须设置防护层。

（9）作业层外侧，应按规定设置防护栏杆和挡脚板。

（10）脚手架应按规定采用密目式安全立网封闭。

6.脚手架荷载标准值

1）恒荷载

恒荷载包括构架、防护设施、脚手板等自重，应按《建筑结构荷载规范》（GB 50009—2012）选用，对木脚手板、竹串片脚手板可取自重标准值为0.35 kN/m²（按厚度50 mm计）。

2）施工荷载

施工荷载应包括作业层人员、器具、材料的自重：结构作业架应取3 kN/m²；装修作业架应取2 kN/m²；定型工具式脚手架按标准值取用，但不得低于1 kN/m²。

5.3.3 特殊脚手架安全技术要求

1.落地式脚手架

落地式脚手架如图5-9所示。

1）基础和立杆

（1）脚手架地基与基础，必须根据脚手架搭设高度、搭设场地土质情况与现行国家标准《建筑地基基础工程施工质量验收规范》（GB 50202—2018）的有关规定进行施工，脚手架底座底面标高宜高于自然地坪50 mm。

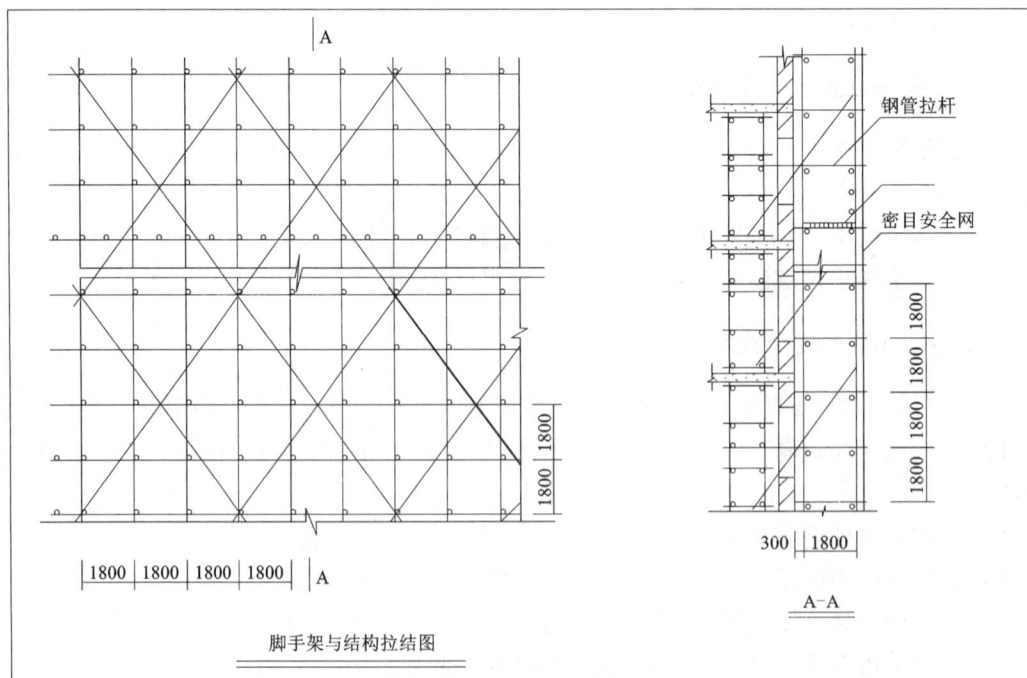

图5-9 落地式脚手架（单位：mm）

（2）基础应该做到表面坚实平整、无积水，垫板无晃动，底座不滑动、不沉降。垫板宜采用长度不少于 2 跨，厚度不小于 50 mm 的木垫板，也可采用槽钢。

（3）每根立杆底部应设置底座或垫板。

（4）脚手架必须设置纵、横向扫地杆。纵向扫地杆应采用直角扣件固定在距底座上皮不大于 200 mm 处的立杆上。横向扫地杆也应采用直角扣件固定在紧靠纵向扫地杆下方的立杆上。当立杆基础不在同一高度上时，必须将高处的纵向扫地杆向低处延长两跨与立杆固定，高低差应不大于 1 m。靠边坡上方的立杆轴线到边坡的距离应不小于 500 mm。

（5）脚手架底层步距应不大于 2 m。

（6）立杆必须用连墙件与建筑物可靠连接。

（7）立杆接头除顶层顶步外，其余各层各步接头必须采用对接扣件连接。

（8）立杆顶端宜高出女儿墙上皮 1 m，高出檐口上皮 1.5 m。

（9）双管立杆中，副立杆的高度不应低于 3 步，钢管长度应不小于 6 m。

2）连墙件

（1）连墙件布置最大间距应符合表 5-1 的规定。

表 5-1　连墙件布置最大间距

09 脚手架高度/m		竖向间距	水平间距	每根连墙件覆盖面积/m^2
双排	≤50	$3h$	$3l_a$	≤40
	>50	$2h$	$3l_a$	≤27
单排	≤24	$3h$	$3l_a$	≤40

注：h 为步距；l_a 为纵距。

（2）连墙件的布置应靠近主节点设置，距离主节点的距离应不大于 300 mm。

（3）连墙件应从底层第一步纵向水平杆处开始设置，当该处设置有困难时，应采用其他可靠措施固定。

（4）连墙件宜优先采用菱形布置，也可采用方形、矩形布置。

（5）一字形、开口形脚手架的两端必须设置连墙件，连墙件的垂直间距应不大于建筑物的层高，并应不大于 4 m（两步）。

（6）对高度在 24 m 以下的单、双排脚手架，宜采用刚性连墙件与建筑物可靠连接，亦可采用拉筋和顶撑配合使用的附墙连接方式。严禁使用仅有拉筋的柔性连墙件。

（7）对高度在 24 m 以上的双排脚手架，必须采用刚性连墙件与建筑物可靠连接。

（8）连墙件的构造应符合下列规定：

①连墙件中的连墙杆或拉筋宜呈水平设置，当不能水平设置时，与脚手架连接的一端应下斜连接，不应采用上斜连接。

②连墙件必须采用可承受拉力和压力的构造。

（9）当脚手架下部暂不能连连墙件时，可搭设抛撑。抛撑应采用通长杆件与脚手架可靠连接，与地面的倾角应为 45°~60°；连接点中心至主节点的距离应不大于 300 mm。抛撑在连墙件搭设后方可拆除。

（10）架高超过 40 m 且有风涡流作用时，应采取抗上升翻流作用的连墙措施。

3）水平杆和剪刀撑

（1）纵向水平杆的构造应符合下列规定：

①纵向水平杆宜设置在立杆内侧，其长度不宜小于 3 跨。

②纵向水平杆接长宜采用对接扣件连接，也可采用搭接。对接、搭接应符合下列规定：

a. 纵向水平杆的对接扣件应交错布置；两根相邻纵向水平杆的接头不宜设置在同步或同跨内；不同步或不同跨两个相邻接头在水平方向错开的距离应不小于 500 mm；各接头中心至最近主节点的距离不宜大于纵距的 1/3。

b. 搭接长度应不小于 1 m，应等间距设置 3 个旋转扣件固定，端部扣件盖板边缘至搭接纵向水平杆杆端的距离应不小于 100 mm。

c. 当使用冲压钢脚手板、木脚手板、竹串片脚手板时，纵向水平杆应作为横向水平杆的支座，用直角扣件固定在立杆上；当使用竹笆脚手板时，纵向水平杆应采用直角扣件固定在横向水平杆上，并应等间距设置，间距应不大于 400 mm。

（2）横向水平杆的构造应符合下列规定：

①主节点处必须设置一根横向水平杆，用直角扣件扣接且严禁拆除。

②作业层上非主节点处的横向水平杆，宜根据支撑脚手板的需要等间距设置，最大间距应不大于纵距的 1/2。

③当使用冲压钢脚手板、木脚手板、竹串片脚手板时，双排脚手架的横向水平杆两端均应采用直角扣件固定在纵向水平杆上；单排脚手架的横向水平杆的一端，应用直角扣件固定在纵向水平杆上，另一端应插入墙内，插入长度应不小于 180 mm。

④使用竹笆脚手板时，双排脚手架的横向水平杆两端，应用直角扣件固定在立杆上；单排脚手架的横向水平杆的一端，应用直角扣件固定在立杆上，另一端应插入墙内，插入长度亦应不小于 180 mm。

（3）剪刀撑与横向斜撑的构造应符合下列规定：

①双排脚手架应设剪刀撑与横向斜撑，单排脚手架应设剪刀撑。

②剪刀撑的设置应符合下列规定：

每道剪刀撑跨越立杆的根数宜按表 5-2 的规定确定。每道剪刀撑宽度应不小于 4 跨，且应不小于 6 m，斜杆与地面的倾角应为 45°~60°。

表 5-2　剪刀撑跨越立杆的最多根数

剪刀撑斜杆与地面的倾角 α/(°)	剪刀撑跨越立杆的最多根数 n
45	7
50	6
60	5

高度在 24 m 以下的单、双排脚手架，必须在外侧立面的两端各设置一道剪刀撑，并应由底至顶连续设置。

高度在 24 m 以上的双排脚手架，应在外侧立面整个长度和高度上连续设置剪刀撑。

剪刀撑斜杆的接长宜采用搭接，立杆接长除顶层顶步外，其余各层各步接头必须采用对接扣件连接。

③剪刀撑斜杆应用旋转扣件固定在与之相交的横向水平杆的伸出端或立杆上，旋转扣件中心线至主节点的距离不宜大于 150 mm。

④横向斜撑的设置应符合下列规定：

a. 横向斜撑应在同一节间，由底至顶层呈之字形连续布置，斜腹杆宜采用旋转扣件固定在与之相交的横向水平杆的伸出端上，旋转扣件中心线至主节点的距离不宜大于 150 mm。

b. 一字形、开口型双排脚手架的两端必须设置横向斜撑。

c. 高度在 24 m 以下的封闭型双排脚手架可不设横向斜撑，高度在 24 m 以上的封闭型脚手架，除拐角应设置横向斜撑外，中间应每隔 6 跨设置一道。

4）脚手板与防护栏杆

（1）脚手板的设置应符合下列规定：

①作业层脚手板应铺满、铺稳，离开墙面 120~150 mm。

②冲压钢脚手板、木脚手板、竹串片脚手板等，应设置在三根横向水平杆上。当脚手板长度小于 2 m 时，可采用两根横向水平杆支撑，但应将脚手板两端与其可靠固定，严防倾翻。此三种脚手板的铺设可采用对接平铺，亦可采用搭接铺设。脚手板对接平铺时，接头处必须设两根横向水平杆，脚手板外伸长应取 130~150 mm，两块脚手板外伸长度的和应不大于 300 mm；脚手板搭接铺设时，接头必须支在横向水平杆上，搭接长度应大于 200 mm，其伸出横向水平杆的长度应不小于 100 mm。

③竹笆脚手板应按其主竹筋垂直于纵向水平杆铺设，且采用对接平铺，四个角应用直径 1.2 mm 的镀锌钢丝固定在纵向水平杆上。

④作业层除应按规定满铺脚手板和设置临边防护，还应在脚手板下部挂一层平网，在斜立杆里侧用密目网封严。

⑤作业层端部脚手板探头长度应取 150 mm，其板长两端均应与支撑杆可靠地固定。

⑥在拐角、斜道平台口处的脚手板，应与横向水平杆可靠连接，防止滑动。

⑦自顶层作业层的脚手板往下计，宜每隔 12 m 满铺一层脚手板。

（2）脚手板的检查应符合下列规定：

①冲压钢脚手板的检查应符合下列规定：

a. 新脚手板应有产品质量合格证。

b. 对于冲压钢脚手板，当板长 $l \leqslant 4$ m 时，其板面挠曲不大于 12 mm；板长 $l > 4$ m 时，其板面挠曲不大于 16 mm，板面扭曲不得大于 5 mm，且不得有裂纹、开焊与硬弯。

c. 新、旧钢脚手板均应涂防锈漆。

②竹木脚手板的检查应符合下列规定：

a. 木脚手板的宽度不宜小于 200 mm，厚度应不小于 50 mm；两端应各设直径为 4 mm 的镀锌钢丝箍两道，其质量应符合《木结构设计规范》（GB 50005—2017）中 1 级材质的规定；腐朽的脚手板不得使用。

b. 竹脚手板宜采用由毛竹或铺竹制作的竹串片板、竹笆板。

（3）斜道脚手板构造应符合下列规定：

①脚手板横铺时，应在横向水平杆下增设纵向支托杆，纵向支托杆间距应不大于

500 mm。

②脚手板顺铺时，接头宜采用搭接；下面的板头应压住上面的板头，板头的凸棱处宜采用三角木填顺。

③人行斜道和运料斜道的脚手板上应每隔 250~300 mm 设置一根防滑木条，木条厚度宜为 20~30 mm。

④防护栏杆

a. 栏杆和挡脚板均应搭设在外立杆的内侧。

b. 上栏杆上坡高度应为 1.2 mm。

c. 挡脚板高度应不小于 180 mm。

d. 中栏杆应居中设置。

2. 悬挑式脚手架

悬挑式脚手架如图 5-10 所示。

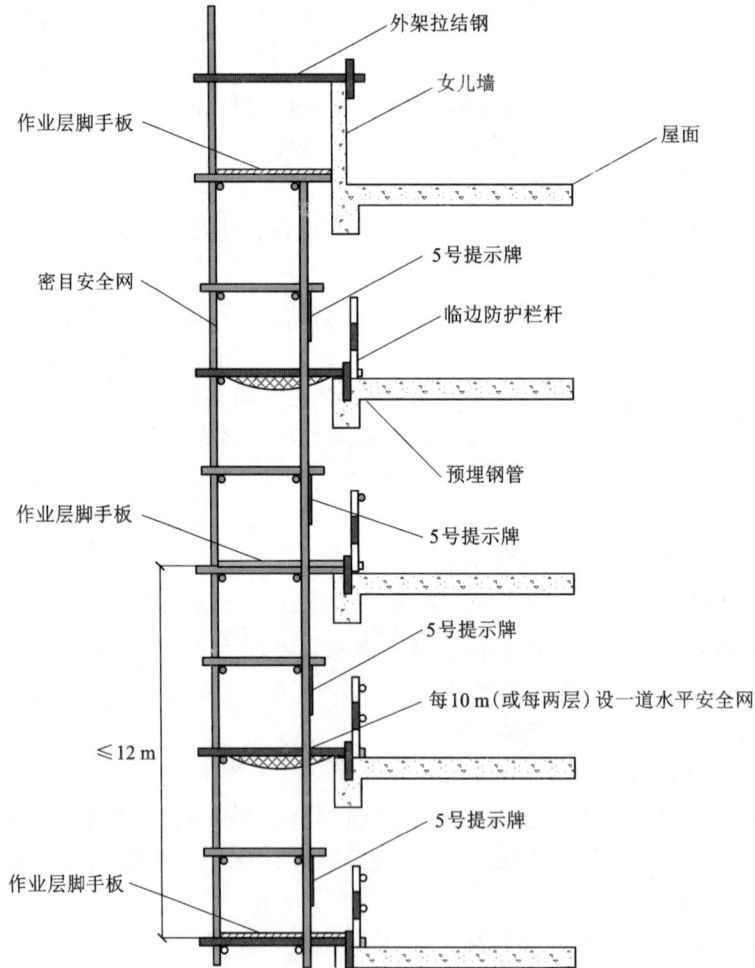

图 5-10 悬挑式脚手架

（1）悬挑一层的脚手架应符合下列规定。

①悬挑架斜立杆的底部必须搁置在楼板、梁、墙体等建筑结构部位，并有固定措施。斜立杆与墙面的夹角不宜大于30°。

②斜立杆必须与建筑结构进行连接固定，不得与模板支架连接。

③作业层除应按规定满铺脚手板和设置临边防护，还应在脚手板下部挂一层平网，在斜立杆里侧用密目网封严。

（2）悬挑多层的脚手架应符合下列规定。

①悬挑支撑结构必须专门设计计算，应保证有足够的强度、稳定性和刚度，并将脚手架的荷载传递给建筑结构。

②悬挑支撑结构可采用悬挑梁或悬挑架等不同结构形式。悬挑梁应采用型钢制作，悬挑架应采用型钢或钢管制作成三角形标架，其节点必须是螺栓或铰接的刚性节点，不得采用扣件（或碗扣）连接。

③支撑结构以上的脚手架应符合落地式脚手架搭设规定，并按要求设置连接件，底部与悬挑结构必须进行可靠连接。

3. 吊篮式脚手架

吊篮式脚手架如图5-11所示。

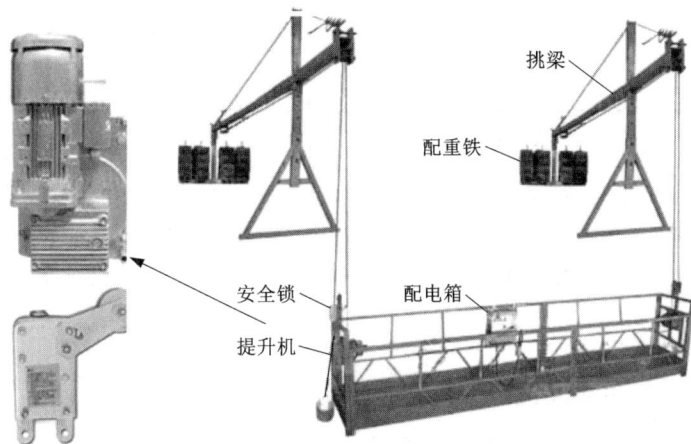

图5-11　吊篮式脚手架

（1）吊篮平台制作应符合下列规定。

①吊篮平台应经设计计算并应采用型钢、钢管制作，其节点应采用焊接或螺栓连接，不宜使用钢管和扣件（或碗扣）连接。

②吊篮平台宽度宜为0.8~1.0 m，长度不宜超过6 m。当底板采用木板时，厚度不得小于50 mm；采用钢板时应有防滑构造。

③吊篮平台四周应设防护栏杆，除靠建筑物一侧的栏杆高度不应低于0.8 m外，其余侧面栏杆高度均不得低于1.2 m。栏杆底部应设180 mm高挡脚板，上部应用钢板网封严。

④吊篮应设固定吊环，其位置距底部应不小于800 mm。吊篮平台应在明显处标明最大

使用荷载(人数)及注意事项。

(2)悬挂结构应符合下列规定。

①悬挂结构应经设计计算,可制作成悬挑梁或悬挑架,尾端与建筑结构锚固连接;当采用压重方法平衡挑梁的倾覆力矩时,应确认压重的质量,并应有防止压重移位的锁紧装置。悬挂结构抗倾覆应进行专门计算。

②悬挂结构外伸长度应保证悬挂平台的钢丝绳与地面垂直。挑梁与挑梁之间应采用纵向水平杆连成稳定的结构整体。

(3)吊篮式脚手架提升机构应符合下列规定。

①提升机构的设计计算应按容许应力法,提升钢丝绳安全系数应不小于10,提升机构的安全系数应不小于2。

②提升机构可采用手扳葫芦或电动葫芦,应采用钢芯钢丝绳。手扳葫芦可用于单跨(两个吊点)的升降。当吊篮平台多跨同时升降时,必须使用电动葫芦且应有同步控制装置。

(4)吊篮式脚手架安全装置应符合下列规定。

①使用手扳葫芦应装设防止吊篮平台发生自动下滑的闭锁装置。

②吊篮平台必须装设安全锁,并应在各吊篮平台悬挂处增设一根与提升钢丝绳相同型号的安全绳,每根安全绳上应安装安全锁。

③当使用电动提升机构时,应在吊篮平台上、下两个方向装设对其上、下运行位置和距离进行限定的行程限位器。

④电动提升机构宜配两套独立的制动器,每套制动器均可使额定荷载125%的吊篮平台停住。

⑤吊篮式脚手架吊篮安装完毕,应以2倍的均布额定荷载进行检验平台和悬挂结构的强度及稳定性的试压试验。提升机构应进行运行试验,其内容应包括空载、额定荷载、偏载及超载试验,并应同时检验各安全装置并进行坠落试验。

⑥吊篮式脚手架必须经设计计算,吊篮升降应采用钢丝绳传动、装设安全锁等防护装置并经检验确认。严禁使用悬空吊椅进行高层建筑外装修、清洗等高处作业。

4.附着升降脚手架

附着升降脚手架如图5-12所示。

(1)附着升降脚手架的架体结构和附着支撑结构应按"概率极限状态法"进行设计计算,升降机构应按"容许应力计算法"进行设计计算。荷载标准值应分别按使用、升降、坠落三种状况确定。

(2)附着升降脚手架架体构造应符合下列规定:

①架体尺寸应符合下列规定:

a.架体高度应不大于15 m;宽度应不大于1.2 m;架体的全高与支撑跨度的乘积应不大于110 m²。

b.升降和使用情况下,架体悬臂高度均应不大于6.0 m和架体高度的2/5。

②架体结构应符合下列规定:

a.水平梁架应满足承载和架体整体作用的要求,采用焊接或螺栓连接的定型桁架梁式结构,不得采用钢管扣件、碗扣等脚手架连接方式。

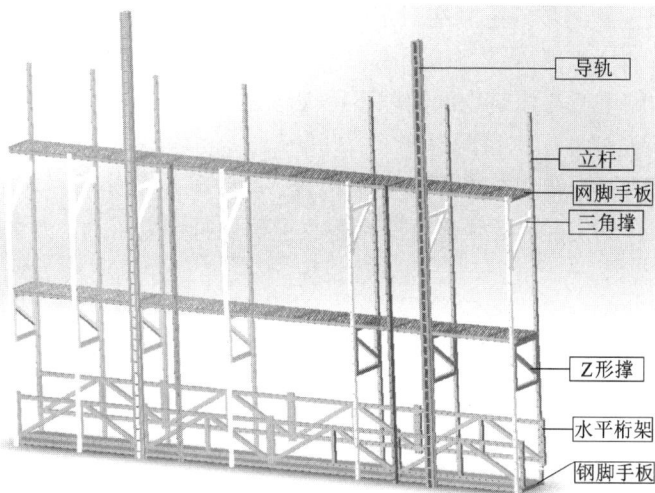

图 5-12　附着升降脚手架

　　b.架体必须在附着支承部位沿全高设置定型加强的竖向主框架,竖向主框架应采用焊接或螺栓连接的片式框架或格构式结构,并能与水平梁架和架体构架整体作用,且不得使用钢管扣件或碗扣架等脚手架杆件组装。

　　c.架体外立面必须沿全高设置剪刀撑;悬挑端应与主框架设置对称斜拉杆;架体遇塔吊、施工电梯、物料平台等设施而需断开处应采取加强构造措施。

　　③附着升降脚手架的附着支撑结构必须满足附着升降脚手架在各种情况下的支撑、防倾和防坠落的承载力要求。在升降和使用工况下,确保每一竖向主框架的附着支撑不得少于两套,且每一套均应能独立承受该跨全部设计荷载和倾覆力矩。

　　④附着升降脚手架必须设置防倾装置、防坠装置及整体(或多跨)同时升降作业的同步装置,并应符合下列规定。

　　a.防倾装置应符合下列规定。

　　·防倾装置必须与建筑结构、附着支撑或竖向主框架可靠连接,应采用螺栓连接,不得采用钢管扣件或碗扣方式连接。

　　·升降和使用工况下在同一竖向平面的防倾装置不得少于两处,两处的最小间距不得小于架体全高的 1/3。

　　b.防坠装置应符合下列规定。

　　·防坠装置应设置在竖向主框架部位,且每一竖向主框架提升设备处必须设置一个。

　　·防坠装置与提升设备必须分别设置在两套互不影响的附着支撑结构上,当一套失效时,另一套必须能独立承担全部坠落荷载。

　　·防坠装置应有专门的确保其工作可靠、有效的检查方法和管理措施。

　　c.同步装置应符合下列规定。

　　·升降脚手架的吊点超过两点时,不得使用手扳葫芦,且必须装设同步装置。

　　·同步装置应能同时控制各提升设备间的升降差和荷载值。同步装置应具备超载报警、欠载报警和自动显示功能;在升降过程中,应显示各机位实际荷载、平均高度、同步差,并自动调整使相邻机位的同步差控制在限定值内。

⑤附着升降脚手架必须按要求用密目式安全立网封闭严密，脚手板底部应用平网及密目网双层网兜底，脚手板与建筑物的间隙不得大于 200 mm。单跨或多跨提升的脚手架，其两端断开处必须加设栏杆并用密目网封严。

⑥附着升降脚手架组装完毕后，应经检查、验收确认合格后，方可进行升降作业；且每次升降到位、架体固定后，必须进行交接验收。确认符合要求后，方可继续作业。

5.4 模板工程安全管理

模板按所用的材料不同，分为木模板、钢木模板、胶合板模板、钢竹模板、钢模板、塑料模板、玻璃钢模板、铝合金模板等。

木模板的树种可按各地区实际情况选用，一般多为松木和杉木。由于木模板木材消耗量大、重复使用率低，为节约木材，在现浇钢筋混凝土结构中应尽量少用或不用木模板。

钢木模板是以角钢为边框、木板为面板的定型模板，其优点是可以充分利用短木料并能多次周转使用。

胶合板模板是以胶合板为面板、角钢为边框的定型模板。以胶合板为面板，克服了木材的不等方向性的缺点，受力性能好。这种模板具有强度高、自重小、不翘曲、不开裂、板幅大、接缝少的优点。

钢竹模板是以角钢为边框、竹编胶合板为面板的定型模板。这种模板刚度较大、不易变形、重量轻、操作方便。

钢模板一般均做成定型模板，用连接构件拼装成各种形状和尺寸，适用于多种结构形式，在现浇钢筋混凝土结构施工中广泛应用。钢模板一次投资量大，但周转率高，在使用过程中应注意保管和维护、防止生锈以延长钢模板的使用寿命。

塑料模板、玻璃钢模板、铝合金模板具有重量轻、刚度大、拼装方便、周转率高的特点，但由于造价较高，在施工中尚未普遍使用。

模板施工现场图如图 5-13 所示。

图 5-13 模板施工现场

5.4.1　一般规定

（1）模板施工前，应根据建筑物结构特点和混凝土施工工艺进行模板设计，并编制安全技术措施。

（2）模板及支架应具有足够的强度、刚度和稳定性，能可靠地承受新浇混凝土自重、侧压力和施工中产生的荷载及风荷载。

（3）各种材料模板的制作，应符合相关技术标准的规定。

（4）模板支架材料宜采用钢管、门式架、型钢、木杆等。模板支架材质应符合相关技术标准的规定。

5.4.2　构造要求

（1）各种模板的支架应自成体系，严禁与脚手架连接。

（2）模板支架立杆底部应设置垫板，不得使用砖及脆性材料铺垫，并在支架的两端和中间部分与建筑结构进行连接。

（3）模板支架立杆在安装的同时，应加设水平支撑：立杆高度大于 2 m 时，应设 2 道水平支撑；每增高 1.5~2 m 时，再增设 1 道水平支撑。

（4）满堂模板立杆除必须在四周及中间设置纵、横双向水平支撑外，当立杆高度超过 4 m 时，应每隔 2 步设置 1 道水平剪刀撑。

（5）当采用多层支模时，上下各层立杆应保持在同一垂直线上。

（6）需进行二次支撑的模板，当安装二次支撑时，模板上不得有施工荷载。

（7）模板支架的安装应按照设计图进行。安装完毕浇筑混凝土前，应经验收确认符合要求。

（8）应严格控制模板上堆料及设备荷载。当采用小推车运输时，应该搭设小车运输通道，以免将荷载传给建筑结构。

5.4.3　模板拆除

（1）模板支架拆除必须有相关工程技术负责人的批准手续及混凝土的强度报告。

（2）模板拆除应按设计方案的规定进行。当无规定时，应按照"先支的后拆，后支的先拆"的顺序，先拆非承重模板，后拆承重模板及支架。

（3）拆除较大跨度梁下支柱时，应先从跨中开始，分别向两端拆除。拆除多层楼板支柱时，在确认上部施工荷载不需要传递的情况下方可拆除下部支柱。

（4）当水平支撑超过 2 道时，应先拆除 2 道的水平支撑，最下面一道大横杆与立杆应同时拆除。

（5）模板拆除应按规定逐次进行，不得采用大面积撬落方法。拆除的模板、支撑件应用滑槽滑下或用绳系下，不得留有悬空模板。

模板拆除质量检测如图 5-14 所示。

图 5-14　模板拆除质量检测

5.5　拆除工程安全管理

5.5.1　拆除工程施工的特点

（1）拆除工期短，流动性大。拆除工程施工速度比新建工程快得多，其使用的机械、设备、材料、人员都比新建工程施工少得多，特别是采用爆破拆除，一幢大楼可在顷刻之间被夷为平地。因而，拆除施工企业可以在短期内从一个工地转移到第二个、第三个工地，其流动性很大。

（2）安全隐患多，危险性大。拆除物一般是年代已久的旧建（构）筑物，安全隐患多，建设单位往往很难提供原建（构）筑物的结构图和设备安装图，给拆除施工企业制定拆除施工方案带来很多困难。此外，由于改建或扩建，改变了原结构的力学体系，在拆除中往往因拆除了某一构件造成原建（构）筑物的力学平衡体系受到破坏，易导致其他构件倾覆压伤施工人员。

（3）施工人员整体素质较差。一般的拆除施工企业的作业人员通常由外来务工人员组成，文化水平不高，整体素质较差，安全意识较低，自我保护能力较弱。

5.5.2　拆除工程施工方法及其适用范围

1. 人工拆除方法

人工拆除方法是指依靠手工加上一些简单工具，如钢钎、锤子、风镐、手动导链、钢丝绳等，对建(构)筑物实施解体和破碎的方法。人工拆除方法的特点如下：

(1)施工人员必须亲临拆除点操作，要进行高空作业，危险性大。

(2)劳动强度大，拆除速度慢，工期长。

(3)气候影响大。

(4)易于保留部分建筑物。

它的适用范围为：拆除砖木结构、混合结构以及上述结构的分离和部分保留的拆除项目。

2.机械拆除方法

机械拆除方法是指使用大型机械(如挖掘机、镐头机、重锤机等)对建(构)筑物实施解体和破碎的方法。其中，现场施工图如图 5-15 所示。机械拆除方法的特点为：

(1)施工人员无须直接接触拆除点，无须高空作业，危险性小。

(2)劳动强度低，拆除速度快，工期短。

(3)作业时扬尘较大，必须采取湿作业法。

它的适用范围为：用于拆除混合结构、框架结构、板式结构等高度不超过 30 m 的建筑物、构筑物及各类基础和地下构筑物。

图 5-15　机械拆除施工现场

3.爆破拆除方法

爆破拆除方法是利用炸药在爆炸瞬间产生高温高压气体对外做功，借此来解体和破碎建(构)筑物。爆破拆除方法的特点为：

(1)施工人员无须进行有损建筑物整体结构和稳定性的操作，人身安全更有保障。

(2)一次性解体，扬尘、扰民较少。

(3)拆除效率最高，特别是高耸坚固的(构)筑物的拆除。

（4）对周边环境要求较高，对邻近交通要道、保护性建筑、公共场所、过路管线的建（构）筑物必须做特殊防护后方可实施爆破。

它的适用范围为：用于拆除砖木结构以外的任何建筑物、构筑物，各类地下、水下构筑物。

5.5.3 拆除工程安全技术措施

1. 一般安全技术要求

（1）施工单位应对作业区进行勘测调查，评估拆除过程中对相邻环境可能造成的影响，并选择最安全的拆除方法。

（2）建（构）筑物拆除施工必须编制施工组织设计或者专项拆除施工方案，其内容应包括下列各项：①对作业区环境（包括周围建筑、道路、管线、架空线路等）准备采取的技术措施的说明；②被拆除建（构）筑物的高度、结构类型及结构受力简图；③拆除方法设计及其安全技术措施；④垃圾、废弃物的处理；⑤采取减少对环境的影响（包括噪声、粉尘、水污染等）的技术措施；⑥人员、设备、材料计划；⑦施工总平面布置图。

（3）拆除施工前，必须将通入该建（构）筑物的各种管道及电气线路切断。

（4）拆除作业区应设置围栏、警告标识，并设专人监护。

（5）施工前应按施工组织设计向全体作业人员进行安全技术交底，使全体人员都清楚作业要求。

（6）在拆除过程中，需用带照明的电动机械时，必须另设专用配电线路，严禁使用被拆除建筑中的电气线路。

（7）对于建筑改造、装修工程，当涉及建（构）筑物结构的变动及拆除时，应由建设单位提供原设计单位（或具有相应资质的单位）的设计方案，否则不得施工。

2. 高处拆除施工的安全技术措施

（1）高处拆除施工的原则是按建筑物建设时的相反顺序进行。应先拆高处，后拆低处；先拆非承重构件，后拆承重构件；屋架上的屋面板拆除，应由跨中向两端对称进行。

（2）高处拆除顺序应按施工组织设计要求由上到下逐层进行，不得数层同时进行交叉拆除。当拆除某一部分时，应保持未拆除部分的稳定，必要时应先加固后拆除，其加固措施应在方案中预先设计。

（3）高处拆除作业人员必须站在稳固的结构部位上，当不能满足要求时，应搭设工作平台。

（4）高处拆除石棉瓦等轻型屋面工程时，严禁踩在石棉瓦上操作，应使用移动式挂梯，挂牢后方可操作。

（5）高处拆除时楼板上不得有多人聚集，也不得在楼板上堆放材料和被拆除的构件。

（6）高处拆除时拆除的散料应从设置的溜槽中滑落，较大或较重的构件应使用吊绳或起重机吊下，严禁向下抛掷。

（7）高处拆除时每班作业休息前，应拆除至结构的稳定部位。

3. 推倒法拆除施工的安全技术措施

(1)建筑物不宜采用推倒方法拆除。在建筑物推倒范围内若有其他建筑物时,严禁采用推倒方法拆除。

(2)当建筑物必须采用推倒法拆除时,应遵守下列规定:①砍切墙根的深度不得超过墙厚的1/3。墙厚小于两块半砖时,不得进行掏掘;②在掏掘前应用支撑撑牢,以防止墙向掏掘方向倾倒;③建筑物推倒前,应发出信号,待所有人员退至建筑物高度2倍以外时,方可推倒;④钢筋混凝土柱的拆除,必须先用起重机将柱子吊牢,再剔凿掉柱子根部一侧的混凝土,用气割方法把柱子一侧的钢筋割断,然后方可用拖拉机将柱子拉倒。拖拉机与柱子之间应有足够距离,以避免柱子在拉倒时发生危险。

4. 爆破法拆除施工的安全技术措施

(1)爆破拆除施工企业应按批准的允许经营范围施工,爆破作业应由经专门培训考核并取得相应资格证书的人员进行。

(2)爆破法拆除作业前,应清理现场,完成预拆除工作,并准备现场药包制作场所与临时存放场所。

(3)应严格遵守拆除爆破安全规程的规定。施工方案中应预估拆除物塌落的震动及其对附近建筑物的影响,必要时应采取防震措施。可采取在建筑物内部洒水、起爆前用消防车喷水等减少粉尘污染的措施。

(4)爆破法拆除时,可采用对爆破区周围道路的防护、避开道路方向或规定断绝交通时间等方法。

(5)拆除爆破作业应有设计人员在场,并对炮孔逐个验收,以及设专人检查装药作业,并按爆破设计进行防护和覆盖。

(6)爆破法拆除时,除对爆破体表面进行覆盖,还应对保护物做重点覆盖或设防护屏障。

(7)爆破法拆除时,拆除爆破应采用电力起爆网路或导爆管起爆网路。手持式或其他移动式通信设备进入爆破区前应先关闭。

(8)爆破法拆除时,必须待建筑物爆破倒塌稳定后,方可进入现场检查。发现问题应立即研究处理,经检查确认爆破作业安全后,方可下达警戒解除信号。

5.5.4 拆除工程施工安全管理

1. 建设行政主管部门监督管理

(1)加强组织领导,落实管理机构。

各级政府建设行政主管部门与相关主管部门应加强组织领导,成立相应的管理机构,制定岗位职责,落实人员和经费,履行拆除工程的申报备案、审查、监督、检查等监管职能。

(2)建立健全规章制度。

政府相关监管部门应建立健全以下内容:

①制定拆除工程技术规程度。政府相关监管部门应制定拆除工程技术规程,要求各拆除施工企业必须严格按照技术规程进行拆除施工。

②实行拆除人员培训考核制度。拆除施工企业管理人员和作业人员必须参加技术培训，经考核合格后方能从事拆除工作。

③加强拆除施工企业的资质管理和安全生产许可证管理。严格执行《建筑业企业资质管理规定》中关于爆破与拆除资质的规定，加强拆除施工企业的资质管理工作。同时，拆除施工企业还应取得安全生产许可证，政府监管部门应加强对拆除施工企业安全生产条件、安全生产许可证的管理。

④加强拆除工程的备案管理。加强拆除工程施工前的备案管理工作，依据《条例》第十一条有关规定，拆除工程施工前，必须进行安全技术措施审查和备案管理。

（3）加强日常检查监督。

政府相关监管部门加强日常检查监督，加大执法检查力度，对违法行为进行严肃处理。

2. 建设单位施工安全管理

（1）拆除工程发包。

依据《建设工程安全生产管理条例》（以下简称《条例》）第十一条规定，建设单位应当将拆除工程发包给具有相应资质等级的施工单位。

（2）拆除工程备案。

依据《条例》第十一条规定，建设单位应当在拆除工程施工 15 日前，将下列资料报送建设工程所在地的县级以上地方人民政府建设行政主管部门或者其他有关部门备案：①施工单位资质等级证明；②拟拆除建筑物、构筑物及可能危及毗邻建筑的说明；③拆除施工组织方案；④堆放、清除废弃物的措施。实施爆破作业的，还应当遵守国家有关民用爆炸物品管理的规定。

3. 施工单位施工安全管理

（1）拆除前的准备工作。

①现场准备：

a. 清除或拆除倒塌范围内的物品、设备。

b. 疏通运输道路，拆除施工中的临时水、电源及设备。

c. 切断被拆建筑物的水、电、煤气、暖气、管道等。

d. 检查周围危旧房，必要时进行临时加固。

e. 向周围群众出安民告示，在拆除危险区设置警戒标志。

②技术准备工作：

a. 熟悉被拆除工程的竣工图，弄清其建筑情况、结构情况、水电及设备情况。无竣工图的拆除工程，应做局部破坏性检查。

b. 调查周围环境、场地、道路、水电、设备、管网、危房情况等。

c. 编制拆除工程施工组织设计。

d. 向进场施工人员进行详细的安全技术交底。

③其他准备工作：成立组织领导机构，落实劳动力及机械设备、材料等。

　　(2)拆除工程的施工组织设计。

　　①基本概念。拆除工程施工组织设计(方案)是指拆除工程施工准备和施工全过程的技术文件,是在确保人身和财产安全的前提下,经参与拆除活动的各方共同讨论,由拆除施工企业负责编制的。拆除工程施工组织设计(方案)应选择经济、合理、扰民小的拆除方案,该方案对施工准备计划、拆除方法、施工部署、进度计划、劳动力组织、机械设备和工具材料等准备情况以及施工总平面图等进行了计划和安排。

　　②编制原则和依据。编制拆除工程施工组织设计(方案)的原则是,根据实际情况,在确保人身和财产安全的前提下,选择经济、合理、扰民小的拆除方案,进行科学的组织,以实现安全、经济、快速、扰民小的目标。编制拆除工程施工组织设计(方案)的依据为:被拆除工程的竣工图,施工现场勘察得来的资料,拆除工程有关安全技术规范、安全操作规程、国家和地方有关安全技术规定,以及本单位的技术装备条件。

　　(3)编制内容。具体如下:

　　①拆除工程概况。被拆除工程的结构类型,各部分构件受力情况并附简图,填充墙、隔断墙、装修做法,水、电、暖气、煤气设备情况,周围房屋、道路、管线有关情况。这些情况必须是现在的实际情况,可用现场平面图表示。

　　②施工准备工作计划。要将各项施工准备工作,包括组织机构、人员分工、技术、现场、设备器材、劳动力等全部列出,再安排计划,落实到人。

　　③拆除方法。根据实际情况和建设单位要求,对比各种拆除方法,选择安全、经济、快速、扰民小的方法。要详细叙述拆除方法的全部内容,采用控制爆破拆除,要详细说明爆破与起爆方法、安全距离、警戒范围、保护方法、破坏情况、倒塌方向和范围、安全技术措施。

　　④施工部署和进度计划。

　　⑤劳动力组织。要把各工种人员的分工及组织进行周密的安排。

　　⑥列出机械设备、工具、材料、计划清单。

　　⑦施工总平面图。施工总平面图是施工现场各项安排的依据,也是施工准备工作的依据。施工总平面图应包括下列内容:被拆除工程和周围建筑及地上、地下的各种管线、障碍物、道路的布置和尺寸;起重设备的开行路线和运输道路;各种机械、设备、材料以及被拆除下来的建筑材料堆放场地的位置;爆破材料及其他危险品临时库房的位置、尺寸和做法;被拆除物之外建筑物倒塌方向和范围、警戒区的范围,要标明位置及尺寸;标明施工用的水、电、办公室、安全设施、消防栓的位置及尺寸。

　　⑧安全技术措施。针对所选用的拆除方法和现场情况,根据有关规定提出全面的安全技术措施。

　　(4)审核与实施。依据《条例》第二十六条规定,施工单位在编制拆除、爆破工程专项施工方案时,应附具安全验算结果,经施工单位技术负责人、总监理工程师签字后实施,由专职安全生产管理人员进行现场监督。

　　(5)施工组织设计(方案)变更。在施工过程中,如果必须改变施工方法、调整施工顺序,必须先修改、补充施工组织设计,并以书面形式将修改、补充意见报相关管理部门,经原审批部门重新审核批准后方可组织施工。

　　(6)下述拆除工程的施工组织设计,宜通过专家论证审查后实施:

　　①在市区主要地段或邻近公共场所等人流稠密的地方,可能影响行人、交通和其他建

(构)筑物安全的。

②结构复杂、坚固、拆除技术性极强的。

③邻近地下构筑物及影响面大的煤气管道,上、下水管道,重要电缆、电信网等。

④高层建筑、码头、桥梁,或者有毒有害、易燃易爆等有其他特殊安全要求的。

⑤其他拆除工程管理机构认为有必要进行技术论证的。

4.监理单位拆除施工安全监理

《条例》第二十六条明确规定,监理单位应对拆除工程的专项施工方案进行审查,并签字后实施。同时,《条例》第五十七条明确规定监理单位应对下述违法行为承担法律责任:监理单位未对拆除工程施工组织设计(方案)进行审查的;发现安全事故隐患未及时要求施工单位整改或者暂时停止施工的;施工单位拒不整改或者不停止施工,监理单位未及时向有关主管部门报告的。

5.6 塔式起重机安全管理

塔式起重机出厂时应在明显位置固定产品标牌及生产许可证标志,且其出厂时提供的随机技术文件应符合《塔式起重机》(GB/T 5031—2019)的有关规定。

塔式起重机基本构造如图5-16所示。

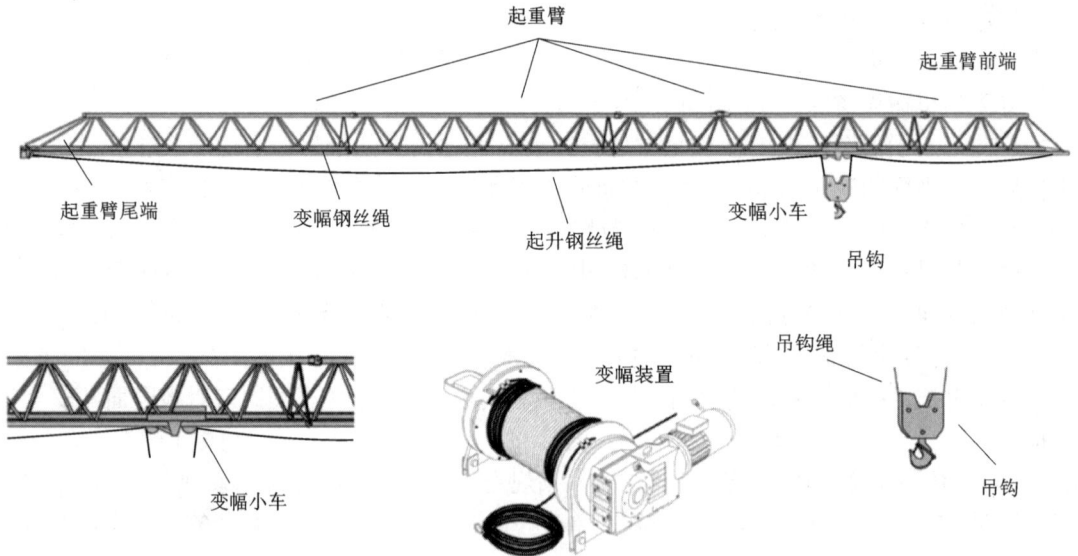

图5-16 塔式起重机基本构造

5.6.1 塔式起重机安全操作规程

(1)起重机的安装、顶升、拆卸必须按照原厂规定进行，并制定安全作业措施。专业队(组)在队(组)长的统一指导下进行操作，技术人员和安全人员应在场监护。

(2)起重机安装后，在无载荷的情况下，塔身与地面的垂直度偏差值不得超过3/1000。

(3)起重机专用的临时配电箱，宜设置在轨道中部附近。电源开关应合乎规定要求。电缆卷必须运转灵活、安全可靠、不得拖缆。

(4)起重机必须安装行走、变幅、吊钩高度等限位器和力矩限制器等安全装置，并保证灵敏可靠。对有升降式驾驶室的起重机，断绳保护装置必须可靠。

(5)起重机的塔身上不得悬挂标语牌。

(6)检查轨道应平直、无沉陷，轨道螺栓无松动，排除轨道上的障碍物，松开夹轨器并向上固定好。

(7)作业前重点检查：

①机械结构的外观情况、各传动机构应正常。

②各齿轮箱、液压油箱的油位应符合标准。

③主要部位连接螺栓应无松动。

④钢丝绳磨损情况及穿绕滑轮应符合规定。

⑤供电电缆应无破损。

(8)起重机在中波无线电广播发射天线附近施工时，凡与起重机接触的作业人员，均应戴绝缘手套和穿绝缘鞋。

(9)检查电源电压应达到380 V，其变动范围不得超过±20 V，送电前应将启动控制开关拨至零位。接通电源，检查金属结构部分无漏电后方可上机。

(10)空载运转，检查行走、回转、起重、变幅等各机构的制动器、安全限位、防护装置等，确认正常后方可作业。

(11)操作各控制器时应依次逐级操作，严禁越档操作。在变换运转方向时，应将各控制器拨至零位，待电动机停止运转后，再转向另一方向。操作时力求平稳，严禁急开急停。

(12)吊钩提升接近臂杆顶部，小车行至端点或起重机行走接近轨道端部时，应减速缓行至停止位置。吊钩距臂杆顶部不得小于1 cm，起重机距轨道端部不得小于2 cm。

(13)动臂式起重机的起重、回转、行走三种动作可以同时进行，但变幅只能单独进行。每次变幅后应对变幅部位进行检查。允许带载变幅的起重机，在满载荷或接近满载荷时，不得变幅。

(14)提升重物后，严禁自由下降。重物就位时，可用微动机构或制动器使之缓慢下降。

(15)提升的重物平移时，应高出其跨越的障碍物0.5 cm。

(16)两台起重机同在一条轨道上或相近轨道上进行作业时，应保持两机之间任何接近部位(包括吊起的重物)的距离不小于5 cm。

(17)主卷扬机不安装平衡臂上的旋式起重机作业时，不得顺一个方向连续回转。

(18)装有机械式力矩限制器的起重机，在每次变幅后，必须根据回转半径和该半径时的允许载荷，对超载荷限位装置的吨位指示盘进行调整。

(19)弯轨路基必须符合规定要求，起重机转弯时应在外轨面上撒上沙子，内轨面及两翼涂上润滑脂,配重箱转至转弯外轮的方向。

(20)严禁在弯道上进行吊装作业或吊重物转弯。

(21)作业后,起重机应停放在轨道中间位置,臂杆应转到顺风方向,并放松回转制动器。小车及平衡重应移到非工作状态的位置。吊钩提升至离臂杆顶端2~3 cm处。

(22)将每个控制开关拨至零位,依次断开各路开关,关闭操作室门窗,下机后切断电源总开关。打开高空指示灯。

(23)锁紧夹轨器,使起重机与轨道固定。如遇8级大风,应另拉缆绳与地锚或建筑物固定。

(24)任何人员上塔帽、吊臂、平衡臂的高空部位检查或修理时,必须系好安全带。

5.6.2　对路基的要求

(1)起重机的路基必须经过平整夯实,基础必须能够承受工作状态和非工作状态下的最大荷载,并能满足起重机的稳定性要求。

(2)碎石基础道砟厚度不小于25 cm,道砟粒径20~40 cm,平整捣实,钢轨两侧道木之间必须填满道砟。

(3)路基外侧或中间应开挖排水沟,保证路基无积水。

(4)起重机的施工期内,每周或雨后应对轨道路基检查一次,发现不符合规定时,及时调整。

5.6.3　对轨道的要求

(1)起重机轨道应通过垫块与道木可靠地连接,在使用过程中轨道不得移动。轨道每间隔6 cm设一道轨距拉杆。

(2)起重机轨道铺设必须严格按照原厂使用规定,或轨距偏差不得超过其名义值的1/1000。

(3)在纵向、横向上钢轨顶面的坡度不大于1/1000。

(4)两条轨道的接头必须错开,错开距离小于1.5 m,钢轨接头间隙不大于4 mm,接头处应架在轨枕上,不得悬空,两端高差不大于2 mm。

(5)距轨道终端处必须设置极限位置挡器,其高度应不小于行走轮半径。

5.6.4　塔吊的安装要求

(1)在有建筑物的场所,应注意起重机的尾部与建筑物及建筑物外围施工设施之间的距离不小于0.5 m。

(2)有架空输电线的场所,起重机的任何部位与输电线的安全距离应符合表5-3的规定,以避免起重机结构进入输电线路危险区。

如果条件限制不能保证表5-3中的安全距离,应与有关部门协商,并采取安全防护措施后方可架设。

表 5-3 安全距离

	电压/kV				
	<1	1~15	20~40	60~110	230
沿垂直方向/m	1.5	3.0	4.0	5.0	6.0
沿水平方向/m	1.0	1.5	2.0	4.0	6.0

(3)两台起重机之间的最小架设距离应保证处于低位的起重机的臂架端部与另一台起重机的塔身之间,且至少有 2 m 的距离;处于高位起重机的最低位置部件(吊钩升至最高点或最高位置的平衡重)与处于低位的起重机的最高位置部件之间的垂直距离不得小于 2 m。

(4)安装起重机时,必须将大车行走缓冲止挡器和限位开关碰块安装得牢固可靠,并应将各部位的栏杆、平台、扶杆、护圈等安全防护装置装齐。

(5)在起重机安装过程中,必须分阶段进行技术检验。整机安装完毕后,应进行整机技术检验和调整,各机构动作应正确、平稳、无异响,制动可靠,各安全装置应灵敏有效;在无载荷情况下,塔身和基础平面的垂直度允许偏差为 4/1000,经分阶段及整机检验合格后,应填写检验记录,经技术负责人审查签证后,方可交付使用。

(6)采用高强度螺栓连接的结构,应使用原厂制造的连接螺栓,自制螺栓应有质量合格的试验证明,否则不得使用。连接螺栓时,应采用扭矩扳手或专用扳手,并应按照装配技术要求拧紧。

5.6.5 检修要求及安全防护

(1)机械不得"带病"运转。运转中发现不正常时,应先停机检查,排除故障后方可使用。

(2)检修人员上塔身、起重臂、平衡臂等高空部位检查或修理时,必须系好安全带。

(3)在操作、维修处应设置平台、走台、挡板和栏杆。离地面 2 m 以上的平台和走台应用金属材料制作,并具有防滑性能。平台和走台宽度应不小于 500 mm,并能承受 3000 N 的移动集中载荷。在边缘应设置不小于 150 mm 高的挡板。离地面 2 m 以上的平台和走台应设置防止操作人员跌落的手扶栏杆。手扶栏杆的高度应不低于 1 m,并能承受 1000 N 的水平移动集中载荷。在栏杆一半高度处应设置中间手扶栏杆。

5.6.6 提升要求

(1)起吊重物应绑扎平稳、牢固,不得在重物上再堆放或悬挂零星物件。易散落物件应使用吊笼、栅栏固定后方可起吊。标有绑扎位置的物件,应按标记绑扎后起吊。吊索与物件的夹角宜采用 45°~60°,且不得小于 30°,吊索与物件棱角之间应加垫块。

(2)起吊载荷达到起重机额定起重量的 90% 及以上时,应先将重物吊离地面 200~500 mm,检查起重机的稳定性、制动器的可靠性、重物的平稳性、绑扎的牢固性,确认无误后方可继续起吊。对易晃动的重物应拴拉绳。

(3)重物起升和下降速度应平稳、均匀,不得突然制动。左右回转应平稳、回转停稳前不得做反向动作。非重力下降式起重机不得带载自由下降。

(4)严禁起吊重物长时间悬挂在空中。作业中遇突发故障,应采取措施将重物降落到安全地方，并关闭发动机或切断电源后进行检修。

（5）严禁使用起重机进行斜拉、斜吊和起吊地下埋没或凝固在地面上的重物以及其他不明重量的物体。现场浇筑的混凝土构件或模板，必须全部松动后方可起吊。

（6）在突然停电时，应立即把所有控制器拨到零位，断开电源总开关，并采取措施使重物降到地面。

（7）启动前重点检查项目应符合下列要求：

①金属结构和工作机构的外观情况正常。

②各安全装置和各指示仪表齐全完好。

③各齿轮箱、液压油箱的油位符合规定。

④主要部位连接螺栓无松动。

⑤钢丝绳磨损情况及各滑轮穿绕符合规定。

⑥供电电缆无破损。

5.6.7　起重机塔身在沿建筑物升降时的要求

（1）升降作业过程，必须有专人指挥，专人照看电源，专人操作液压系统，专人拆装螺栓。非作业人员不得登上顶升套架的操作平台。操作室内只准一人操作，必须听从指挥信号。

（2）升降应在白天进行，特殊情况需在夜间作业时，应有充分的照明。

（3）风力在4级及以上时，不得进行升降作业。在作业中风力突然增大达到4级时，必须立即停止作业，并应紧固上、下塔身各连接螺栓。

（4）顶升前应预先放松电缆，其长度宜大于顶升总高度，并应紧固好电缆卷筒。下降时应适时收紧电缆。

（5）升降时，必须调整好顶升套架滚轮与塔身标准节的间隙，并应按规定使起重臂和平衡臂处于平衡状态，并将回转机构制动住；当回转台与塔身标准节之间的最后一处连接螺栓（销子）拆卸困难时，应将其对角方向的螺栓重新插入，再采取其他措施。不得以旋转起重臂动作来松动螺栓（销子）。

（6）升降时，顶升撑脚（耙爪）就位后，应插上安全阀，方可继续下一动作。

（7）升降完毕后，各连接螺栓应按规定扭力紧固，液压操纵杆回到中间位置，并切断液压升降机构电源。

5.6.8　操作人员要求

（1）操作人员应体检合格，无妨碍作业的疾病和生理缺陷，并应经过专业培训、考核合格取得建设行政主管部门颁发的操作证或公安部门颁发的机动车驾驶证后，方可持证上岗。学员应在专人指导下进行操作。

（2）操作人员在作业前必须对工作现场环境、行驶道路、架空电线、建筑物以及构件重量和分布情况进行全面了解。

（3）操作人员在作业过程中，应集中精力正确操作，注意机械工况，不得擅自离开工作岗位或将机械交给其他无证人员操作。严禁将无关人员带入作业区或操作室。

（4）操作人员应遵守机械有关保养规定，认真及时做好各级保养工作，经常保持机械的完好状态。

(5)实行多班作业的机械,应执行交接班制度,认真填写交接班记录。接班人员经检查确认无误后,方可开始工作。

(6)在露天有6级及以上大风或大雨、大雪、大雾等恶劣天气时,应停止起重吊装作业。雨雪过后作业前,应先试吊,确认制动器灵敏可靠后方可进行作业。

(7)操作人员在进行起重机回转、变幅、行走和吊钩升降等动作前,应发出音响信号示意。

(8)起重机作业时,起重臂和重物下方严禁有人停留、工作或通过。重物吊运时,严禁从人上方通过。严禁违规载运人员。

(9)操作人员应按规定的起重性能作业,不得超载。在特殊情况下需超载使用时,必须经过验算,有保证安全的技术措施,并写出专题报告,经企业技术负责人批准,有专人在现场监护下,方可作业。

(10)作业中,操作人员临时离开操作室时,必须切断电源,锁紧夹轨器。

5.6.9 指挥工作要求

(1)起重吊装的指挥人员必须持证上岗,作业时应与操作人员密切配合,执行规定的指挥信号。操作人员应按照指挥人员的信号进行作业,当信号不清或错误时,操作人员可拒绝执行。

(2)操作室远离地面的起重机,在正常指挥发生困难时,地面及作业层(高空)的指挥人员均应采用对讲机等有效的通信联络方式进行指挥。

(3)在拆装作业中指挥人员应熟悉拆装作业方案,遵守拆装工艺和操作规程,使用明确的指挥信号进行指挥。所有参与拆装作业的人员都应听从指挥,如发现指挥信号不清或有错误时,应停止作业,待联系清楚后再进行。

5.6.10 电气安全

(1)电气连接应当接触良好,防止松脱;导线、线束应用卡子固定,以防摆动。

(2)电气柜(配电箱)应有门锁;门内应有原理图或布线图、操作指示和警告标志等。

(3)保护零线和接地线必须分开,并不得用作载流回路;在安装、维修、调整和使用中不得任意改变电路。

(4)起重机应根据《塔式起重机安全规程》(GB 5144—2022)中7.7条的要求设置短路及过流保护,欠压、过压及失压保护,零位保护,电源错相及断相保护。

(5)起重机必须设置紧急断电开关,在紧急情况下,应能切断起重机总控制电源;紧急断电开关应设在司机操作方便的地方。

(6)起重机进线处宜设置隔离开关,或采取其他隔离措施;隔离开关应做明显标记。

(7)行程限位开关应能安全可靠地停止机构的运动,但机构可向相反的方向运动。

(8)起重机应有良好的照明、取暖;照明、取暖线宜单独敷设专用电路,保证供电不受停机影响。

(9)电气设备必须保证传动性能和控制性能准确可靠,在紧急情况下能切断电源并安全停车。电气设备的安装必须牢固。

(10)需要防震的电器应有防震措施。

5.6.11　起重机的附着锚固应符合下列要求

起重机应安装起重量限制器和起重力矩限制器，当起重量大于相应工况下的额定值并小于额定值的110%时，应切断上升方向的电源，但机构可向下降方向运动。在附着框架和附着支座布设时，附着杆倾斜角不得超过10°。

(1)起重机附着的建筑物，其锚固点的受力强度应满足起重机的设计要求。附着杆系的布置方式、相互间距和附着距离等应按出厂使用说明书的规定执行。有变动时，应另行设计。

(2)装设附着框架和附着杆件，应采用经纬仪测量塔身垂直度，并应采用附着杆进行调整，在最高锚固点以下垂直度允许偏差为2/1000。

(3)附着框架宜设置在塔身标准节连接处，箍紧塔身。塔架对角处在无斜撑时应加固。

(4)塔身顶升接高到规定锚固间距时，应及时增设与建筑物的锚固装置。塔身高出锚固装置的自由端高度，应符合出厂规定。

(5)在起重机作业过程中，应经常检查锚固装置，发现松动或异常情况时，应立即停止作业。故障未排除，不得继续作业。

(6)轨道式起重机做附着式使用时，应提高轨道基础的承载能力和切断行走机构的电源，并应设置阻挡行走轮移动的支座。

塔式起重机安装步骤示意图如图5-17所示，"1"指第1步，依此类推。

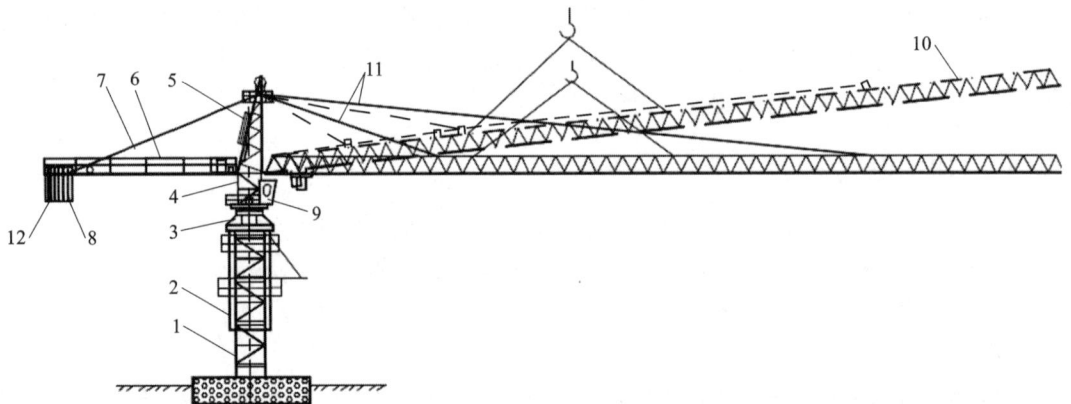

1—安装塔身节；2—吊装爬升架；3—安装回转支承总成；4—安装回转塔身总成；5—安装塔顶；
6—安装平衡臂总成；7—安装平衡臂拉杆；8—吊装一块2.40 t重的平衡重；9—安装司机室；
10—安装起重臂总成；11—安装起重臂拉杆；12—配装平衡重(余下的)。

图5-17　塔式起重机安装步骤示意图

5.6.12　塔吊的拆除要求

(1)起重机的拆装必须由取得建设行政主管部门颁发的拆装资质证书的专业团队进行，并应有技术和安全人员在场监护。

(2)起重机拆装前，应按照出厂有关规定，编制拆装作业方法、质量要求和安全技术措施，经企业技术负责人审批后，作为拆装作业技术方案，向全体作业人员交底。

（3）拆装作业前检查项目应符合下列要求：

①路基和轨道铺设或混凝土基础应符合技术要求。

②对所拆装起重机的各机构、各部位、结构焊缝、重要部位螺栓、销轴、卷扬机构和钢丝绳、吊钩、吊具、电气设备和线路等进行检查，使隐患排除在拆装作业之前。

③对自升塔式起重机顶升液压系统的液压缸和油管、顶升套架结构、导向轮、顶升撑脚（耙爪）等进行检查，及时处理存在的问题。

④对采用旋转塔身法所用的主副地锚架、起落塔身卷扬钢丝绳及起开机构制动系统等进行检查，确认无误后方可使用。

⑤对拆装人员所使用的工具、安全带、安全帽等进行检查，不合格的立即更换。

⑥检查拆装作业中配备的起重机、运输汽车等辅助机械，应确保状况良好，技术性能应满足拆装作业的需要。

⑦拆装现场的电源电压、运输道路、作业场地等应具备拆装作业条件。

⑧安全监督岗的设置及安全技术措施的贯彻落实已达到要求。

（4）起重机的拆装作业应在白天进行。当遇大风、浓雾或雨雪等恶劣天气时，应停止作业。

（5）所有参与拆装作业的人员，都应听从指挥。如发现指挥信号不清或有错误时，应停止作业，待联系清楚后再进行。

（6）拆装人员在进入工作现场时，应穿戴安全保护用品，高处作业时应系好安全带，熟悉并认真执行拆装工艺和操作规程。当发现异常情况或疑难问题时，应及时向技术负责人反映，不得自行其是，应防止因处理不当而造成事故。

（7）在拆装上回转、小车变幅的起重臂时，应根据出厂说明书的拆装要求进行，并应保持起重机的平衡。

（8）在拆装作业过程中，当遇天气剧变、突然停电、机械故障等意外情况，短时间内不能继续作业时，应将其对角方向的螺栓重新插入，再采取其他措施。不得以旋转起重臂动作来松动螺栓（销子）。必须使已拆装的部位达到稳定状态并固定牢靠，经检查确认无隐患后，方可停止作业。

（9）在拆除因损坏或其他原因而不能以正常方法拆卸的起重机时，必须按照技术部门批准的安全拆卸方案进行。

（10）拆卸起重机时，应随着塔身降落的进程拆卸相应的锚固装置。严禁在落塔之前先拆锚固装置。

（11）遇有6级及以上大风时，严禁安装或拆卸锚固装置。

（12）锚固装置的安装、拆卸、检查和调检，均应由专人负责。工作时应系安全带和戴安全帽，并应遵守高处作业有关安全操作的规定。

5.6.13　使用单位为起重机建立设备档案的内容

（1）每次启用时间及安装地点。

（2）日常使用、保养、维修、变更、检查和试验等记录。

（3）安装、拆除程序和说明。

（4）设备、人身事故记录。

（5）设备存在的问题和评价。

（6）技术要求。

（7）使用人员的培训记录。

（8）用电记录。

（9）安全保护措施。

思考题

1. 土方工程施工包括哪些？在施工过程中有什么安全注意事项？

2. 高空作业由于危险性较大，安全技术要求严格。请结合工程实际分析高空作业安全规定的必要性。

3. 结合模板工程的构造要求和模板拆除要求，分析模板拆除过程中可能发生的安全事故，并提出应对措施。

4. 结合拆除工程的特点，简述拆除工程的技术要点和安全要求。

5. 请分析塔式起重机安装和拆卸的安全要点。结合工程案例分析塔式起重机的安全操作规程。

第6章　建筑工程事故管理

6.1　事故调查

　　建筑工程事故调查是事故发生后一项至关重要的工作，其主要任务是确定事故的性质、发生原因和经过，明确责任人及其应承担的安全责任，进而对责任人员进行追责，维护社会公正和法律权威。事故调查不仅为政府部门规范安全生产管理提供重要参考，为相关部门和企业提供查找问题、改进管理的依据，也为预防类似事故的再次发生提供宝贵经验和教训。随着建筑业的不断发展，事故调查程序、调查内容、工作方法也随着法律法规的完善进一步规范化。建筑工程事故调查的基本步骤一般包括组织事故调查组、进行现场勘查、进行原因分析，从而确定事故性质、撰写调查报告等。本节就建筑工程伤亡事故的定义与分类，组织事故调查组，现场勘查，分析原因、确定事故性质，撰写事故调查报告等几个方面进行探讨。

6.1.1　伤亡事故的定义与分类

1.伤亡事故的定义和"五大伤害"事故

　　事故是指人们在进行有目的的活动过程中，发生了违背人们意愿的不幸事件，使其有目的的行动暂时或永久地停止。伤亡事故是指职工在劳动生产过程中发生的人身伤害、急性中毒事故。

　　建设工程施工现场易发生的伤亡事故，主要是"五大伤害"事故，即高处坠落、触电、物体打击、机械伤害、坍塌事故等。

　　(1)高处坠落。高处坠落是指在高处作业中发生坠落而造成的伤亡事故。高处作业是指凡在坠落高度基准面 2 m 以上(含 2 m)有可能坠落的高处进行的作业。

　　高处坠落的主要类型：

　　①被踩踏材料材质强度不够，突然断裂。

　　②高处作业移动位置时踏空、失稳。

　　③高处作业时由于站立不稳或操作失误被物体碰撞、坠落等。

　　(2)触电事故。人体是导体，当人体接触到具有不同电位的两点时，由于电位差的作用，人体内会形成电流，这种现象就是触电。因触电而发生的人身伤亡事故，即触电事故。

触电事故的主要类型：

①单相触电；

②两相触电；

③跨步电压触电等。

（3）物体打击。物体打击是指在施工过程中砖石块、工具、材料、零部件等从高空坠落对人体造成的伤害，以及崩块、锤击、滚石等对人身造成的伤害，不包括因爆炸而引起的物体打击。

物体打击的主要类型：

①高空作业中工具、零件、砖瓦、木块等物从高处掉落伤人；

②人为乱扔废物、杂物伤人；

③起重吊装、拆装、拆模时，物料掉落伤人；

④设备带病运行，设备中物体飞出伤人；

⑤设备运转中违章操作，铁棍弹出伤人等。

（4）机械伤害。机械伤害是指机械做出强大的功，作用于人体造成的伤害。

（5）坍塌事故。坍塌事故是指建筑物、构筑物、堆置物等倒塌以及土石塌方引起的事故。

坍塌事故的主要类型：

①土方坍塌；

②模板坍塌；

③脚手架坍塌；

④拆除工程的坍塌；

⑤建筑物及构筑物的坍塌等。

2.伤亡事故分类

根据《生产安全事故报告和调查处理条例》，造成人员伤亡或者直接经济损失的生产安全事故(以下简称事故)一般分为以下等级：

（1）特别重大事故，是指造成30人以上死亡，或者100人以上重伤(包括急性工业中毒，下同)，或者1亿元以上直接经济损失的事故；

（2）重大事故，是指造成10人以上30人以下死亡，或者50人以上100人以下重伤，或者5000万元以上1亿元以下直接经济损失的事故；

（3）较大事故，是指造成3人以上10人以下死亡，或者10人以上50人以下重伤，或者1000万元以上5000万元以下直接经济损失的事故；

（4）一般事故，是指造成3人以下死亡，或者10人以下重伤，或者1000万元以下直接经济损失的事故。

在接到施工单位上报的工程事故后，应根据初步的事故报告确定事故的等级，从而开展接下来的事故处理程序。

6.1.2　组织事故调查组

事故调查过程中，事故调查组的主要职责在于查明事故情况、认定事故责任并提交事故调查报告。调查组成员参与事故调查属于职务行为。为维护事故调查的客观公正，调查组成员所在行政机关与事故调查结果之间存在利害关系的，该行政机关及其工作人员均应当回避。根据相关法规，特别重大事故由国务院或者国务院授权有关部门组织事故调查组进行调查。重大事故、较大事故、一般事故分别由事故发生地的省级人民政府、设区的市级人民政府、县级人民政府负责调查。省级人民政府、设区的市级人民政府、县级人民政府可以直接组织事故调查组进行调查，也可以授权或者委托有关部门组织事故调查组进行调查。未造成人员伤亡的一般事故，县级人民政府也可以委托事故发生单位组织事故调查组进行调查。

在接到施工单位上报工程事故后，需要着手组织事故调查组，事故调查组成员应该包括：有关地方人民政府、安全生产监督管理部门、负有安全生产监督管理职责的有关部门、监察机关、公安机关及工会，同时邀请人民检察院派人参与。如有必要，事故调查组可以聘请有关专家参与调查。

组织事故调查组进行调查应当遵循以下基本原则：

（1）事故调查组成员应当具有事故调查所需要的知识和专长，并与所调查的事故没有直接利害关系。

（2）事故调查组组长由负责事故调查的人民政府指定。事故调查组组长主持事故调查组的工作。

（3）事故调查组的组成应当遵循精简、效能的原则。事故调查组应当根据事故的具体情况和事故等级，设事故调查组副组长1~3人，副组长一般情况下应当是有关地方人民政府或者有关部门的负责人，副组长在事故调查组成员中产生，协助组长开展事故调查工作。一般等级的事故可只设组长1名，不设副组长。

（4）事故调查组有权向有关单位和个人了解与事故有关的情况，并要求其提供相关文件、资料，有关单位和个人不得拒绝。事故发生单位的负责人和有关人员在事故调查期间不得擅离职守，并应当随时接受事故调查组的询问，如实提供有关情况。事故调查中发现涉嫌犯罪的，事故调查组应当及时将有关材料或者其复印件移交司法机关处理。

（5）事故调查中需要进行技术鉴定的，事故调查组应当委托具有国家规定资质的单位进行技术鉴定。必要时，事故调查组可以直接组织专家进行技术鉴定。技术鉴定所需时间不计入事故调查期限。

（6）事故调查组成员在事故调查工作中应当诚信公正、恪尽职守，遵守事故调查组的纪律，保守事故调查的秘密。未经事故调查组组长允许，事故调查组成员不得擅自发布有关事故的信息。

（7）事故调查处理应当坚持实事求是、尊重科学的原则，及时、准确地查清事故经过、事故原因和事故损失，查明事故性质，认定事故责任，总结事故教训，提出整改措施，并对事故责任者依法追究责任。

事故调查组的职能：

①查明事故发生的经过、原因、人员伤亡情况及直接经济损失；

②认定事故的性质和事故责任；

③提出对事故责任者的处理建议；

④总结事故教训，提出防范和整改措施；

⑤提交事故调查报告。

6.1.3 现场勘查

现场勘查是获得事故资料的最重要途径，调查人员可以采取照相、录像、绘制现场图、采集电子数据、制作现场勘查笔录等方法记录现场情况，提取与事故有关的痕迹、物品等证据材料。现场勘查时调查组应该查明以下基本情况：

(1)事故发生单位的基本情况；

(2)事故发生的时间、地点、现场环境、气象等情况；

(3)事故经过，事故应急处置情况，事故现场有关人员的工作内容、作业时间、作业程序、从业资格等情况；

(4)与事故有关的仪器仪表、监控系统、自动运行设备的运行情况；

(5)事故影响范围、设施设备损坏等情况；

(6)事故涉及设施设备的调试、运行、检修等方面的情况。

6.1.4 分析原因、确定事故性质

事故原因一般分为直接原因和间接原因。

直接原因通常是一种或多种不安全行为、不安全状态或两者共同作用的结果。其包含复杂的因素，常见的几种因素如下：

人的因素：人的不慎操作、疏忽大意、违规行为等；

技术因素：设备故障、设计缺陷；

环境因素：不安全的施工环境；

其他因素：突发自然灾害(洪水、地震、台风等)。

间接原因则是指事故发生的背后原因，可追溯至管理措施及决策缺陷，或者环境因素。间接原因有以下几点因素：

管理因素：安全管理工作不到位、安全培训不到位、安全规范制度执行不力等，往往是管理层对安全工作的不重视导致的；

经济因素：企业或者施工单位为降低成本，削减安全生产投入，造成施工环境不安全；

法律缺陷和监管不力：法律法规不完善，执行不到位；

社会文化环境因素：社会大众安全生产的观念不强，对安全问题不重视，导致企业和施工单位忽视安全问题，增大安全事故发生的概率。

事故发生的原因涉及多个方面，包含的因素众多。从直接原因和间接原因的不同因素着手分析事故时，应从直接原因入手，逐步深入到间接原因，掌握事故的全部原因，从而对事故进行定性。

对事故定性，首先要明确事故的性质和分类。目前对安全事故分类有两种方法：第一种是按照事故发生的行业和领域分类，可分为工矿商贸企业生产安全事故、火灾事故、道路交通事故、农机事故、水上交通事故五类；第二种是根据事故发生的原因分类，可分为物体打击事故、车辆伤害事故、机械伤害事故、起重伤害事故、触电事故、淹溺事故、灼烫事故、火灾事故、高处坠落事故、坍塌事故、冒顶片帮事故、透水事故、放炮事故、火药爆炸事故、瓦斯爆炸事故、锅炉爆炸事故、容器爆炸事故、其他爆炸事故、中毒和窒息事故、其他伤害事故等。

对事故进行分类,便于进一步对事故性质进行分类。根据事故分类,事故性质可分为责任事故和非责任事故。

责任事故是指责任人在事故中负有主要责任,通常能够避免发生,而由于人为原因如安全措施不到位、操作失误等未能避免和导致发生的事故。非责任事故是指因自然界的某些因素而造成没有办法抗拒的事故,或者因当前的科学技术条件的限制而发生的难以预料的事故。据此,在调查中,事故性质可分为生产安全责任事故和生产安全非责任事故。通常所说的事故追责是针对生产安全责任事故而言的。

6.1.5　撰写事故调查报告

经过事故调查组的调查论证、讨论之后认定事故的性质,并且明确责任人员、事故发生原因之后,应将调查过程整理为事故调查报告。其基本内容如下:

(1)事故发生单位概况;

(2)事故发生经过和事故救援情况;

(3)事故造成的人员伤亡和直接经济损失;

(4)事故发生的原因和事故性质;

(5)事故责任的认定以及对事故责任者的处理建议;

(6)事故防范和整改措施。

同时,事故调查报告应当附具有关证据材料。事故调查组成员应当在事故调查报告上签名。事故调查报告应当对落实事故防范和整改措施、责任追究等工作提出明确要求。

6.2　事故处理

6.2.1　事故报告

1.施工单位事故报告要求

事故发生后,事故现场有关人员应当立即向施工单位负责人报告;施工单位负责人接到报告后,应当于1小时内向事故发生地县级以上人民政府建设主管部门和其他有关部门报告。

情况紧急时,事故现场有关人员可以直接向事故发生地县级以上人民政府建设主管部门和有关部门报告。事故发生单位负责人接到事故报告后,应当立即启动事故应急预案,或者采取有效措施,组织抢救,防止事故扩大,减少人员伤亡和财产损失。

实行施工总承包的建设工程,由总承包单位负责上报事故。

2.建设主管部门事故报告要求

1)事故报告的要求

为了使上级和企业领导及安全管理业务部门及时了解企业安全施工生产情况,研究分析职工的伤亡规律,以便采取消除伤亡事故的措施,保证安全施工,要求企业中发生的一切伤亡事故,必须及时进行报告和登记。

事故报告的基本要求是"一快二准"。"快"就是迅速及时,不耽误时间。职工发生负伤事故使本人工作中断的时候,负伤人员或最先发现人应该立即报告组长和工班长,工班长立即报告施工队长;施工队长必须在下班前报告段长和处长。发生多人事故、重伤事故或者死亡事故时,负伤人员或最先发现人应立即报告工班长,工班长应立即报告施工队长,施工队长应立即报告段长、处长和工会基层委员会,处长立即将事故概况用电报、电话或其他快速办法报告工程局主管部门、当地劳动部门和工会组织,工程局主管部门、当地劳动部门和工会组织应立即用电报、电话或其他快速办法转报上级。"准"就是报告的内容要准确,要讲清楚事故发生的时间、地点、伤亡者姓名、性别、年龄、工种、级别、伤害部位、伤害程度、事故发生的简要经过和原因。如有个别内容不清楚可暂不报告,待了解清楚后再补报。

为有利于对事故进行调查,施工人员要保护好事故现场的原始情况,未经安全管理部门批准,任何人不得擅自改变现场状况。发生死亡事故的现场,必须经工程局安全主管部门或当地劳动、监察部门批准后才能改变。重大事故发生后,为及时抢救负伤人员和企业财产,为防止事故继续发展和扩大损失而必须移动事故现场某些物品时,应尽可能将伤亡人员所在位置、姿势及所变动的物品位置等做好标记。

2)事故登记

施工过程受多种因素影响而经常发生事故。为了对事故进行统计分析,得出接近客观规律的结论,让企业更好地控制事故的发生,企业对所有的事故(含无伤害事故)都要加以登记。因为事故结果在本质上具有偶然性,而且无伤害事故约占事故总数的十分之九,必须对所有事故进行登记、分析,才能为正确认识事故规律提供可靠依据。

事故登记一般由施工队安全员承担,及时准确地填写事故登记表一式四份,队存留一份,其余报送安全科、处长和工会委员会各一份,且应在事故发生后的48小时内完成。远离机关的施工队可酌情放宽时间。

事故登记表是事故统计分析的基础资料,应永久性存档。填写事故登记表的要求:

(1)填写职工姓名时不能乱用同音字或非标准简化字,以免日后查找困难。

(2)要严肃认真,各项内容要写清楚,不得错写或漏填。

建设主管部门接到事故报告后,应当依照下列规定上报事故情况,并通知安全生产监督管理部门、公安机关、劳动保障行政主管部门、工会和人民检察院:

①较大事故、重大事故及特别重大事故逐级上报至国务院建设主管部门。

②一般事故逐级上报至省(自治区、直辖市)人民政府建设主管部门。

建设主管部门依照该规定上报事故情况,应当同时报告本级人民政府。国务院建设主管部门接到重大事故和特别重大事故的报告后,应当立即报告国务院。必要时,建设主管部门可以越级上报事故情况。建设主管部门按照该规定逐级上报事故情况时,每级上报的时间不得超过2小时。

3)事故报告内容

(1)事故发生的时间、地点,工程项目名称,有关单位名称;

(2)事故的简要经过;

(3)事故已经造成或者可能造成的伤亡人数(包括下落不明的人数)和初步估计的直接经济损失;

(4)事故的初步原因；

(5)事故发生后采取的措施及事故控制情况；

(6)事故报告单位或报告人员；

(7)其他应当报告的情况。

事故报告后出现新情况，以及事故发生之日起 30 日内伤亡人数发生变化的，应当及时补报。

6.2.2　抢救伤员，保护现场

事故发生单位负责人接到事故报告后，应当立即启动事故相应应急预案，或者采取有效措施，组织抢救，防止事故扩大，减少人员伤亡和财产损失。事故发生地有关地方人民政府、安全生产监督管理部门和负有安全生产监督管理职责的有关部门接到事故报告后，其负责人应当立即赶赴事故现场，组织事故救援。

事故发生后，有关单位和人员应当妥善保护事故现场以及相关证据，任何单位和个人都不得破坏事故现场、毁灭相关证据。由于抢救人员、防止事故扩大及疏通交通等原因，需要移动事故现场物件的，应当做好标记，绘制现场简图并作出书面记录，妥善保存现场重要痕迹、物证。事故发生地公安机关根据事故的情况，对涉嫌犯罪的，应当依法立案侦查，采取强制措施和侦查措施。犯罪嫌疑人逃匿的，公安机关应当迅速将其追捕归案。安全生产监督管理部门和负有安全生产监督管理职责的有关部门应当建立值班制度，并向社会公布值班电话，受理事故报告和举报。

6.2.3　确定事故性质与责任

事故调查分析的目的，是通过认真调查研究，搞清事故原因，以便从中吸取教训，采取相应措施，防止类似事故重复发生。分析的步骤和要求如下：

(1)通过详细的调查，查明事故发生的经过。要弄清事故的各种产生因素，如人、物、生产和技术管理、生产和社会环境、机械设备的状态等方面的问题，经过认真、客观、全面、细致、准确地分析，确定事故的性质和责任。

(2)事故分析时，首先整理和仔细阅读调查材料，按《企业职工伤亡事故分类》(GB/T 6441—1986)附录 A，对受伤部位、受伤性质、起因物、致害物、伤害方式、不安全状态和不安全行为等七项内容进行分析。

(3)在分析事故原因时，应根据调查所确认的事实，从直接原因入手，逐步深入到间接原因。通过对原因的分析，确定事故的直接责任者和领导责任者；根据在事故中的作用，找出主要责任者。

(4)确定事故的性质。工地发生伤亡事故的性质通常可分为责任事故、非责任事故和破坏性事故。事故的性质确定后，就可以采取不同的处理方法和手段了。

(5)根据事故发生的原因，找出防止发生类似事故的具体措施，并应定人、定时间、定标准，完成措施的全部内容。

6.2.4　依法对责任人进行处理

依法对责任人处理，主要按照《中华人民共和国安全生产法》第六章"法律责任"来认定。在责任认定中，一般需要分析责任人承担的是何种类型的责任，按照我国法律规定，有以下三种可能的法律责任。

（1）行政责任：责任人在客观上违反了法律法规，不同程度地侵犯了行政法律规范所要保护的社会关系，这一过程可能造成后果。比如在建筑施工过程，安全监督员擅离职守，不在施工现场进行监督，虽然未造成安全事故，但客观上违反了行政法规，需要承担行政责任。

（2）民事责任：按照我国《民法典》及有关法律规定，民事责任以过错责任为主，以无过错责任、公平责任为例外。根据这一原则，只有在主观上有过错的情况下才承担民事责任。如拒绝接受调查或者拒绝提供有关情况和资料的，造成影响较小，需要承担民事责任。

（3）刑事责任：在安全生产事故中构成犯罪的，违反《中华人民共和国安全生产法》有关规定的，需要承担刑事责任。如强令工人违章作业造成事故，情节严重、危害巨大的，责任人需要承担刑事责任。

责任认定和处罚措施见表6-1。

表6-1　责任认定和处罚措施

责任主体	过错行为	处罚措施
负有安全生产监督管理职责的部门	1.对不合规的安全生产事项予以批准或者验收通过；2.对违法事项举报后不予取缔或者不依法予以处理；3.不履行监督管理职责，对违法行为不予查处；4.发现重大事故隐患，不依法及时处理；5.有滥用职权、玩忽职守、徇私舞弊行为；6.在安全生产事项的审查、验收中收取费用	降级或者撤职，没收违法所得
负有安全评价、认证、检测、检验职责的机构	出具失实或者虚假报告	责令停业整顿；没收违法所得；吊销其相应资质和资格，终身行业和职业禁入
生产经营单位的决策机构、主要负责人或者个人经营的投资人	缺乏必需的安全生产资金投入，致使生产经营单位不具备安全生产条件	责令停业整顿
生产经营单位的主要负责人	未履行安全生产管理职责	降级、撤职；吊销其相应资质和资格，终身行业和职业禁入；罚款
生产经营单位的其他负责人和安全生产管理人员	未履行规定的安全生产管理职责	暂停或者吊销其与安全生产有关的资格；罚款

续表 6-1

责任主体	过错行为	处罚措施
生产经营单位	1. 未按照规定设置安全生产管理机构或者配备安全生产管理人员； 2. 未对工人进行安全生产教育和培训； 3. 发生事故隐瞒不上报； 4. 未制定应急预案及进行安全演习； 5. 特种作业人员未经安全培训作业上岗； 6. 安全设施未验收合格投入使用等	责令停产停业整顿；罚款，情节严重的负刑事责任

6.2.5　进行安全教育，落实防范和整改措施

事故发生单位应当认真吸取事故教训，落实防范和整改措施，防止事故再次发生。防范和整改措施的落实情况应当接受工会和职工的监督。安全生产监督管理部门和负有安全生产监督管理职责的有关部门应当对事故发生单位防范和整改措施的落实情况进行监督检查。

6.3　事故预防

6.3.1　施工人员安全教育

1. 安全教育的作用及任务

由于工程项目施工一般是在野外露天作业，受气候、地质等自然条件影响大，高空作业不安全因素复杂。为使职工适应施工作业环境，实现安全生产目标，一个必要的条件就是要求职工具有扎实的安全生产基本知识和基本技能，提高对施工作业环境的适应性，并养成安全作业规范化习惯。为此，必须有计划地开展安全教育工作，不断提高各级领导干部和全体职工的安全技术水平。

安全教育工作的主要任务是，不断增强企业全体职工的安全意识，并使之掌握和运用安全管理的方法和技术。也就是说，通过安全教育工作，使职工牢固树立"安全第一，预防为主"的思想，懂得安全生产是企业实现文明施工、取得好的经济效益的重要手段，不仅满足企业生存发展的需要，而且保证职工自身免受伤害的需求。安全生产不是哪一个人的事情，而是与整个社会、企业、自身、他人及家庭幸福息息相关的大事。职工有了这种认识，在施工生产中就会自觉地遵守各种安全生产规章制度和施工作业规程，保护自己和他人的安全和健

康，实现安全施工。

2.安全教育的内容

企业把安全教育作为全体职工的必修课。应抓好思想政治教育、安全生产方针政策教育、安全技术知识教育、典型经验和事故教训教育等内容。

1）思想政治教育

安全工作关系到企业职工队伍的思想稳定乃至社会的稳定。加强思想政治教育是实现企业安全生产的重要保证。

思想政治教育主要是提高企业各级领导和广大职工对安全生产、劳动保护重要性的认识，从理论上搞清楚生产与安全的辩证统一关系，以及安全与效益、效率的辩证统一关系，处理好安全工作所需的客观条件与主观努力的关系、局部工作与全局工作的关系，克服在安全管理工作中存在的短期行为、侥幸心理和事故难免的思想，为搞好安全生产奠定坚实的思想基础。

思想政治教育就是做人的工作。思想政治教育的好坏、强弱，直接关系到人的思想认识和觉悟的高低，决定着人的素质好坏和主观能动性的发挥，从而直接影响安全制度的落实。许多安全生产先进单位的经验证明，在施工条件十分复杂艰苦的情况下，由于加强了思想政治教育和劳动纪律教育，加强了安全管理，高度发挥了职工群众的积极性和主人翁责任感，企业的安全生产就有保证。如果施工条件较好的单位，由于思想政治教育差、职工思想问题较多、劳动纪律松懈，事故多，安全生产堪忧。可见，为搞好企业安全生产和劳动保护工作，加强思想政治教育是十分必要的。

2）安全生产方针政策教育

安全生产方针、政策、规定、规程体现着党和国家的政治路线，是企业搞好安全施工的指导方针。为此，企业必须采取多种形式大力宣传党和国家的安全生产方针、政策，做到人人皆知、家喻户晓，并自觉认真贯彻执行，确保施工安全。

3）安全技术知识教育

安全技术知识教育是指关于生产技术知识、一般安全技术知识和专业安全技术知识的教育。

（1）生产技术知识教育。安全寓于生产过程之中，要掌握安全技术知识，就必须首先掌握施工生产技术知识。在进行安全教育时，应结合本企业的施工任务、施工特点、工艺流程、作业方法，以及所用各种机械设备的性能、操作技术进行，使职工在掌握生产技术知识的基础上做好安全工作。

（2）一般安全技术知识教育。其指企业每个职工必须接受起码的安全技术基本知识教育。通过教育，职工能掌握本企业的一般安全守则，具有特别危险设备和区域的基本安全防护知识和注意事项，个人防护用品的构造、性能和正确使用方法等知识。

（3）专业安全技术知识教育。针对施工企业专业工种多、职工缺乏专业安全知识而引起多起事故的状况，企业应进行专业安全技术知识的教育。通过教育，各专业工种的职工能掌握本专业的安全技术操作规程，确保本专业作业安全。

4）典型经验和事故教训教育

典型经验和事故教训教育是指企业通过国内外、企业内外的安全生产先进经验的学习，促进本单位的安全生产工作，不断提高安全技术水平和操作能力；通过对典型事故的剖析，使广大干部、职工了解事故给国家和企业的财产造成的巨大损失，给人民生命安全带来的危害，从而吸取教训，引以为戒，认真检查各自岗位上的隐患，及时采取措施，避免同类事故的发生。

3. 安全教育的基本形式

1）基本安全教育

施工企业人员直接接触各种危险因素，为提高工人的安全素质和自我防护能力，必须进行基本安全教育。这是施工企业必须坚持的安全教育制度。

（1）施工队安全教育。

新职工或本企业内部调动工作的职工被分配到施工队后，由施工队队长和专职安全员对其进行安全教育。教育的内容有：

①施工作业任务、特点，作业环境中存在的不安全因素、危险区域、要害部位。

②劳动保护法规、安全守则、劳动纪律。

③施工采用的工艺技术，所用机械设备的基本性能，易出现事故的部位和防范事故的措施。

④施工工种安全技术基础知识。

⑤安全生产管理组织和人员分工负责的内容。

通过施工队安全教育，新职工能进一步掌握安全生产知识。施工队安全教育结束后，由施工队对他们进行考试；考试合格者，分配到班组进行操作岗位安全教育。

（2）操作岗位安全教育。

新职工或本企业内部调动工作的职工被分配到班组后，应结合现场施工情况进行安全教育，使其对自己将从事的工作、进入的岗位获得基本的感性知识和理性知识。教育的主要内容有：

①上岗作业的规章制度、岗位安全操作规程、班组劳动纪律。

②本工班、班组施工任务，人员分工情况，各工序相互联系，本工序安全生产应负的责任。

③施工中所用工具、电气设备的现状，易发事故的部位，安全防护装置完好情况及其作用，使用过程中的安全操作技术和注意事项。

（3）施工作业区的环境卫生标准和文明施工的具体内容。

（4）个人劳动保护措施和防护用品的使用要求。

基本安全教育结束后，由企业安全技术部门将各级教育的考试成绩计入职工安全教育考核卡片，并存入档案。对于考试不合格者，要进行安全教育补课，重新考试，必须达到合格才准上岗。

2）特殊工种的安全教育

在施工过程中，除了一般工种，还有国家规定的电气、起重、锅炉、压力容器、瓦斯检验、电气焊、车辆驾驶、爆破等特殊专业工种。这些特殊专业工种在施工生产中担负着特殊任务，危险性大，容易发生重大事故。一旦发生事故，会给整个企业的生产带来较大损失。对从事特殊专业工种的职工可开办脱产或半脱产的安全技术学习班，进行严格的培训。学习的主要内容有：

（1）特种作业专题材料，本工种作业的基本知识，如工作原理、各工序所使用的器具性能（物理的、化学的）、技术指标等。

（2）特种作业存在的不安全因素，曾出现过的典型事故案例及应吸取的教训。

（3）特种作业安全操作技术和规定，防范事故的措施。

（4）特种作业对环境条件的要求，职工身体素质、技术素质的具体要求，安全防护设备的配置，维修和使用常识。

特种作业人员按一定程序进行系统的理论知识教育和实际安全操作训练后，还要由有关部门定期组织安全技术考试与实际操作考核，成绩合格者，颁发特种作业操作证书；无证书者，不准独立操作。考试成绩要填入职工安全教育卡片和操作证上。对于考试不合格者或持证人到期不参加复试者，限期补考；对于三次考试不合格者，不发或收回操作证，调离原岗位。

3）经常性的安全教育

要使企业的广大职工都真正重视和实现安全生产，除了进行基本安全教育、特殊工种的安全教育和安全操作技术训练，还必须对职工进行经常性的安全教育。开展经常性的安全教育时，要根据预防为主的原则，注意掌握事故发生的规律，如：节假日前容易注意力分散，人在岗位心想家，可能出现急于交班、盲目图快、简化作业等情况；变动工作的时候，容易出现应付、执行规章制度不认真等情况；在晋级、分房、发奖金、评先进时，易出现攀比思想和怨恨情绪，工作中精神不振，对规章制度置若罔闻；受到批评或处分时，易产生抵触情绪和破罐破摔的想法，可能会赌气，对工作不负责任；身体有病或疲劳时，易产生懒惰现象，可能出现简化作业程序的情况；企业改革方案付诸实施，触及自己利益时，易发生不满、牢骚，导致作业马虎；职工之间、家庭成员之间发生矛盾时，工作中可能出现思想走神、作业出错的情况；遇到婚丧嫁娶的时候，易产生不安定情绪，工作中可能心不在焉，作业失手。针对上述影响职工思想波动、情绪变化导致违章的规律性，应开展经常性的安全教育，真正做到"安全第一，预防为主"，取得安全生产的主动权。

4）对干部实施安全教育

企业中各级干部是组织施工生产活动的骨干力量，加强对他们的安全教育，提高他们对安全施工的认识和安全管理水平是安全教育的一项重要任务。各级干部应根据不同职责，每年接受不少于8小时的安全教育。

（1）科级以上干部的安全教育由处长负责组织。处领导、安全科或聘请外单位人员进行授课。学习的主要内容有：

①安全生产方针、政策、法规和安全生产的意义、任务。

②本处安全施工生产特点、制度和本职岗位责任制的具体内容。

③一般安全技术知识，违章作业和违章指挥的界限。

④工伤事故处理的规程和事故发生后应做的善后工作内容。

⑤做好企业安全管理工作的基本知识，安全值班注意事项和要求。

（2）工程技术干部的安全教育由处领导、工会或安全科负责组织。学习的主要内容有：

①安全生产方针、政策、法规和制度，安全生产的意义、任务，要突出学习领会"三同时"的内容。

②本岗位安全生产责任制的具体内容。

③本岗位安全生产技术要求及搞好生产技术安全保障工作的具体做法。

④工伤事故调查处理规程。

(3)行政管理干部的安全教育由安全科或工会组织。学习的主要内容有：

①安全生产方针、政策、法规和制度，安全生产的意义、任务和内容。

②本职安全生产责任制的具体内容。

③一般安全生产技术知识和做好安全保障工作的做法。

④工伤事故的调查、报告和典型事故好的剖析。

对干部安全教育的考核，一般由处长组织安全部门和工会实施，考核(考试)成绩由安全部门存档，并抄送人事部门备案，作为考核干部的依据。

4. 安全教育的方法

企业进行安全教育的方法多种多样。从总公司所属各局、处开展安全教育实践来看，有以下几种。

1)课堂教育

课堂教育是企业最常用、最基本的教育形式。各工程局、处利用技术学校对现有职工、安全管理人员进行安全培训教育。聘请高等院校安全管理专业教师，讲授现代安全管理知识。由本企业专职安全管理干部实施安全技能教育，对职工进行安全操作方法、操作步骤、动作要领等方面的讲解和训练，边讲边做示范，职工边学边做，反复练习，切实掌握所学内容。

2)会议宣讲

利用开会向职工宣讲党的安全方针、政策、法规、制度，搞好安全生产的意义、目的、任务和内容，以及生产与安全，安全与速度、效益的辩证统一关系。这种方式的教育具有经常性、广泛性、及时性等特点，有利于强化职工的安全意识，提高职工做好安全工作的自觉性。

3)多渠道宣传

利用网络、图片展览等宣传方式进行安全教育，是一种简便、灵活、行之有效的办法，其规模可大可小，在施工现场生活区域随时随地都可以进行。

4)安全管理讨论会

当接受安全教育的职工有一定安全基础知识，并对所探讨的问题有一定见解时，可采用讨论会方式。讨论会适用于专题座谈会、事故原因分析会，每人都能获得充分发表意见的机会。通过讨论，加深理解，统一认识，共同提高。这要求主持讨论会的人有一定的组织能力，善于引导，使讨论会获得成功。

5)安全知识问答竞赛

企业开展安全知识问答竞赛活动，对优胜者给予物质奖励或发放纪念品。这种问答式教育吸引力强，受教育者人数多、面广。开展安全知识问答竞赛前，可组织职工进行自学或进行必要的辅导讲解，有利于职工加深记忆和理解。

6)现场参观实习

组织职工到施工现场参观学习，进行各种项目的安全操作实习、安全演习等活动，从而提高职工的安全技术技能和增加感性知识。

7)学术报告会

对于生产管理人员、工程技术人员和专职安全管理干部，可参加有关部门组织的有关安全生产的学术报告会，从中学习安全管理的新理论、新技术、新方法，从而开阔视野，拓宽知识，掌握解决施工安全问题的新技能，同时还可提高专业兴趣，促使自己深化安全技术知识。

6.3.2 施工机械设备管理

施工机械设备是实现施工机械化的重要物质基础，是现代化施工中必不可少的设备，对施工项目的进度、质量有直接影响。为此，施工机械设备的选用，必须综合考虑施工现场条件、建筑结构型式、机械设备性能、施工工艺与方法、施工组织与管理、建筑技术经济等各种因素并进行多方案比较，使之合理装备、配套使用、有机联系，以充分发挥机械设备的效能，力求获得较好的综合经济效益。

机械设备的选用，应着重从机械设备的选型、机械设备的主要性能参数和机械设备的使用操作要求等三方面予以控制。

1. 机械设备的选型

机械设备的选择，应本着因地制宜、因工制宜的原则，按照技术上先进、经济上合理、生产上适用、性能上可靠、使用上安全、操作方便和维修方便的原则，贯彻执行机械化、半机械化与改良工具相结合的方针，突出施工与机械相结合的特色，使其具有工程的适用性，具有保证工程质量的可靠性，具有使用操作的方便性和安全性。如从适用性出发，正铲挖掘机只适用于挖掘停机面以上的土壤；反铲挖掘机则适用于挖掘停机面以下的土壤；抓铲挖掘机适宜于水中挖土；推土机由于工作效率高，具有操纵灵活、运转方便的特点，因此用途较广，但其推运距离宜在100 m以内；铲运机能独立完成铲土、运土、卸土、填筑、压实等工作，适用于大面积场地平整，开挖大型基坑、沟槽，以及填筑路基、堤坝等工程，但不适于在砾石层、冻土地带及沼泽区工作。又如，预应力张拉设备，根据锚具的型式，从适用性出发，拉杆式千斤顶只适用于张拉单根粗钢筋的螺丝端杆锚具、张拉钢丝束的锥形螺杆锚具或DM5A型镦头锚具；锥锚式千斤顶则适用于张拉钢筋束和钢绞线束的K-Z型锚具或张拉钢丝束的锥形锚具。从保证质量、可靠地建立预应力值出发，必须使千斤顶的张拉力大于张拉程序中所需的最大张拉值；千斤顶和油表一定要定期配套校准、配套使用；在使用中，若千斤顶漏油严重、油表指针不能回到零、更换新油表时，均应重新校正。对于高空张拉，从操作方便、安全的角度出发，宜选用体积小、重量轻的手提式千斤顶。

2. 机械设备的主要性能参数

机械设备的主要性能参数是选择机械设备的依据，要能满足需要和保证质量的要求。如打桩机械设备的选择，实质上就是对桩锤的选择，首先要根据工程特点(土质、桩的种类、施工条件等)确定锤的类型，然后再确定锤的重量。而锤的重量必须具有一定的冲击能，应使锤的重量大于桩的重量，当桩重大于2 t时，锤的重量也不能小于桩重的75%。这是因为，锤重则落距小，"重锤低击"锤不产生回跃，不至于损坏桩头，桩入土快，能保证打桩质量；反之，"轻锤高击"锤易回跃，易打坏桩头，桩难以打入土中，不能保证打桩质量。

又如，起重机的选择是吊装工程的重要环节，因为起重机的性能和参数直接影响构件的吊装方法、起重机开行路线与停机点的位置、构件预制和就位的平面布置等问题。根据工程结构的特点，所选择的起重机的性能参数必须满足结构吊装中的起重量 Q、起重高度 H 和起重半径 R 的要求，才能保证正常施工，不致引起安全质量事故。

3. 机械设备的使用操作要求

合理使用机械设备，正确地进行操作，是保证项目施工质量的重要环节。应贯彻"人机固定"原则，实行定机、定人、定岗位责任的"三定"制度。操作人员必须认真执行各项规章制度，严格遵守操作规程，防止出现安全质量事故。例如，起重机械应保证安全装置(行程、高度、变幅、超负荷限位器、其他保险装置等)齐全可靠；要经常检查、保养、维修，使之运转灵活；操作时，不准机械带"病"工作，不准超载运行，不准负荷行驶，不准猛旋转、开快车，不准斜牵重物，6 级大风及雷雨天应禁止操作等。而对于吊装的结构和构件，还应事先进行吊装验算，合理地选择吊点，正确绑扎，使构件在吊装过程中保持平衡，不致因吊装受力过大而使结构受到损伤。又如，用插入式振捣器捣实混凝土时，就应按"直上直下、快插慢拔、插点均布、切勿漏插、上下抽动、层层扣搭、时间掌握好、密实质量佳"的操作要点进行操作。

机械设备在使用中，要尽量避免发生故障，尤其是预防事故损坏(非正常损坏)，即人为损坏。造成事故损坏的主要原因有：操作人员违反安全技术操作规程和保养规程；操作人员技术不熟练或麻痹大意；机械设备保养、维修不良；机械设备运输和保管不当；施工使用方法不合理和指挥错误；气候和作业条件的影响等。这些都必须采取措施，严加防范，达到以下要求：

(1)完成任务：要做到高效、优质、低耗和服务好。

(2)技术状况良好：要做到机械设备经常处于完好状态，工作性能达到规定要求，机容整洁，随机工具部件及附属装置等完整齐全。

(3)使用情况良好：要认真执行以岗位责任制为主的各项制度，做到合理使用、正确操作和原始记录齐全准确。

(4)设备保养：要认真执行保养规程，做到精心保养，随时做好清洁、润滑、调整、紧固、防腐。

(5)安全操作：要认真遵守安全操作规程和有关安全制度，做到安全生产，无机械事故。只要调动人的积极性，建立健全合理的规章制度，严格执行技术规定，就能提高机械设备的完好率、利用率。

目前建筑施工企业装备的施工机械、检测仪器等普遍存在规格、型号种类繁多的情况，而这些机械和技术装备又恰恰是完成建筑施工任务的重要手段。随着我国社会主义现代化建设事业的发展，人们对施工机械化水平的要求也在迅速提高。如何管好、用好、维修好这些施工机械和器具，使其充分发挥效能，对加快施工进度、保证工程质量、提高工作效率、减轻劳动强度都具有重要的意义。

机械设备的质量管理和材料供应的质量管理，在供应方面是一致的。但机械设备不同于原材料，它不是一次性消耗品，使用期限较长。在机械设备管理上，比较突出的是使用和维修的质量问题。施工企业的设备管理部门，要充分依靠操作驾驶人员和机修人员，认真做好机械设备的使用、维护工作，并且要配备专职的技术人员和管理人员，使机械设备的质量管理工作不断得到加强。

做好机械设备使用和维修的质量管理工作,应当从建立健全管理制度入手,结合实际情况,制定本企业机务管理工作标准和各类机械设备的操作、维修标准,逐步使机务管理工作标准化、制度化。与此同时,还要积极开展技术教育培训工作,不断提高机务管理人员的管理技术水平,提高操作驾驶人员的操作技术水平。这样才能管好、用好、维修好机械设备,达到提高工作效率、保证工程质量和加快施工进度的目的。做好机械设备使用和维修的质量管理工作,要做好以下几点:

(1)实行以管好、用好、维修好机械设备为内容的质量管理责任制。做到专机、专人,严格遵守操作规程,执行保养规定,做好机械设备的清洁、润滑、防腐等维护工作,认真执行交接班制度,及时填写机械设备运转记录。

(2)做好机械设备的检修工作。机械设备都是由各种零件、部件组合而成的。这些零件、部件所承受的荷载、温度、转速和相对摩擦各不相同,均有一定的使用期限和允许磨损限度。如超过规定的限度,机械设备就不能保证使用性能和安全生产,严重者将会导致机械事故和人身安全事故。所以,必须按不同的规定运转或使用周期,限期做好保养和修理,贯彻执行计划维修制度。在无特殊情况下,不能拖延保养期。在安排机械设备使用时,要留有余地,保证机械设备能够及时进行维修保养。

(3)严格做好机械设备的质量检查鉴定工作。机械设备的大、中、小修,都要按各自不同的质量标准定期进行技术鉴定和检查验收。对不符合标准的设备,不准出厂、不予验收、不准使用。新出厂或大修后的机械设备要遵照试运转规定进行试运转,以确保机械设备正常运行。

(4)做好现场在用机械设备的巡回检查工作,建立统计报告制度,这对保证机械设备正常运转使用、发挥设备效能具有一定的作用。经常性的巡回检查,可以及时发现问题,排除隐患,使现场在用机械设备处于完好状态。对于企业在用机械设备,要准确及时地做好机械设备统计报告,真实反映机械设备使用运转情况和管理工作质量。统计报告应包括以下内容:

①机械设备运转记录,机械完好、非完好每日分析报表,保修计划完成情况报表等。

②施工企业的计量室、试验室和施工现场使用的精密量具、仪器、仪表等,要分别制定定期检查制度,实行专人管理。凡精度不符合标准规定的量具、仪器、仪表,不得使用。凡属企业自行制造的机械设备和改制、改装的机械设备,必须做到结构合理、性能稳定、使用安全可靠,并经过"三结合"的质量鉴定、验收之后,才能推广使用。

③做好机务队伍的培训和考核工作。实行全面质量管理,要始于教育,终于教育。做好机械设备的质量管理工作,也要抓好机务队伍的教育培训工作。通过教育和培训,主管机务工作的领导干部和科室业务人员具备较全面的机务管理知识,能在实际工作中正确地解决计划、调配、维修等管理问题;通过教育和培训,机械技术干部除具备管理知识,还应具备一定的基础理论知识和实际操作能力,能在组织机械维修、鉴定、改制改装、革新等方面的工作中解决实际问题;通过教育和培训,操作、驾驶人员能够了解其所操作、驾驶机械设备的机械性能、构造原理、操作规程,熟练地掌握安全操作;通过教育和培训,机械设备维修人员具备一定的机械维修技术和熟练的检验、组装、调试、鉴定知识,做到遵章操作。

为了提高机务干部和操作、驾驶、维修人员的政治思想水平和业务技术水平,做好机械设备的质量管理工作,除了有计划地组织教育培训,还要建立技术考核制度,定期对各级机务干部和操作、驾驶、维修人员进行考核。

建筑施工企业在推行全面质量管理的过程中,机械设备管理部门、机具站或机修车间要在质量管理部门的配合下,对所有机械设备进行大清查,做全面性的质量鉴定,并制定出各类机械设备的管理标准、使用保养标准和维修标准。

企业的机械设备管理部门,要设专职或兼职的设备、仪器质量管理人员,做好机械设备、仪表的质量检查和质量统计工作,并负责保管好全部机械设备的出厂合格证、说明书等。建立机械设备的技术档案和工艺装备卡片,及时收集整理使用记录和维修鉴定等技术管理资料。

6.3.3 施工环境管理及危险预警

1.施工环境管理设备

近年来,建筑信息模型(BIM)、物联网等智能建造技术已经在施工现场被广泛应用,智能建造已经成为建筑业的发展趋势。结合这些新技术的施工环境智能管理模块也应运而生。其主要包括以下几个模块。

1)现场视频监控模块

视频监控以物联网、云计算、移动宽带互联网技术为基础,由摄像机、录像机、无线网桥等组成,并集成到施工智能化管理系统中,确保管理人员实时查看并掌握现场各位置的实际情况。同时,在施工区域出入口安装智能摄像头,对进场人员安全防护装备(安全帽佩戴、反光衣穿戴等)情况进行识别抓拍,若穿戴不合格,监控设备将会报警。

2)人员实名制管理模块

为防止无关人员进入施工危险区域,项目安装了带有人脸识别功能的门禁闸机。系统录入的人员信息包括基本信息、所属单位、工种及人脸信息等,刷脸时系统会对接智能服务器+机器深度学习算法,显示人员基本信息与人脸信息是否一致。

3)人员状态动态管理模块

本项目重点关注人员的实时位置情况及人员是否进入危险或禁入区域,为此将BIM与地理信息系统(GIS)技术集成到系统中,人员通过佩戴智能安全帽和基于位置服务(LBS)定位仪获取位置信息,然后以"全球定位系统(GPS)+北斗卫星+基站"的模式联合BIM模型实现实时定位,防止人员踏入危险施工区域,有效避免高处坠落、物体打击及机械伤害等事故发生。

4)塔吊运行监测管理模块

为避免因项目作业空间有限而发生机械碰撞事故,每个塔吊应安装一套防碰撞监测系统,并将该系统集成到施工智能化管理系统中。系统可显示运行中塔吊的回转角度、高度、幅度、载重、风速、倾角等数据,以及塔吊的规格等基本信息。随着塔吊作业的进行,系统实时显示塔吊的报警详情,通过与视频监控联动,还可查看每台塔吊的主钩、驾驶舱等监控视角,切实保证塔吊运行过程的安全。

5)环境监测模块

施工作业气候环境会影响施工作业的正常进行。智能化管理系统接入环境传感器(图6-1),对现场环境条件不间断监测,对风力、温度等环境监测指标设定阈值,通过阈值判定此环境条件是否适合施工作业。

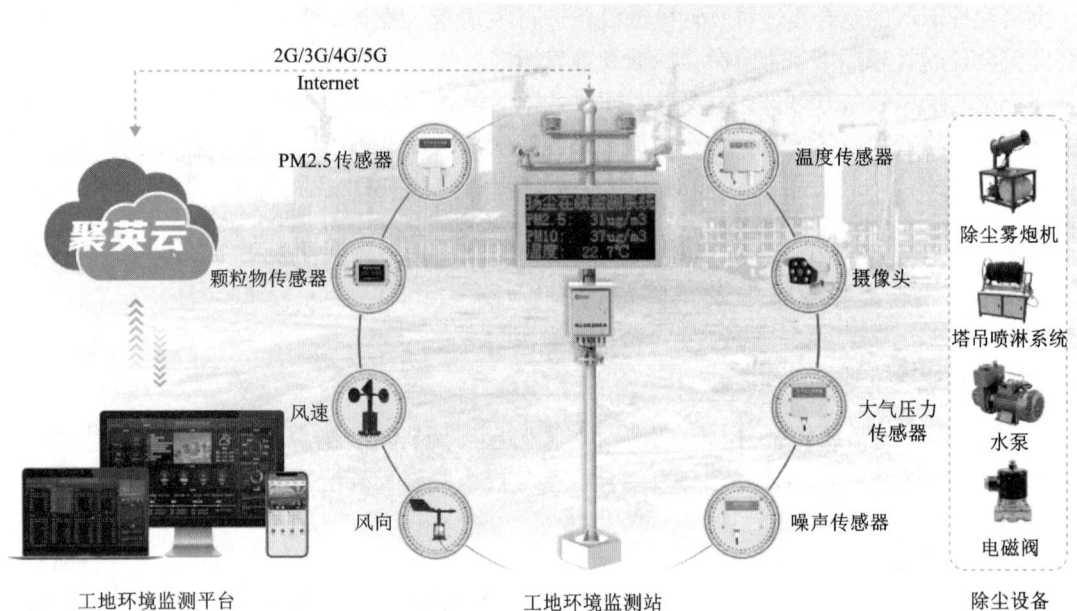

图 6-1　施工环境监测设备

2. 施工环境管理措施

1）生态预防

针对建筑施工的环境管理问题，施工过程中的生态防治就显得十分重要。首先，在施工前期，需制定专项防治方案，对当地的生态系统尽量做到"不破坏、不占用、不改变"，并在施工活动完成后，科学合理地对其进行恢复，避免项目建成以后"一走了之"。其次，要对施工队伍进行环保意识宣贯，保证施工期间不随意对周边植物进行砍伐，不将建筑垃圾随意丢弃。再次，要对占用的土地进行评估，采取相应的土地及水文保护措施，尽量做到土地的占用与建设同时进行，不得污染周边农田作物，注重事后恢复与环境的全面检查。最后，要将本次施工活动中对环境管理的相关技术路径及施工方法进行总结与归纳，以课题、工法、标准等多种形式进行理论性研究，及时推广优秀的研究成果，为行业内有效管理施工环境提供参考和依据。

2）废水处理

施工过程中，要严格按照规范对施工活动废水及生活污水进行排放，严禁将其直接排入当地地下水系统，避免造成不可挽回的污染。项目部在选址时，要尽可能地租用已有的居民建筑作为办公基地，以减少临时房屋搭建对环境的破坏；若为新建的临时房屋，则尽量选择与水资源丰富地带有一定距离的区域。产生的废物、污水要集中处理，尽量采用无化学处理方式，减少对周边环境以及水资源的污染。设置独立、完备、畅通的建设用排水系统，对于不同施工区域，通过排水沟或者雨水收集管排入现有的市政雨水管网，尽量使施工场地径流水不直接排入周边水体，最大限度地减少水污染影响。

3）噪声处理

混凝土搅拌站、碎石站等大型设施场所的设置，要尽量选在远离居民区的区域，若不能满足此要求，则需采取相关技术措施，以达到降噪隔音的效果。在居民区施工时，如需进行高噪声的施工活动，应尽量避开正常的休息时间，避免夜间施工；科学统筹施工工序，应设计多流程有序进行，在合理的范围内缩减施工总时长，避免噪声长时间影响居民；条件允许时，应定期对施工机械进行保养与维护，降低施工机械因老化及故障而发出的噪声；遵守相应的劳动卫生规范，佩戴防护设备，保证职工安全健康。

3. 危险预警

1）危险预警系统（图6-2）的意义

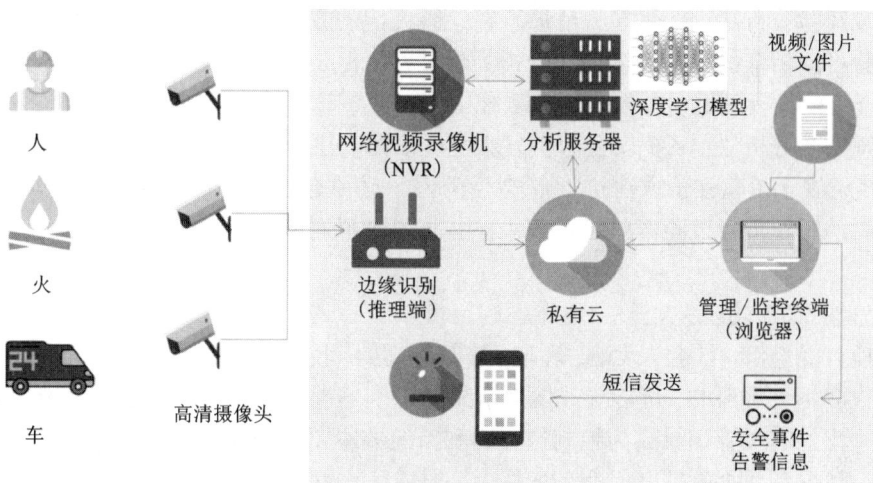

图6-2 危险预警系统

（1）通过对施工现场进行安全分析，找到薄弱环节和可能导致事故的条件，预测事故发生的可能性，从而采取针对性的措施，实现以预防为主的安全生产管理。

（2）通过评价和优化技术，能够找出最适合的方法，使各系统达到最佳配合。

（3）适合于工程和管理两个方面，目前已经形成安全系统工程和安全系统管理两个分支。其应用范围大致包括以下七个方面：

①发现事故隐患。

②预测事故引起的危险。

③设计和选用安全方案。

④查清事故的真正原因和关键因素。

⑤实现最优化的安全措施。

⑥设计新的安全系统，使安全生产建立在科学的基础上。

⑦不断改善安全工作。

（4）可以促进各项安全标准的制定和有关安全可靠性数据的收集。

（5）能够迅速提高安全工作人员的工作水平和业务素质，增强群众的安全意识，明确事故隐患的要害处所，从而有针对性地防止发生事故。

2）危险预警的主要方法

（1）危险源辨识方法。

施工现场的危险源在某种情况或某些组合情况的推动下会导致施工事故。施工现场的危险源很多。如果仅将危险源的概念层次定位在发生事故的直接原因上，除了之前提到的高处坠落、机械伤害、物体打击、触电、坍塌五个多发性因素，还有很多涉及行业特点以及管理方面的因素。要保障施工安全，降低施工事故发生的概率，不仅要研究危险源的自身分类和特点，还要研究施工现场的特点，以及危险源在什么情况下才会导致施工事故，进而为我们辨识并控制危险源提供可靠的思路。

在施工现场要采用一些有依据、有规律的辨识方法。目前常用的危险源辨识方法可分为直观经验分析法和系统安全分析法两大类。

①直观经验分析法：这种方法是最直接、最灵活的方法。它适用于有可供参考的先例、有以往经验可以借鉴的危险源辨识和分析处理过程。但是这种方法对可供参考的先例要求较高，很难应用在没有可供参考先例的新系统中。

②系统安全分析法：系统安全分析方法就是根据以往经验规律用系统工程的理念进行规范，利用系统安全工程评价方法进行危险源辨识。这种方法一般应用于复杂的、涉及面广、目标要求高的工程项目危险源辨识过程中，也适用于不同领域、不同行业、不同阶段的辨识过程。

（2）危险源管理方法。

工程项目受经济、社会、政治、环境、市场、人员、技术等多方面的影响，在施工期间经常会遇到很多不可预料的、可能导致发生事故的不利情况。那么，保证施工现场危险源及危险源辨识过程的有效管理就成为控制这些不利情况的主要方法和手段。有效的管理意味着要能根据现场情况和数据采取及时合理的措施，要能防止危险源对工程项目人、财、物的伤害，要能使施工活动按计划顺利实施。所以，施工现场危险源管理是针对工程项目管理全过程的管理与控制，要保证的是施工安全，降低事故发生的可能性。这就要求工程项目实施过程中，建设单位、施工企业、项目班组、政府监管部门、监理单位等都要参与危险源的管理。

（3）事故树分析方法。

事故树分析，也称为故障树分析（FTA），是系统安全分析方法中最常用、最有效的一种方法。这种科学的安全生产管理方法引入我国以后，在分析、预测和控制事故方面取得了可喜的成果，并在研究和应用中得到了较好的发展，已在十几个产业部门、上万个企业中推行。实践证明，它是一种具有重要推广价值和广阔发展前途景安全管理方法。

事故树是由图、连通图、圈、树、事故树等发展和演绎而来，其分析程序如图6-3所示。

①图是由若干个点及连接这些点的线所组成的图形。图中的点叫节点，表示某个具体事物；连线叫边，表示事物之间的联系。

②连通图，是任何两点之间至少有一条边相连的图。

③圈，图中点和边顺序衔接中，其始点和终点相重合，则称为圈。

④树，就是没有圈的连通图。

⑤事故树，是从结果到原因描述事故发生的有向树。其节点是导致事故发生的各种原因

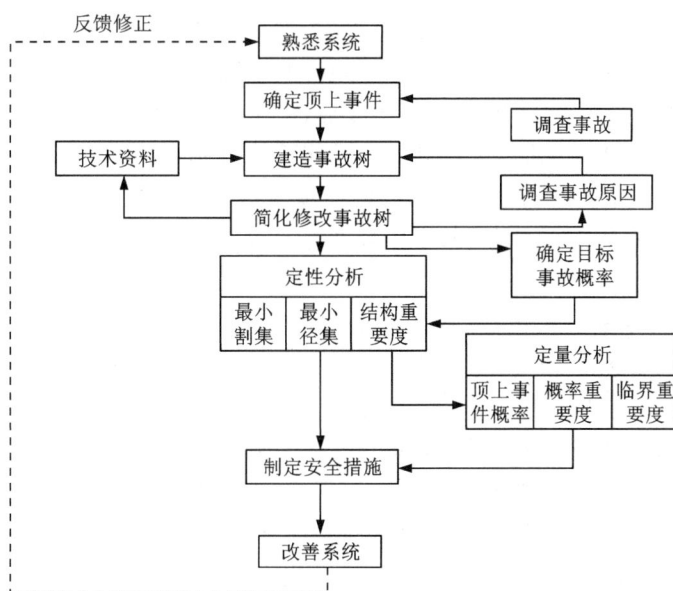

图 6-3　事故树分析程序

和结果，连线是各种逻辑门的符号，所以事故树又称为事故逻辑分析。

事故树的分析一般可分为下列步骤：

事故树分析虽然根据对象系统的性质、分析目的的不同，分析的程序也不同，但是一般都按照下面介绍的基本程序进行。有时，使用者还可根据实际需要和要求来确定分析程序。图 6-3 为事故树分析的一般程序。

（1）熟悉系统。要求全面了解系统的整个情况，包括工作程序、各种重要参数、作业情况。必要时画出工艺流程图和布置图。

（2）调查事故。要求在过去事故实例、有关事故统计的基础上，尽量广泛地调查所能预想到的事故。包括分析系统已发生的事故，也包括未来可能发生的事故，同时也要调查外单位和同类系统发生的事故。

（3）确定顶上事件。所谓顶上事件就是我们要分析的对象事件——系统失效事件。对调查的事故，要分析其严重程度和发生的概率，从中找出后果严重且发生概率大的事件作为顶上事件。

（4）确定目标事故概率。根据以往的事故记录和同类系统的事故资料进行统计分析，求出事故发生的概率（或频率），然后根据这一事故的严重程度确定要控制的事故发生概率的目标值。

（5）调查原因事件。调查与事故有关的所有原因事件和各种因素，包括设备故障、机械故障、操作者的失误、管理和指挥错误、环境因素等，尽量详细查清原因和影响。

（6）绘制事故树。这是事故树分析的核心部分之一。根据上述资料，从顶上事件开始按照演绎法，运用逻辑推理，一级一级地找出所有直接原因事件，直到最基本的原因事件为止。按照逻辑关系，用逻辑门连接输入输出关系（即上下层事件），画出事故树。

（7）定性分析。根据事故树结构进行化简，求出事故树的最小割集和最小径集，确定基本事件的结构重要度大小。根据定性分析的结论，按轻重缓急分别采取相应对策。

（8）计算顶上事件发生概率。首先根据所调查的情况和资料，确定所有原因事件的发生概率，并标在事故树上。根据这些基本数据，求出顶上事件（事故）发生概率。

（9）分析比较。要根据可维修系统和不可维修系统分别考虑。对可维修系统，把求出的概率与通过统计分析得出的概率进行比较，如果两者不符，则必须重新研究，看原因事件是否齐全，事故树逻辑关系是否清楚，基本原因事件的数值是否设定得过高或过低等。对不可维修系统，求出顶上事件发生概率即可。

（10）定量分析。定量分析包括下列三个方面的内容：

①当事故发生概率超过预定的目标值时，要研究降低事故发生概率的所有可能途径，可从最小割集着手，从中选出最佳方案。

②利用最小径集，找出根除事故的可能性，从中选出最佳方案。

③求各基本原因事件的临界重要度系数，从而对需要治理的原因事件按临界重要度系数大小进行排列，或编出安全检查表，以求加强人为控制。

（11）制定安全措施。绘制事故树的目的是查找隐患，找出薄弱环节，查出系统的缺陷，然后加以改进。在对事故树全面分析之后，必须制定安全措施，防止灾害发生。安全措施应在充分考虑资金、技术、可靠性等条件之后，选择最经济、最合理、最切合实际的对策。

在具体分析时，可以根据分析的目的、投入人力物力的多少、人的分析能力的高低以及对基础数据的掌握程度等，进行到不同程度。如果事故树规模很大，也可以借助电子计算机进行分析。

事故树分析的作用主要有三个：用于系统的危险性评价及事故预测；事故调查；事故情报的沟通及数据库的建立。

目前，随着技术的更新换代，出现了许多新的事故预警方法。其中包括结合人工智能的预警系统，可以充分利用多源观测信息，分析得到更全面的结论。同时，人工智能技术在一定程度上克服了传统预警系统的弊端，提升了预警系统的准确性、灵活性和通用性。

3）基于机器学习方法的预警方法

机器学习主要是利用机器学习不同的算法，再对事件进行识别预警。其中较为常用的是特征提取算法，特征提取算法能够自动地发现数据的本质结构。除了提取特征，机器学习还可以帮助构建良好的预警模型。目的不同，选择的模型也不同。系统在正常阶段和异常阶段会表现出不同的状态，异常状态的出现被视为一种危险信号。

如果需要根据监测指标来判断当前系统是否出现了异常，那么可以将预警视为分类问题，将机器学习中的分类模型作为预警模型。此时，模型的输入为监测指标，模型的输出为系统在未来某时刻的危险等级。预警系统需要对正常状态下的指标走势进行预测，这样的问题可视为回归问题。指标在正常模式下可以被预测，在异常状态下难以被预测，因此预测偏差可以度量系统的异常程度。此时，模型的输入为监测指标，模型的输出为系统风险相关指标在未来某时刻的预测值。

4）基于专家系统的预警方法

专家系统起始于 20 世纪 60 年代，是一种根据规则进行推理和决策的智能程序系统，是人工智能的一个分支。专家系统通过知识获取将专家知识保存于知识库中，使用者利用人机交互接口输入问题,专家系统利用知识库和推理机进行判断,随后通过人机交互接口输出结果。专家系统以知识推理为核心,决策具有较高的科学性、稳定性。

基于专家系统的预警方法可以在输入高度不确定、输入输出非线性的预警场景中发挥良好的作用。专家系统可以有效地利用历史经验,针对具体场景进行逻辑推理,做出的决策具有很强的可解释性。

思考题

1.请阐述安全事故发生后事故调查的基本流程。

2.请简述事故处理的基本流程,责任事故的划分,责任认定的依据。

3.请简述安全教育在安全事故预防过程中的意义,介绍目前常见的危险预警方法有哪些,并分析其优缺点。

第7章　建筑消防安全管理

7.1　火灾的分类

在时间和空间上失去控制的燃烧所造成的灾害称为火灾。火灾可以按燃烧对象、火灾损失严重程度或起火直接原因等进行分类。

7.1.1　按燃烧对象分类

火灾按燃烧对象可分为A类火灾、B类火灾、C类火灾和D类火灾。

（1）A类火灾是指普通固体可燃物燃烧而引起的火灾。这类火灾燃烧对象的种类很繁杂，包括木材及木制品、纤维板、胶合板、纸张、棉织品、化学原料及化工产品、建筑材料等。A类火灾的燃烧过程非常复杂，其燃烧模式一般可分为以下四类：

①熔融蒸发式燃烧，如蜡的燃烧。

②升华式燃烧，如萘的燃烧。

③热分解式燃烧，如木材、高分子化合物的燃烧。

④表面燃烧，如木炭、焦炭的燃烧。

（2）B类火灾是指油脂及一切可燃液体燃烧而引起的火灾。油脂包括原油、汽油、煤油、柴油、重油、动植物油等；可燃液体主要包括酒精、乙醚等各种有机溶剂。这类火灾的燃烧实质上是液体的蒸气与空气进行燃烧。根据闪点的大小，可燃液体被分为三类：闪点小于28℃的可燃液体为甲类火险物质，如汽油；闪点大于或等于28℃、小于60℃的可燃液体为乙类火险物质，如煤油；闪点大于或等于60℃的可燃液体为丙类火险物质，如柴油、植物油。

（3）C类火灾是指可燃气体燃烧而引起的火灾。按可燃气体与空气混合的时间，可燃气体燃烧分为预混燃烧和扩散燃烧。可燃气体与空气预先混合好后的燃烧称为预混燃烧；可燃气体与空气边混合边燃烧称为扩散燃烧。根据爆炸下限（可燃气体与空气组成的混合气体遇火源发生爆炸的可燃气体的最低含量）的大小，可燃气体被分为两类：爆炸下限小于10%（体积分数）的可燃气体为甲类火险物质，如氢气、乙炔、甲烷等；爆炸下限大于或等于10%（体积分数）的可燃气体为乙类火险物质，如一氧化碳、氨气、某些城市煤气。可燃气体绝大多数是甲类火险物质，只有极少数才属于乙类火险物质。

（4）D类火灾是指可燃金属燃烧引起的火灾。可燃的金属有锂、钠、钾、钙、锶、镁、铝、钛、锌、锆、钍、铀、铪、钚。这些金属在处于薄片状、颗粒状或熔融状态时很容易着火，而且燃烧热很大，为普通燃料的3~20倍，火焰温度也很高，有的甚至超过3000℃。另外，在高温条件下，这些金属能与水、二氧化碳、氮、卤素及含卤化合物发生化学反应，使常用灭火剂失去作用，必须采用特殊的灭火剂灭火。正是因为这些特点，可燃金属燃烧引起的火灾才从A类火灾中分离出来，单独作为D类火灾。应该指出，虽然建筑物中的钢筋、铝合金在火灾中不会燃烧，但受高温作用后，强度会降低很多。在500℃时，钢材抗拉强度降低50%左右，铝合金则几乎失去抗拉强度。这一现象在火灾扑救时应给予足够的重视。

7.1.2　按火灾损失严重程度分类

按火灾损失严重程度可分为特大火灾、重大火灾和一般火灾。

1）特大火灾

特大火灾是指死亡10人以上(含10人)，重伤20人以上，或死亡、重伤20人以上，或受灾50户以上，或烧毁财物损失100万元以上的火灾。

2）重大火灾

重大火灾是指死亡3人以上，受伤10人以上，或死亡、重伤10人以上，或受灾30户以上的火灾，或烧毁财物损失30万元以上的火灾。

3）一般火灾

不具备重大火灾的任一指标的火灾称为一般火灾。

7.1.3　按起火直接原因分类

火灾起火的直接原因可分为放火、违反电气安装安全规定、违反电气使用安全规定、违反安全操作规定、吸烟、生活用火不慎、玩火、自燃、自然灾害及其他。

7.2　燃烧的基本条件和灭火方法

7.2.1　燃烧的基本条件

燃烧是一种发光放热的化学反应。凡发生燃烧就必须同时具备燃烧的必要条件和充分条件。

发生燃烧的必要条件有三个：

第一是有可燃物。凡是能与空气中的氧或其他氧化剂起剧烈反应的物质，都可称为可燃物。可燃物的种类繁多，按其物理状态，分为气体可燃物、液体可燃物和固体可燃物三种，如木材、纸张、汽油、乙炔、金属钠和钾等。

第二是有氧化剂(助燃剂)。凡是能帮助和支持燃烧的物质，即能与可燃物发生氧化反应的物质称为助燃物，如空气、氧、氯、氯酸钾、高锰酸钾、过氧化钠等。

第三是有点火源(温度)。点火源是指供给可燃物与氧或助燃剂发生反应的能量来源，最常见的有明火焰、炽热体、火星、电弧和电火花等。

所谓明火焰是最常见且比较强的点火源，如一根火柴、一个烟头都会引起火灾。

所谓炽热体是指受到高温或电流因素作用，由于蓄热而具有较高温度的物体，如烧红的铁块、金属设备等。

火星是在铁器与铁器或铁器与石头之间强力摩擦撞击时产生的火花。火星的能量虽小，但温度很高，约有1200℃，故也能点燃如棉花、布匹、干草、糠类等易燃固体物质。

电弧和电火花是在两极间放电放出的火花，或者是击穿产生的电弧光，这些火花能引发可燃气体、液体蒸汽和固体物质着火，是一种比较危险的点火源。

在某种情况下，虽然具备了燃烧的三个必要条件，但是也不一定能发生燃烧。只有当可燃物的含量达到一定程度，并提供充足的氧，才能使燃烧发生并继续下去。如 H_2 在空气中的体积分数达到4%以上才有可能发生燃烧和爆炸，否则就不会。因此，可燃物的含量和最低含氧量是发生燃烧的充分条件。

7.2.2　防火基本措施

防火就是防止燃烧发生，实际上就是防止发生燃烧的三个必要条件同时具备。因此，一切防火措施都应该从这几个方面考虑：

1）控制可燃物

用难燃或不燃的材料代替易燃、可燃材料；用水泥或混凝土结构代替木结构；用防火涂料代替可燃涂料，提高耐火极限；对散发可燃气体或蒸气的场所加强通风换气，防止积聚形成爆炸性混合物；对装有易燃气体或可燃气体的容器关闭紧密，防止泄漏。

2）隔绝助燃物

对使用生产易爆化学物品的生产设备实行密闭操作，防止其与空气接触形成可燃混合物；或使用惰性气体保护等。如炼油厂的仓库，常用泡沫灭火系统隔绝空气，防止爆炸。

3）消除点火源

防止可燃物附近有火源，消除火灾隐患，如仓库、油库、加油站严禁任何火源，在爆炸危险的场所安装整体防爆电气设备等。

4）阻止火势蔓延

为防止火势蔓延，在建筑分区之间要设防火通道、防火墙、防火安全门或留防火间距；在面积较大的场所划分防火分区，用卷帘门隔开；在超高层建筑中设避难层等；在可燃气体管道上安装阻火器；塑料管道易燃，一旦着火，下层火舌会顺着管道蔓延到上层，所以在楼板下层管道上设阻火圈。

7.2.3　灭火方法及原理

灭火的技术关键就是破坏维持燃烧所需的条件，使燃烧不能继续进行。灭火方法可归纳为冷却、窒息、隔离和化学抑制四种。前三种灭火方法是通过物理过程进行灭火，后一种方法是通过化学过程进行灭火。无论是采用哪种方法灭火，火灾的扑救都是通过上述四种方法中的一种或者综合几种方法的作用而实现的。

1）冷却法灭火

可燃物燃烧的条件（因素）之一，是在火焰和热的作用下，达到燃点、裂解、蒸馏或蒸发出可燃气体，使燃烧得以持续。冷却灭火就是采用冷却措施使可燃物无法达到燃点，也不能裂解、蒸馏或蒸发出可燃气体，从而使燃烧终止。如可燃固体被冷却到自燃点以下，火焰将熄灭；可燃液体冷却到闪点以下，并隔绝外来的热源，就不能挥发出足以维持燃烧的气体，火灾就会被扑灭。

水具有较大的热容量和很高的汽化热，是冷却性能最好的灭火剂，如果采用雾状水流灭火，冷却灭火效果更为显著。

建筑水消防设备不仅投资成本低、操作方便、灭火效果好、管理费用低，而且冷却性能好，是冷却法灭火的主要灭火设施。

2）窒息法灭火

窒息法灭火就是采取措施降低火灾现场空间内氧的含量，使燃烧因缺少氧气而停止。窒息法灭火常采用的灭火剂一般有二氧化碳、氮气、水蒸气及烟雾剂等。在条件许可的情况下，也可用水淹窒息法灭火。

重要的计算机房、贵重设备间可设置二氧化碳灭火设备扑救初期火灾，高温设备间可设置蒸汽灭火设备，重油储罐可采用烟雾灭火设备，石油化工等易燃易爆设备可采用氮气保护。采取恰当的方法利于及时控制或扑灭初期火灾，减少损失。

3）隔离法灭火

隔离法灭火就是采取措施将可燃物与火焰、氧气隔离开来，使火灾现场没有可燃物，燃烧无法维持，火灾也就被扑灭。

石油化工装置及其输送管道（特别是气体管路）发生火灾，应关闭易燃、可燃液体的来源，将易燃、可燃液体或气体与火焰隔开，残余易燃、可燃液体（或气体）烧尽后，火灾就会被扑灭。电机房的油槽（或油罐）可设一泡沫固定灭火设备；汽车库、压缩机房可设泡沫喷洒灭火设备；易燃、可燃液体储罐除可设固定泡沫灭火设备，还可设置倒罐传输设备；气体储罐除可设置倒罐传输设备，还可设置放空火炬设备；易燃、可燃液体和可燃气体装置，可设置消防控制阀等。一旦这些设备发生火灾事故，可采用隔离法灭火。

4）化学抑制法灭火

化学抑制法灭火就是采用化学措施有效地抑制游离基的产生和降低游离基的含量，破坏游离基的连锁反应，使燃烧停止。如采用卤代烷（1301、1211）灭火剂灭火，就是降低游离基的灭火方法。

抑制法灭火对于有焰燃烧灭火效果好，但对于深部火灾，由于渗透性较差，灭火效果不理想，在条件许可的情况下，应与水、泡沫等灭火剂联用。

卤代烷火火剂可以抑制易燃和可燃液体火灾（汽油、煤油、柴油、醇类、酮类、酯类、苯及其他有机溶剂等）、电气设备（发电机、变压器、旋转设备及电子设备）、可燃气体（甲烷、乙烷、丙烷、城市煤气等）、可燃固体物质（纸张、木材、织物等）的表面火灾。

由于卤代烷对大气臭氧层有破坏作用，应尽量限定特殊场所采用，一般不宜采用。

与卤代烷灭火效果相似或可以替代卤代烷的灭火剂，国内外正在研究中，有可能替代卤代烷的灭火剂有 FE-232、FE-25、CGE410、CEA614、HFC-23、HFC-227、NAF-S-III、氟碘烃等。

干粉灭火剂的化学抑制作用也很好，且近年来不少类型干粉可与泡沫联用，灭火效果也很显著。凡是卤代烷能抑制的火灾，干粉均能达到同样效果，但干粉灭火的不足是后续清理困难且有污染。

化学抑制法灭火，灭火速度快，若使用得当，可有效扑灭初期火灾，减少人员伤亡和财产的损失。

7.3 建筑分类

7.3.1 按使用性质及建筑高度分类

根据使用性质,建筑物可以分为民用建筑(居住建筑、公共建筑)、工业建筑以及农业建筑三大类。

民用建筑又分为居住建筑和公共建筑两类。居住建筑指的是供人们居住使用的建筑物,可分为住宅建筑和集体宿舍两类;公共建筑是指办公楼、旅馆、商店、影剧院、体育馆、展览馆、医院等公众使用的建筑物。

工业建筑指的是直接用于生产的厂房和库房。

农业建筑指的是直接服务于农业生产的暖棚、牲畜棚等。

按建筑高度或层数,建筑物可以分为地下建筑,半地下建筑,单层、多层建筑,高层建筑以及超高层建筑五类。

(1)地下建筑:地下建筑指的是房间地平面低于室外地平面的高度超过该房间净高一半的建筑物。

(2)半地下建筑:半地下建筑指的是房间地平面低于室外地平面的高度超过该房间净高1/3且不超过1/2的建筑物。

(3)单层、多层建筑:单层、多层建筑指的是9层及9层以下的居住建筑和建筑高度不超过24 m(或已超过24 m但为单层)的公共建筑与工业建筑。

房屋层数是指房屋的自然层数,通常按室内地坪±0.00以上计算;采光窗在室外地坪以上的半地下室,其室内层高大于2.20 m以上,计算自然层数。加层、插层、附层(夹层)、阁楼(暗楼)、装饰性塔楼,以及突出屋面的楼梯间、水箱间不计层数。房屋总层数是房屋地上层数与地下层数之和。

(4)高层建筑:高层建筑指的是10层及10层以上的居住建筑(包括首层设置商业服务网点的住宅)和建筑高度大于24 m且为两层以上的民用公共建筑,以及建筑高度超过24 m的两层及两层以上的厂房、库房等工业建筑。其中与高层民用建筑相连的建筑高度不大于24 m的附属建筑叫作高层民用建筑裙房。

(5)超高层建筑:超高层建筑是指建筑高度大于100 m的高层建筑。不论是住宅还是公共建筑、综合性建筑,均叫作超高层建筑。

高层民用建筑还根据使用性质、火灾危险性、疏散以及扑救难度等分为以下两类。

①一类高层民用建筑。

a.居住建筑。主要包括高级住宅和19层及19层以上的普通住宅。

b.公共建筑。主要包括:高级旅馆;医院;建筑高度超过50 m或每层建筑面积超过1000 m² 的商业楼、展览楼、电信楼、综合楼、财贸金融楼;建筑高度超过50 m或每层建筑面积超过1500 m² 的商住楼;中央级和省级(含计划单列市)广播电视楼;网局级与省级(含计划单列市)电力调度楼;藏书超过100万册的图书馆、书库;省级(含计划单列市)邮政楼、防灾指挥调度楼;重要的办公楼、科研楼、档案楼、建筑高度超过50 m的教学楼和普通的旅馆、科研楼、办公楼、档案楼等。

②二类高层民用建筑。

a.居住建筑。主要包括10~18层的普通住宅。

b.公共建筑。主要包括：除一类建筑以外的商业楼、展览楼、电信楼、综合楼、财贸金融楼、商住楼、图书馆、书库；建筑高度不超过50 m的教学楼和普通的旅馆、办公楼、科研楼、档案楼等；省级以下的邮政楼、防灾指挥调度楼、广播电视楼、电力调度楼。

《建筑设计防火规范》(GB 50016—2014)按照建筑物性质和建筑物高度对建筑进行了分类，具体见表7-1。

表7-1 建筑分类

建筑分类		特征
按建筑高度分	多层建筑	建筑高度不大于27 m的住宅建筑和其他建筑高度不大于24 m的非单层建筑
	高层建筑	建筑高度大于27 m的住宅建筑和其他建筑高度大于24 m的非单层建筑
按建筑性质分	民用建筑 住宅建筑	以户为单元的居住建筑
	民用建筑 公共建筑	公众进行工作、学习、商业、治疗等活动和交往的建筑
	工业建筑 厂房	加工和生产产品的建筑
	工业建筑 库房	储存原料、半成品、成品、燃料、工具等物品的建筑

民用建筑根据其建筑高度和层数可分为单层、多层民用建筑和高层民用建筑。

高层建筑是指建筑高度大于27 m的住宅建筑和其他建筑高度大于24 m的非单层建筑。高层民用建筑按其建筑高度、使用功能和楼层的建筑面积可分为一类和二类。民用建筑分类详见表7-2。

表7-2 民用建筑分类

名称	高层民用建筑		单层、多层民用建筑
	一类	二类	
住宅建筑	建筑高度大于54 m的住宅建筑(包括设置商业服务网点的住宅建筑)	建筑高度大于27 m但不大于54 m的住宅建筑(包括设置商业服务网点的住宅建筑)	建筑高度不大于27 m的住宅建筑(包括设置商业服务网点的住宅建筑)

续表 7-2

名称	高层民用建筑		单层、多层民用建筑
	一类	二类	
公共建筑	1. 建筑高度大于 50 m 的公共建筑。 2. 任一层建筑面积大于 1000 m² 的商店、展览、电信、邮政、财贸金融建筑和其他多种功能组合的建筑。 3. 医疗建筑、重要公共建筑。 4. 省级以上的广播电视和防灾指挥调度建筑、网局级和省级电力调度建筑。 5. 藏书超过 100 万册的图书馆、书库	除一类高层公共建筑外的其他高层公共建筑	1. 建筑高度大于 24 m 的单层公共建筑。 2. 建筑高度不大于 24 m 的其他公共建筑

注：1. 表中未列入的建筑，其类别应根据本表类比确定。

2. 除《建筑设计防火规范》(GB 50016—2014)另有规定外，宿舍、公寓等非住宅类建筑的防火要求，应符合该规范有关公共建筑的规定；裙房的防火要求应符合该规范有关高层民用建筑的规定。

7.3.2 按建筑物危险性分类

根据建筑物的使用性质，生产、使用以及储存物品的火灾危险性、可燃物数量、火灾蔓延速度、扑救的难易程度以及可能造成的损失大小等因素，可以分为严重危险级、中危险级以及轻危险级三个危险等级。

(1)严重危险级：指功能复杂，用电用火多，设备贵重，火灾危险性大，可燃物数量多，起火之后蔓延迅速或者容易造成重大火灾损失的建筑物。

(2)中危险级：指用火用电多，设备贵重，火灾危险性较大，可燃物数量较多，起火后蔓延较迅速的建筑物。

(3)轻危险级：指用火用电较少，火灾危险性较小，可燃物数量较小，起火后蔓延较缓慢的建筑物。

7.3.3 按建筑物保护等级分类

国家根据民用建筑物的性质、重要程度、人员密集程度，将被保护建、构筑物分为以下四类。

(1)重要公共建筑物：

①地市级及以上的党政机关办公楼。

②高峰使用人数或座位数超过 1500 人(座)的体育馆、会堂、会议中心、剧场、电影院、室内娱乐场所、车站和客运站等公众聚会场所。

③藏书量超过 50 万册的图书馆；地市级以上的文物古迹、展览馆、博物馆、档案馆等建筑物。

④省级及以上的银行等金融机构的办公楼。

⑤省级及以上的邮政楼、电信楼等通信、指挥调度建筑物。

⑥高峰使用人数超过5000人的露天体育场、露天游泳场及其他露天公众聚会娱乐场所。

⑦使用人数超过500人的中、小学校，使用人数超过200人的托儿所、幼儿园、残疾人康复设施；150个床位及以上的养老院、疗养院、医院的门诊楼和住院楼等医疗、卫生以及教育建筑物(有围墙者，从围墙边算起)。

⑧地铁出入口、隧道出入口。

⑨建筑面积超过15000 m²的其他公共建筑物。

(2)一类保护建筑物：除重要公共建筑物以外的下列建筑物属于一类保护建筑物。

①县级党政机关办公楼。

②高峰使用人数或座位数超过800人(座)的体育馆、会堂、会议中心、剧场、电影院、室内娱乐场所、车站以及客运站等公众聚会场所。

③文物古迹、博物馆、展览馆、档案馆以及藏书量超过10万册的图书馆等建筑物。

④支行级及以上的银行等金融机构办公楼；县级及以上的邮政楼、电信楼等通信、指挥调度建筑。

⑤高峰使用人数超过1000人的露天体育场、露天游泳场以及其他露天公众聚集娱乐场所。

⑥中小学校、幼儿园、托儿所、残疾人员康复设施、疗养院、养老院、医院的门诊楼和住院楼等医疗、卫生以及教育建筑物(有围墙者，从围墙边算起)。

⑦总建筑面积大于3000 m²的商店(商场)、综合楼、证券交易所；总建筑面积大于1000 m²的地下商店(商业街)以及总建筑面积超过5000 m²的菜市场等商业营业场所。

⑧总建筑面积大于5000 m²的办公楼、写字楼等办公建筑物。

⑨总建筑面积大于5000 m²的居住建筑(含宿舍)、商住楼。

⑩高层民用建筑。

⑪总建筑面积大于6000 m²的其他建筑物。

⑫车位超过50个的汽车库及车位超过150个的停车场。

⑬城市主干道的桥梁、高架路等。

(3)二类保护建筑物：除重要公共建筑物和一类保护建筑物以外的以下建筑物属于二类保护建筑物。

①体育馆、会堂、电影院、剧场、室内娱乐场所、客运站、车站、体育场、露天游冰场和其他露天娱乐场所等室内外公众聚会场所。

②地下商店(商业街)、总建筑面积大于1000 m²的商店(商场)、证券交易所以及总建筑面积超过1500 m²的菜市场等商业营业场所。

③总建筑面积大于1000 m²的办公楼、写字楼等办公类建筑物。

④总建筑面积大于1000 m²的居住建筑(含宿舍)或居住建筑群。

⑤总建筑面积大于2000 m²的其他建筑物。

⑥车位超过20个的汽车库与车位超过50个的停车场。

⑦除一类保护物以外的桥梁、高架路等。

(4)三类保护建筑物：除重要公共建筑物，一类、二类保护建筑物以外的建筑物属于三类保护建筑物。

同时与上述同样性质或规模的独立地下建筑物等同于以上各类建筑物。

7.4 建筑火灾发展及蔓延规律

7.4.1 建筑火灾的发展过程

建筑防火分区火灾一般可分为三个时间区间，见图7-1。

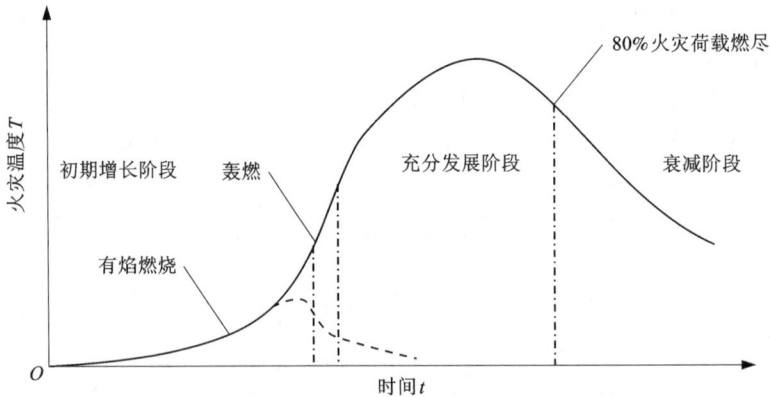

图7-1 建筑火灾的发展过程

1）初期火灾

在某一防火分区或建筑空间，可燃物在刚刚着火，火源范围小时，由于建筑空间相对于火源来说，一般都比较大，空气供应充足，因此燃烧状况与敞开空间的基本相同。随着火源范围的扩大，火焰在最初着火的可燃物上延烧，或者引燃附近的可燃物。当防火分区内的墙壁、屋顶开始影响燃烧的继续发展时，一般来说，就完成了第一个发展阶段，即火灾初期。

初期火灾时，防火分区内的燃烧物一边消耗分区内的氧气，一边扩大燃烧范围。着火分区的平均温度低，而且燃烧速度较慢，对建筑结构的破坏也比较小。当火灾分区的局部燃烧形成后，由于受可燃物的燃烧性能、分布状况、通风状况、起火点位置、散热条件等因素的影响，燃烧发展一般比较缓慢，并可能出现下述情况之一：

（1）当最初着火物与其他可燃物隔离放置时，如果火源燃尽，而未波及其他可燃物，导致燃烧熄灭，此时只有火警而未成灾；

（2）在耐火结构建筑内，若门窗密闭，通风不足时，燃烧可能自行熄灭或者受微弱通风量的限制，火灾以缓慢的速度燃烧；

（3）当可燃物与通风条件良好时，火灾能够发展到整个分区，出现轰燃现象，使分区内所有可燃物表面都出现有焰燃烧。

初期火灾的持续时间，即火灾轰燃前的时间，对建筑物内人员的疏散、重要物资的抢救以及火灾扑救都具有重要意义。若建筑火灾经过诱发成长，一旦到达轰燃阶段，则该分区内未逃离火场人员的生命将受到威胁。

虽然在火灾初期阶段，防火分区的平均温度较低，但在燃烧区域（火源）及其周围的温度较高。在局部火焰高温的作用下，火源附近的可燃物受热分解燃烧。若燃烧范围进一步扩大，火灾温度就会急剧上升，火灾规模扩大并导致火灾分区全面燃烧。一般把火灾由初期转变为全面燃烧的瞬间称为轰燃。

2）轰燃

轰燃是建筑火灾发展过程中的特有现象，是指房间内的局部燃烧向全室性火灾过渡的现象。轰燃经历的时间短暂，它的出现标志着火灾由初期进入旺盛期，火灾分区内的平均温度急剧上升。影响轰燃的因素除了建筑物及其容纳物品的燃烧性能、起火点位置，还与内装修材料的厚度、开口条件、环境条件等因素有关。建筑物与装潢材料的总释热率是判断一个房间是否会达到轰燃条件的重要因素。如果以兆瓦为单位的总释热率超过了 $0.75A\sqrt{h}$，这个房间就可能发生轰燃。

3）火灾旺盛期

轰燃后，空气从破损的门窗涌入起火分区，使分区内产生的可燃气体与未完全燃烧的可燃气体一起燃烧。此后火灾温度随时间的延长而持续上升，在可燃物即将燃尽时达到最高。

在此期间，火灾分区内所有的可燃物都会进入燃烧，并且火焰充满整个空间。门窗玻璃破碎，为燃烧提供较充分的空气，使火灾温度升高，一般可达 1100℃ 左右，破坏力很强。建筑物内的可燃构件，如木质门窗、木质隔墙及可燃装修等，均被点燃，并对建筑物结构产生威胁。

4）衰减期(熄灭)

经过火灾旺盛期之后，火灾分区内的可燃物大都被烧尽，火灾温度逐渐降低直至熄灭。一般把火灾温度降低到最高值的 80% 作为旺盛期与衰减期的分界。在这一阶段，虽然有焰燃烧停止，但火场的余热还能维持一段时间的高温。衰减期温度下降是比较慢的。

在上述建筑火灾发展的四个阶段中，除了轰燃在一定条件下可能不会发生以外，其他三个阶段是所有建筑物火灾发展都要经历的过程。而随建筑物本身结构形式、建筑物内部容纳物品的燃烧特性及分布、建筑内装修等具体条件的不同，所导致的火灾规模、火灾危险性和火灾损失也各异。

7.4.2 建筑火灾的蔓延方式

火灾蔓延实质是热传播的结果。热传播的产生有多种形式，有时单独出现，有时几种形式同时出现。而且在室内和室外不一样，在起火房间内和起火房间外也不一样。

1）火焰蔓延

初始燃烧表面的火焰使可燃材料燃烧，并使火灾蔓延开来。火焰蔓延有两种方式。

(1) 火焰接触。

起火点的火舌直接点燃周围的可燃物，并使之起火燃烧。这种热传播方式多在近距离内出现。

(2) 延烧。

固体可燃物表面或易燃、可燃液体表面上的某一点起火，通过导热升温点燃，使燃烧沿材料表面连续地向周围发展下去的燃烧现象。

2) 热传导

火灾分区燃烧产生的热量，经导热性好的建筑构件或建筑设备传导，能够使火灾蔓延到相邻或上下层房间。例如：薄壁隔墙、楼板、金属管壁都可以把火灾分区的燃烧热传导至另一侧的表面，使地板上或靠着墙堆积的可燃物燃烧，导致火场扩大。火灾通过热传导的方式蔓延扩大，有两个比较明显的特点：

(1) 必须有导热性好的媒介，如金属构件薄壁材料或金属设备等。

(2) 蔓延的距离较近，一般只能是相邻的建筑空间。可见由热传导蔓延扩大的火灾，其规模是有限的。

3) 热对流

热对流是建筑物内火灾蔓延的一种主要方式。建筑火灾发展到旺盛期后，一般来说窗玻璃在轰燃时已经被破坏，又经过一段时间的猛烈燃烧，室内走廊的木质门被烧穿，或门框上的亮窗玻璃被破坏，导致大量烟火涌入走廊。一般耐火建筑可达到 1000～1100℃ 的高温，木结构建筑则更高一些。这时火灾分区内外的压差更大，热烟气与室外新鲜空气之间密度不同，热烟气密度小，浮在密度大的冷空气上面，又从窗口上部流出，室外的冷空气由窗口下部进入室内燃烧区。冷空气参与燃烧而受热膨胀，又上升至吊顶下面，然后再由窗口的上部流出室外，出现热对流现象。当热烟气流入室外走廊，遇到冷空气，温度下降，压差减小，失去浮力，流动速度会下降。若在走廊中放置了可燃、易燃物品，或走廊里有可燃吊顶等，被高温烟火点燃，火灾就会在走廊里蔓延，再由走廊向其他空间传播。

除了在水平方向对流蔓延外，火灾在竖向管井蔓延也是热对流方式。

4) 热辐射

起火点附近的易燃、可燃物品，在与火焰无法接触，又无中间导热物体作媒介的条件下起火燃烧，是热辐射造成的结果。热辐射是促使火灾在室内及相邻建筑间蔓延的主要方式之一。

建筑防火设计中的防火间距，主要是考虑防止烟火辐射引起的相邻建筑着火而设置的间隔距离要求。考虑火焰辐射对火灾蔓延的影响，主要关注点燃可燃材料所需的辐射强度及建筑物发生火灾时产生的辐射强度。

7.5 建筑耐火等级

7.5.1 民用建筑耐火等级及选择

民用建筑的耐火等级划分为一、二、三、四级，除《建筑设计防火规范》(GB 50016—2014)另有规定外，不同耐火等级建筑相应构件的燃烧性能和耐火极限不应低于表 7-3 的数值。

表7-3　建筑构件的燃烧性能和耐火极限　　　　　　　　单位：h

构件名称		耐火等级			
		一级	二级	三级	四级
墙	防火墙	不燃性 3.00	不燃性 3.00	不燃性 3.00	不燃性 3.00
	承重墙	不燃性 3.00	不燃性 2.50	不燃性 2.00	不燃性 0.50
	非承重墙	不燃性 1.00	不燃性 1.00	不燃性 1.00	可燃性
	楼梯间和前室的墙 电梯井的墙、住宅建筑 单元之间的墙和分户墙	不燃性 2.00	不燃性 2.00	不燃性 1.50	难燃性 0.50
	疏散走道两侧的隔墙	不燃性 1.00	不燃性 1.00	不燃性 0.50	难燃性 0.50
	房间隔墙	不燃性 0.75	不燃性 0.50	难燃性 0.50	难燃性 0.25
柱		不燃性 3.00	不燃性 2.50	不燃性 2.00	难燃性 0.50
梁		不燃性 2.00	不燃性 1.50	不燃性 1.00	难燃性 0.50
楼板		不燃性 1.50	不燃性 1.00	不燃性 0.50	可燃性
屋顶承重构件		不燃性 1.50	不燃性 1.00	可燃性 0.50	可燃性
疏散楼梯		不燃性 1.50	不燃性 1.00	不燃性 0.50	可燃性
吊顶（包括吊顶格栅）		不燃性 0.25	不燃性 0.25	难燃性 0.15	可燃性

注：1. 除《建筑设计防火规范》（GB 50016—2014）另有规定外，以木桩承重且墙体采用不燃材料的建筑，其耐火等级应按四级确定。

2. 住宅建筑构件的燃烧性能和耐火极限可按现行国家标准《住宅建筑规范》（GB 50368—2005）的规定执行。

民用建筑的耐火等级应根据其建筑高度、使用功能、重要性和火灾扑救难度确定，并应符合下列规定：

①地下和半地下建筑（室）和一类高层建筑的耐火等级不应低于一级。

②单层、多层重要公共建筑和二类高层建筑的耐火等级不应低于二级。

建筑高度大于100 m的民用建筑，其楼板的耐火极限不应低于2.00 h。一、二级耐火等级建筑的上人平屋顶，其屋面板的耐火极限分别不应低于1.50 h和1.00 h。

一、二级耐火等级建筑的屋面板应采用不燃材料，屋面防水层宜采用不燃、难燃材料。

二级耐火等级建筑内采用难燃性墙体的房间隔墙，其耐火极限不应低于 0.75 h；当房间的建筑面积不大于 100 m² 时，房间隔墙可采用耐火极限不低于 0.50 h 的难燃性墙体或耐火极限不低于 0.30 h 的不燃性墙体。

二级耐火等级多层住宅建筑采用预应力钢筋混凝土的楼板，其耐火极限不应低于 0.75 h。

二级耐火等级建筑内采用不燃材料的吊顶，其耐火极限不限。

三级耐火等级的医疗建筑、中小学校的教学建筑、老年人建筑及托儿所的儿童用房和儿童游乐厅等儿童活动场所的吊顶，应采用不燃材料；当必须采用难燃材料时，其耐火极限不应低于 0.25 h。当房间的建筑面积不大于 100 m² 时，房间隔墙可采用耐火极限不低于 0.50 h 的难燃性墙体或耐火极限不低于 0.30 h 的不燃性墙体。

二、三级耐火等级建筑内门厅、走道的吊顶应采用不燃材料。

建筑内预制钢筋混凝土构件的节点外露部位应采取防火保护措施，且节点的耐火极限不应低于相应构件的耐火极限。

7.5.2　民用建筑火灾危险性划分

(1)根据生产中使用或产生的物质性质及其数量等因素，将生产的火灾危险性划分为甲、乙、丙、丁、戊类，具体见表 7-4。

表 7-4　生产的火灾危险性划分

生产类别	火灾危险性特征
甲	使用或产生下列物质的生产： 1.闪点小于 28℃ 的液体； 2.爆炸下限小于 10% 的气体； 3.常温下能自行分解或在空气中氧化即能导致迅速自燃或爆炸的物质； 4.常温下受到水或空气中水蒸气的作用，能产生可燃气体并引起燃烧或爆炸的物质； 5.遇酸、受热、撞击、摩擦、催化以及遇有机物或硫黄等易燃的无机物，极易引起燃烧或爆炸的强氧化剂； 6.受撞击、摩擦或与氧化剂、有机物接触时能引起燃烧或爆炸的物质； 7.在密闭设备内操作温度等于或超过物质本身自燃点的生产
乙	使用或产生下列物质的生产： 1.闪点大于 28℃ 小于 60℃ 的液体； 2.爆炸下限大于等于 10% 的气体； 3.不属于甲类的氧化剂； 4.不属于甲类的化学易燃危险固体； 5.助燃气体； 6.能与空气形成爆炸性混合物的浮游状态的粉尘、纤维、闪点大于等于 60℃ 的液体雾滴
丙	1.闪点大于等于 60℃ 的液体； 2.可燃固体

续表7-4

生产类别	火灾危险性特征
丁	1. 对非燃烧物质进行加工，并在高温或熔化状态下经常产生强辐射热、火花或火焰的生产； 2. 利用气体、液体、固体作为燃料或将气体、液体进行燃烧作其他用的各种生产； 3. 常温下使用或加工难燃烧物质的生产
戊	常温下使用或加工非燃烧物质的生产

同一座厂房或厂房的任一防火分区内有不同火灾危险性生产时，该厂房或防火分区内的生产火灾危险性类别应按火灾危险性较大的部分确定；当生产过程中使用或产生易燃、可燃物的量较少，不足以构成爆炸或火灾危险时，可按实际情况确定其生产的火灾危险性类别；当符合下列条件之一时，可按火灾危险性较小的部分确定：

①火灾危险性较大的生产部分占本层或本防火分区面积的比例小于5%，或丁、戊类厂房内的油漆工段小于10%，且发生火灾事故时不足以蔓延到其他部位，或火灾危险性较大的生产部分采取了有效的防火措施。

②丁、戊类厂房内的油漆工段采用封闭喷漆工艺时，封闭喷漆空间内保持负压、油漆工段设置可燃气体自动报警系统或自动抑爆系统，且油漆工段占其所在防火分区面积的比例不大于20%。

储存物品的火灾危险性应根据储存物品的性质和储存物品中的可燃物数量等因素划分，可分为甲、乙、丙、丁、戊类，储存物品的火灾危险性分类见表7-5。

同一座仓库或仓库的任一防火分区内储存不同火灾危险性物品时，该仓库或防火分区的火灾危险性应按其中火灾危险性最大的类别确定。

(2)厂房和仓库的耐火等级可分为一、二、三、四级，其构件的燃烧性能和耐火极限除《建筑设计防火规范》(GB 50016—2014)另有规定外，不应低于表7-6的规定。

表7-5 储存物品的火灾危险性分类

储存物品的火灾危险性类别	储存物品的火灾危险性特征
甲	1. 闪点小于28℃的液体； 2. 爆炸下限小于10%的气体，以及受水或空气中水蒸气的作用能发生爆炸，且爆炸下限小于10%气体的固体物质； 3. 常温下能自行分解或在空气中氧化即能导致迅速自燃或爆炸的物质； 4. 常温下受到水或空气中水蒸气的作用，能产生可燃气体并引起燃烧或爆炸的物质； 5. 遇酸、受热、撞击、摩擦、催化以及遇有机物或硫黄等易燃的无机物，极易引起燃烧或爆炸的强氧化剂； 6. 受撞击、摩擦或与氧化剂、有机物接触时能引起燃烧或爆炸的物质

续表 7-5

储存物品的火灾危险性类别	储存物品的火灾危险性特征
乙	1. 闪点大于28℃小于60℃的液体； 2. 爆炸下限大于等于10%的气体； 3. 不属于甲类的氧化剂； 4. 不属于甲类的易燃危险固体； 5. 助燃气体； 6. 常温下与空气接触能缓慢氧化，积热不散引起自燃的物品
丙	1. 闪点大于等于60℃的液体； 2. 可燃固体
丁	难燃烧物品
戊	不燃烧物质

表 7-6 不同耐火等级厂房和仓库建筑构件的燃烧性能和耐火极限   单位：h

构件名称		耐火等级			
		一级	二级	三级	四级
墙	防火墙	不燃性 3.00	不燃性 3.00	不燃性 3.00	不燃性 3.00
	承重墙	不燃性 3.00	不燃性 2.50	不燃性 2.00	不燃性 0.50
	楼梯间和前室的墙 电梯井的墙	不燃性 2.00	不燃性 2.00	不燃性 1.50	难燃性 0.50
	疏散走道两侧的隔墙	不燃性 1.00	不燃性 1.00	不燃性 0.50	难燃性 0.25
	非承重外墙 房间隔墙	不燃性 0.75	不燃性 0.50	难燃性 0.50	难燃性 0.25
柱		不燃性 3.00	不燃性 2.50	不燃性 2.00	难燃性 0.50
梁		不燃性 2.00	不燃性 1.50	不燃性 1.00	难燃性 0.50
楼板		不燃性 1.50	不燃性 1.00	不燃性 0.75	难燃性 0.50
屋顶承重构件		不燃性 1.50	不燃性 1.00	可燃性 0.50	可燃性

续表 7-6

构件名称	耐火等级			
	一级	二级	三级	四级
疏散楼梯	不燃性 1.50	不燃性 1.00	不燃性 0.75	可燃性
吊顶(包括吊顶格栅)	不燃性 0.25	不燃性 0.25	难燃性 0.15	可燃性

7.6 建筑施工现场火灾危险性分析

"施工现场"顾名思义,属于在建的、未完工的建筑现场。所以,施工现场的火灾危险性与一般居民住宅、厂矿、企事业单位的有所不同。由于尚未完工,尚处于施工期间,正式的消防设施,诸如消火栓系统、自动喷水灭火系统、火灾自动报警系统均未投入使用,建筑防火性能相对较弱,且施工现场人员众多,存在大量的施工材料,其中部分具有可燃性,都一定程度上增加了施工现场的火灾危险性。因此,准确认识建筑施工现场火灾特点、及时有效地辨别施工现场的火灾危险性对于完善施工消防安全管理、保障施工安全有序进行具有重要意义。

7.6.1 建筑施工现场火灾特点分析

从大量的施工现场火灾案例中寻找共性,可以发现以下特点:

(1)在建建筑烟气蔓延的途径多、速度快。

类似高层在建工程随着高度的攀升,预留了电梯井、管道井、楼梯间、排烟道等大大小小很多洞口和竖向管井,在火灾发生的时候因为烟囱效应的作用,将加快火及烟气的流动,同时此时的建筑内部缺少必备的防火和隔烟设施,门窗都未安装,使得在建高层内外透风,建筑越高,风速越大,氧气的供给更充足,会在内外风力的影响下加剧火灾的蔓延。

(2)在建工地现场情况复杂,疏散难度大。

由于多数工地施工方式复杂,劳务队多,难以有效控制,建筑内部的楼梯没有扶手,各楼层空洞较多,墙上及楼面上的不平整突出物件多,内部物品摆放凌乱,很容易使得人员在疏散的过程中摔倒受伤,影响疏散的速度。

(3)消防设施不完善,灭火扑救难度较大。

在云梯无法上升的情况下和其不能到达的位置(一般为 50 m 以上),建筑施工现场内的自救就会显得非常重要。但是,在建的建筑现场建筑内部的消防灭火和救助设施是不完善的,例如消防设施未建立或消防水压不足,都不能保证及时灭火,而且高层扑救消防员"全副武装"攀登会非常消耗体力,并且会与疏散人员产生逆流,这都会影响对人群进行施救。

（4）不确定因素多，造成人员伤亡率高。

建筑工地现场人员逃生指示不明、障碍物较多，施工人员在发生火灾的时候急于逃生，都会增加逃生过程的伤亡概率，而且火灾燃烧会造成防护网、保温材料等外墙面物件脱落，从而引发砸伤现象，增加施工现场人员在逃生过程中的伤亡概率。

（5）建筑材料堆放及管理不够严格。

施工现场的临时性建筑、木模板、油漆、保温材料和其他装饰装修材料都很容易成为火灾原料，一旦发生火灾，因为门窗没有封闭、上下贯通、建筑内部堆积大量可燃建筑材料，无论火源的位置在楼内还是楼外，都能引燃建筑物外部的可燃物，使火灾在上、下、外部迅速蔓延。上部可燃物燃烧的碎片具有很高的温度，甚至带有火焰，如果飘落到地面，还会引燃下面的可燃物，造成连锁反应，使得火势扩大。

（6）用火较多，情况复杂，临时用电线路，火源较多。

施工现场存放可燃物，施工期间需要进行电气焊等明火作业，极易产生火花引起火灾。施工现场临时电气线路纵横交错、不正规、用电量大，线路的连接和配电箱的安装不规范，易发生漏电，产生电火花引燃附近可燃物，引起火灾。

（7）结构保护不健全，安全性薄弱。

现在很多大型建筑采用钢结构或网架结构，施工期间往往未对结构进行防火保护，在建筑火灾因风速的有利因素而蔓延速度快时，很快会导致其结构的严重破坏，如果发生火灾，后果将无法挽回。

7.6.2 施工现场火灾危险源辨识

施工现场的火灾危险源总体上分为第一类火灾危险源和第二类火灾危险源。第一类火灾危险源是能量源或拥有能量的载体；第二类火灾危险源是指导致约束和限制能量释放、屏蔽能量的措施失效的各种不安全因素。

1. 第一类火灾危险源

第一类火灾危险源是指能量源或拥有能量的载体。笔者认为有必要对施工现场各功能区的可燃材料进行收集和罗列，见表7-7。

表7-7 施工现场功能区可燃材料列表

功能区域	火灾危险源
门房	房屋结构材料、桌椅板凳、床、被褥床单、纸本
安装材料堆放、加工区	电缆、导线、电话线、插座盒、开关盒、防水卷材、保温板、加工器械
砌体堆放区	无
直条堆场、圆盘堆场、钢筋棚、成品堆放区	彩钢板、电焊机、调直机、切割机、弯曲机、变压器、氧气罐、乙炔罐、电线
周转材料堆放区	竹木模板、其他可燃周转材料

续表7-7

功能区域	火灾危险源
配电房	电线、电气设备、配电箱
标养室	烘箱
现场材料库房	电线、电缆、塑料盖布、保温棉絮、汽油、柴油、机械油、油漆、手套、密目网、雨鞋、油毡
木方、竹胶板堆放区，成品及加工区	木料、刨花、锯末、电动机、砂轮机
水电料场	生料带、电线
泵房	电线、灯
项目办公室(办公室、资料室)	桌椅凳、沙发、纸、吊顶材料、电线、电脑、灯具、结构彩钢板
垃圾库	废竹木材、装饰装修废料、废包装材料、遗弃的生活用品、其他可燃废料
厨房	天然气、煤气罐、厨具、电线、灯具、食用油、剩菜剩饭、地沟油
员工宿舍	床板、桌椅、灯具、被褥床单、纸、电脑、结构彩钢板、电源、电线、衣物、未熄灭烟头
施工作业层	施工设备、电线、灯、木模板、外墙保温材料、密目网、油漆、未熄灭烟头
非施工层	密目网、堆放的建筑材料(木模板、保温材料等)、未熄灭烟头

2. 第二类火灾危险源

第二类火灾危险源是指导致约束和限制能量释放、屏蔽能量的措施失效的各种不安全因素。田水承提出的第三类危险源是前两类，尤其是第二类危险源的深层次原因。以下主要从人、物、环境、组织管理方面考虑影响能量释放、导致火灾事故发生的因素。

1)人的失误

(1)用火不慎。

施工现场的明火作业非常多，例如电焊、气焊、生活用火、爆破作业等。如果在明火作业的时候，操作人员缺少防火意识，违规操作，就会引燃周围的可燃物质，形成火灾。

案例中常发生的有未按照技术操作规程的要求作业，入场使用大量可燃、易燃材料但没有进行防火阻燃处理，在明火作业(如烘烤衣物、电焊、气焊等)时与其他工种(如油漆、木门窗安装等)交叉作业，明火作业未办理动火审批等。

分析用火不慎因素，我们发现它与施工现场场景有着相对应的关系，见图7-2。

人的失误主要以人在施工现场的活动和动火为特征，这种火灾事故的发生主要集中在工地生活区违规用火和施工作业现场违规动火。

图7-2　用火不慎与施工现场场景的关系

（2）用电不慎。

施工现场大多数设施都是临时搭建的，很多线路也是为了方便施工临时布设的，所以整体电气线路的布置纵横交错，而用电的施工工人有许多做法都存在隐患，如超负荷用电、离开时不及时拔掉电源插头或断电、为方便施工乱拉电线电缆，这些行为产生的电火花都会引燃附近的可燃物，导致火灾。用电火灾在施工现场火灾中占有非常大的比重，生活区、办公区、施工作业区、库房、配电室等这些重点区域都不同程度地和电的使用发生关联，也为用电起火埋下了隐患。

（3）吸烟。

建筑工地现场的施工人员男性占了非常大的比例，而多数人都有吸烟的习惯，在作业间隙抽烟，使得烟头乱丢，如果烟头未彻底熄灭仍带有火星，就很有可能引燃未知的可燃物。

吸烟导致的火灾和男性作业人员的活动范围有明显的相关性，因此有必要对男性务工人员的活动区域进行分析，为吸烟男性提供较方便的吸烟环境，并对此区域之外的吸烟行为严格约束控制。

（4）人为纵火。

从前面收集的火灾案例来看，人为纵火不容忽视，虽然从总量上来看人为纵火占的比例很小，但是我们将火灾分级后会发现，人为纵火在较大和重大火灾事故中占的比例明显上升，说明带有破坏目的的人为纵火极易引发大型的火灾，造成群死群伤事件。

人为纵火虽然占施工现场火灾发生起数的比例很小，但是对火灾损失程度进行分类，可以明显看到其占比的提升。这就说明人为纵火这种有目的性的火灾往往会造成巨大的损失。有必要在容易引起重大人员财产损失的功能区，进行人员进入管控，例如：易燃可燃物库房、危险易爆品库房、生活区夜间等。

2）物的故障

（1）材料的堆放布置不适当。

重点是堆放材料的位置选址不理想，有较多易燃易爆材料的仓库安全性不足，易燃材料选址与可能动火的火源距离不够，以及汽油、柴油和油漆等易燃易爆物在使用后没有收集而胡乱堆放。建筑工地的脚手架多采用可燃的竹篱笆、防尘安全网多采用可燃的尼龙网，在外墙的保温装修、广告装修中，有大量的可燃泡沫材料和三夹板、塑料扣板，这些材料均架在空中，与空气的比表面积大，易引发火灾，并迅速蔓延形成大面积的立体燃烧，难以扑救。这些高空火灾一旦形成，飞火及火星能迅速向邻近建筑飘散，引燃相邻建筑。

平面布置要求没有满足，易燃危险物品使用管理不当都会成为火灾发生的重大隐患。

（2）消防设备不满足要求。

施工现场如未按照规定要求配置消防设施，或配置数量不足，或长期未检查和更换失效的消防设备，在火灾发生的时候都是安全隐患。消防能力与施工进度或施工现场情况不匹配，不能及时控制火情会造成更大的损失。几大功能区域都需要配置消防设备，尤其是室内和室外消防设备的配置进度要跟上高层在建工程的进度。

3）环境影响

（1）大风。

大风天气下进行动火作业时，风会将电火花或带有火星的火源四处乱吹，接触可燃物引起火灾。大风环境需要特别关注施工区的动火作业火灾安全。

（2）雷击。

雷击也是不容忽视的起火原因，在火灾案例原因分析中占有一定的比例。雷击会使运行中的电气设备和线路烧毁，造成击穿现象，发生短路，导致火灾。雷击致火虽然概率不高，但是对配电室和发电机房的防雷设施防火安全是非常有必要的。

（3）静电。

在施工作业过程中因摩擦、静电感应等产生的静电长期积累，到一定程度就会放电，放电的火花也会引发火灾。静电经常不被施工各方重视，但必须在易燃易爆物品库得到重视，这种随时间危险性增长的危险源是符合施工现场长周期作业特点的。

4）组织管理因素

（1）组织制度。

制度健全是防范火灾发生的必要手段之一，也是反映一个组织管理成熟度的标志。大量的火灾案例都不同程度地反映出项目部组织制度的不健全，管理团队对组织制度的建立不够重视。施工单位的组织结构、权力与责任的明确、安全责任人等都需要从制度层面落实。

（2）组织文化。

组织文化根植于项目管理团队，且大多数由项目经理个人的能力决定。劳务工人的高流动性使得组织文化难以长期保持稳定，但是项目方的经理全权负责制保证了项目经理对组织文化的强大影响力。从大量的施工现场调研来看，大型正规施工单位对安全文化的认识比较明确，在生产作业时较多的工人能自觉保持，整体给人井然有序的安全氛围，而部分缺少文化层面宣传的企业，则略显自由散漫，难以给人安全感。

（3）教育培训。

三级教育在施工现场有较为普遍的落实，但是教育结果难以保证。有不少施工单位存在走过场的形式主义培训行为，使得教育培训的质量不高，这样就失去了教育培训的初衷。事实也证明，一个好的安全负责人对整个项目的影响是非常大的。

例如：有私有施工企业高薪选用资深的安全技术人员担任项目的安全负责人，他们在安全管理方面的权力等同于项目经理，并可以直接向私企老板汇报。该项措施使得该项目的安全性明显高于其他项目现场。

从大量的火灾案例来看，管理混乱、制度不健全、教育不到位等都是发生火灾的施工现场的常态。

7.6.3 建筑外保温材料火灾危险性分析

为了促进建筑节能，我国于1986年开始对建筑外墙保温材料进行推广，2004年之前，北京、天津等地已经完成了相应外墙保温材料的节能改造，但是《外墙外保温工程技术规程》（JGJ 144—2004）并未对保温材料的防火要求作出明确规定。2009年9月，住房和城乡建设部与公安部联合发布了《民用建筑外保温系统及外墙装饰防火暂行规定》（公通字〔2009〕46号），规定民用建筑外保温材料的燃烧性能宜为A级，不应低于B_2级。居住建筑高度达到100 m及以上、公共建筑高度达到50 m及以上、幕墙式建筑高度达到24 m及以上的，保温材料的燃烧性能等级应为A级。《关于进一步明确民用建筑外保温材料消防监督管理有关要求的通知》（公消〔2011〕65号）规定，在新标准发布前，民用建筑外保温材料应采用燃烧性能为A级的不燃材料。在消防安全管理方面，规定民用建筑的外墙保温材料的使用、施工等应在建筑消防的设计审核、验收及抽查范围内，并将保温材料的燃烧性能纳入审核和验收范围。2015年发布的《建筑设计防火规范》（GB 50016—2014）中补充了建筑保温系统的防火要求，规定100 m以上的超高层住宅必须全部采用A级不燃外墙保温材料，27～100 m的高层住宅所采用的外墙保温材料不低于B_1级。建筑材料及制品的燃烧性能等级见表7-8。

表7-8　建筑材料及制品的燃烧性能等级

燃烧性能等级	名称
A	不燃材料（制品）
B_1	难燃材料（制品）
B_2	可燃材料（制品）
B_3	易燃材料（制品）

从日常的消防安全管理实践中可以发现，一些地方存在相关规定执行不力等问题，导致大量高层建筑的外保温材料存在火灾风险，已确定采用易燃、可燃外保温材料的高层建筑，受改造规模大、投入经费多、施工周期长、社会影响广等因素影响，整治难度较大，给高层建筑火灾风险防范带来了一定影响。

1. 外保温材料的燃烧特性

建筑行业对保温材料的基本要求为：导热系数不宜大于0.17 W/(m·K)，表观密度应小于1000 kg/m³，抗压强度应大于0.3 MPa。我国目前使用的保温材料主要包括三大类：以岩棉、玻璃棉、膨胀玻化微珠保温浆料为主的无机保温材料，以胶粉聚苯颗粒保温砂浆为主的有机无机复合保温材料和以聚苯乙烯泡沫（PS）和聚氨酯泡沫（PU）为主的有机保温材料。三类保温材料的性能比较见表7-9。

表 7-9　三类保温材料的性能比较

材料类别	主要代表成分	性能
无机保温材料	岩棉、玻璃棉、膨胀玻化微珠保温浆料	表观密度大，导热系数大，保温性能差，防火性能好，都能达到 A 级
有机无机复合保温材料	胶粉聚苯颗粒保温砂浆	兼具良好的防火性能和保温性能
有机保温材料	聚苯乙烯泡沫、聚氨酯泡沫	导热系数小、保温隔热效果好，防火性能仅达到 B 级，非阻燃材料易燃烧

外保温材料按燃烧特性可分为以下三类：

（1）无机保温材料。包括岩棉、泡沫混凝土、泡沫玻璃等，见图 7-3。燃烧性能等级达 A 级，为不燃材料，由于多数无机保温材料导热系数大、吸水率高、柔韧性差、生产能耗大，安装施工相对困难，在高层建筑中实际应用较少。

(a) 岩棉　　　　　　　　(b) 泡沫混凝土　　　　　　　　(c) 泡沫玻璃

图 7-3　无机保温材料

（2）有机无机复合保温材料。多数产品可以达到 A 级，做成不燃材料，也可根据组分调节，达到 B₁ 级以上。A 级材料存在类似无机保温材料的缺点，且施工、使用过程中真空系统易遭到破坏，随着使用年限的增长，防火性能降低，火灾危险性增大。

（3）有机保温材料。有机保温材料包括两种：热塑性有机保温材料，如可发性聚苯乙烯板（expanded polystyrene board，EPS 板）、挤塑聚苯乙烯泡沫板（extruded polystyrene board，XPS 板），见图 7-4，这种材料在火焰作用下熔滴明显，甚至带火滴落；热固性有机保温材料，如聚氨酯（polyurethane，PU）、聚异三聚氰酸酯（polyisocyanurate，PIR）、聚氨酯泡沫（polyurethane foam，PF），见图 7-5，这种材料燃烧时无熔滴，但烟气毒性较大，还可能出现阴燃现象。未进行阻燃处理的有机保温材料绝大多数为易燃材料，在空气环境里极易被引燃，火焰沿外墙快速蔓延并形成立体火灾，经过阻燃处理的制品一般为 B₁、B₂ 级。有机保温材料燃烧通常会产生甲苯、苯乙烯，含胺类化合物、苯环、CO 及低分子酚类物质，且热值大。

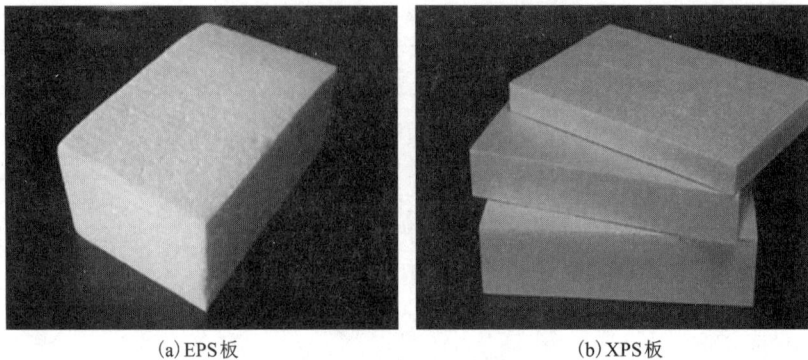

(a) EPS板　　　　　　　　　(b) XPS板

图7-4　热塑性有机保温材料

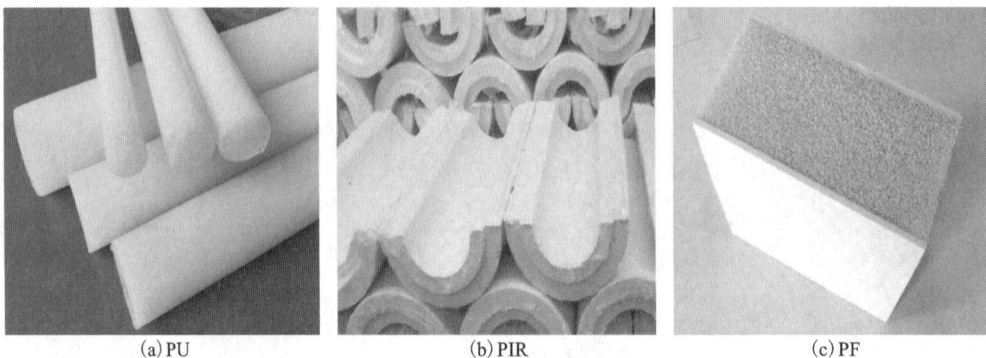

(a) PU　　　　　　(b) PIR　　　　　　(c) PF

图7-5　热固性有机保温材料

2. 外保温材料的火灾危险性分析

有机保温材料因保温性能优良、施工便利等优势在我国保温市场获得较高占有率。但有机保温材料的可燃性使材料自身的防火安全性低，容易发生火灾，不仅会造成火灾的大规模蔓延，还提高了火焰的燃烧强度，其产生的大量高温、有毒烟气也对人员疏散和火灾扑救造成严重危害。

外保温材料的火灾危险性主要表现为：

（1）构造施工形式导致火灾隐患多。外墙保温材料的燃烧性能、使用年限等因素对燃烧速度有直接影响。贴墙式外立面保温材料在火灾状态下，保温材料附属结构发生受热变形或折断现象，从而导致外墙瓷砖坠落；保温材料表面的无机砂浆脱落后，使得可燃物大面积暴露，会很快引燃保温材料。悬挂式外保温材料发生燃烧时，易形成大面积燃烧或坠落。例如，2014年4月21日，辽宁省大连市发生了一起高层公寓火灾事故，其保温材料发生燃烧，导致楼体南侧3层至34层外墙几乎全部烧毁。经调查，事故原因是工人使用电焊切割广告牌引燃了可燃物，进而引发火灾。

（2）火势蔓延途径多样，发展快。高层建筑外立面的保温材料和装饰板着火后，蔓延迅速，易形成立体燃烧：外部通过外立面的保温材料和装饰板形成"由下而上"跳跃式、"由上而下"落幕式、"由点到面"扩散式的纵向蔓延；内外通过窗户形成"由外而内"突破式横向蔓延。例如，2021 年 8 月 27 日，辽宁省大连市某大厦发生火灾，事故原因为电动车充电过程中插头与插座接触不良导致局部发热，周围木质衣柜等可燃物在高温作用下起火燃烧，引发火灾，火势在突破窗口后引燃外幕墙的铝塑板和保温材料，造成火势蔓延扩大。

聚苯乙烯常用作彩钢夹芯板的芯材，彩钢夹芯板是由上下两层成型金属面板和直接在面板中发泡、熟化成型的高分子隔热内芯压制而成，具有安装简便、轻质高效的特点，是当前建筑材料中最常见的一种产品，不仅能够很好地隔热隔音，而且非常环保高效。目前，其广泛用于大型厂房、仓库、体育馆、超市、医院、冷库、活动房、建筑物加层、洁净车间等诸多场所。

但由于彩钢夹芯板建筑大多具有临时性的特点，建设方极易忽视消防安全要求，采用低成本的泡沫类彩钢夹芯板作为建筑的墙面、隔断和顶棚材料，一旦发生火灾，将会产生大量的浓烟和有毒有害气体，火势蔓延迅速，结构瞬间垮塌，容易造成人员伤亡和财产损失。而聚苯乙烯彩钢夹芯板的主要芯材泡沫塑料属于热塑性塑料的一种，在高温炙烤下，会产生熔化和燃烧液滴，呈液态垂直滴落或水平流动，不仅影响人员安全疏散和灭火工作的开展，而且熔滴物四处流散，进一步加快火势蔓延。另外，彩钢夹芯板内的泡沫塑料板材自身的蜂窝状多孔特殊结构，决定了其与空气的接触面积大，一旦着火，极易在强对流的作用下，使火势迅猛发展，形成大面积燃烧。相关资料显示，500 kg 的聚氨酯泡沫和聚苯乙烯堆积后引燃，灭火工作尚未展开、水枪尚未出水，着火物就已燃烧殆尽，可见其燃烧速度之迅猛。

（3）火灾现场复杂多变，威胁大。保温材料燃烧会迅速消耗建筑内的氧气并大量产生一氧化碳、氰化氢等有毒有害气体，对建筑内的被困人员以及救援人员的生命安全造成严重威胁。泡沫塑料燃烧时，除产生一氧化碳以外，根据其化学成分的不同，产生不同的毒害气体，这些气体与一氧化碳的混合物毒性更大。含碳、氢或碳氢类泡沫塑料，燃烧时产生大量有毒气体一氧化碳；酚醛类泡沫塑料燃烧冒出的烟气中，能放出毒性极强的酚蒸气；含氮类的塑料三聚氰胺甲醛和聚氨酯等燃烧时，能产生一氧化碳、氧化氮等有毒气体以及剧毒气体氰化氢；含氯的泡沫塑料聚氯乙烯燃烧会产生氯化氢；聚苯乙烯塑料燃烧会释放出微量的苯类，含氟的塑料聚四氟乙烯经充分燃烧会产生氟化氢气体。这些气体都具有较强的腐蚀性、毒害性。

保温材料燃烧的同时还会产生大量浓烟，遮蔽逃生人员及救援人员的视线。根据对火灾事故中人员伤亡情况的分析，90%以上的人员伤亡是由火灾中聚苯乙烯（EPS）、聚氨酯泡沫（PU）和挤塑泡沫（XPS）等材料在燃烧过程中释放出大量的浓烟所导致的。如 EPS、XPS、PU 等泡沫塑料板材，在工艺过程中，为提高阻燃性能，要加入一定量的阻燃剂甲基磷酸二甲酯（DMMP），虽然氧指数增高有一定的阻燃效果，但由于 DMMP 含磷量高达 25%，这些泡沫塑料燃烧加快、产烟量增大。

同时，高空坠落的外立面瓷砖、装饰板等严重影响被困群众和灭火救援人员的安全。燃烧掉落物易造成建筑卜方可燃堆积物、停靠车辆燃烧，飞火还可能形成新的火点。例如，2010 年 11 月 15 日，上海市胶州路一高层公寓发生火灾，事故的直接原因是施工人员实施电焊作业过程中，电焊的高温颗粒迸溅到保温材料碎屑上，引燃了聚氨酯泡沫，造成火灾大面积蔓延。

（4）灭火工作技战术运用受限，扑救难。保温或装饰材料燃烧速度快，彩钢夹芯板一般以轻钢 H 型钢、槽钢为骨架，以夹芯板为墙壁隔断板材，其承重结构大多为钢结构。在火灾情况下，彩钢夹芯板具有良好的保温作用，致使板房建筑物内部易形成高温高热效应，以轻钢为主的承重结构强度会迅速下降。如果没有对这些钢结构和彩钢夹芯板表面进行防火阻燃处理，或防火隔热保护措施不到位，金属材料受高温影响，支撑强度会迅速衰减并发生弯曲变形，极易造成整体建筑垮塌。根据相关测试，在全负荷情况下，使彩钢夹芯板房失去静态平衡稳定性的临界温度 500℃ 左右，在火场温度高达 800℃ 的情况下，裸露的彩钢夹芯板房会在短时间内发生变形，产生局部破坏，造成彩钢夹芯板房整体垮塌。普通彩钢夹芯板厂房一般在火灾发生 10 min 左右就会丧失承重能力，在消防力量到场前可能已经形成立体燃烧，且举高消防车的使用受作业地点和高度限制，高层建筑外立面高位发生火灾时难以实施外部进攻。保温材料设有空腔或发生内部阴燃时，灭火药剂难以发挥作用。同时，受建筑高度限制，灭火药剂也难以有效、快速供给。例如，2015 年 12 月 31 日，迪拜哈利法塔附近的高层建筑阿德里斯酒店突发大火，火灾现场的火焰高度达到 300 m，且燃烧碎片不断从楼面上掉落，给扑救工作带来极大危险。

7.7 施工现场防火管理

7.7.1 总平面布局

以某施工现场布局为例(图 7-6)，分析施工现场防火的重要性。

图 7-6 施工场地平面图

从图 7-6 可看出，该工地存在很大的安全隐患，主要有：

(1)虽然有两个安全出口，但两个安全出口的距离太近，无法保证人员向不同方向疏散；

(2)材料乱堆乱放、仓库乱设，不利于统一管理；

(3)职工宿舍、厨房、食堂设置在仓库和堆场之间，容易引发火灾；

(4)没有消防设施和消防水源；

(5)办公区和职工宿舍距离安全出口较远。

施工现场应根据地形、周围环境及常年主导风向等进行布局，合理确定临时用房、临时设施、消防车道、消防救援场地及消防水源的分布位置。施工现场出入口应布置在不同方向，数量不宜少于两个并满足消防车通行的要求，当确有困难时，可设置环形消防通道。施工现场临时办公、生活、生产、物料存储等功能区应相对独立布置，防火间距应满足表 7-10 的要求。

表 7-10　施工现场主要临时用房、临时设施的防火间距

部门	防火间距/m
办公用房、宿舍	4
发电机房、变配电房	4
可燃材料库房	5
厨房操作间、锅炉房	5
可燃材料堆场及加工场	7
固定动火作业区	7
易燃易爆危险品库房	10

易燃易爆危险品库房应独立集中设置，远离生活办公区、明火作业区、建筑物集中区，与在建工程的防火间距不应小于 15 m，架空电线下不应设置易燃易爆危险品库房和可燃材料堆场。固定动火作业区与在建工程的防火间距不应小于 10 m，并应布置在施工场所全年最小频率风向的上风侧，以防火星飞溅到易燃易爆危险品库房、可燃材料堆场、办公生活区等，引起火灾。为保证施工现场火灾得到及时扑救，应按照一定标准设置临时消防车道。临时消防车道与在建工程主体、各种临时建筑、可燃材料堆场及加工区的距离不宜小于 5 m，且不宜大于 40 m，车道的净宽度和净高度不应小于 4 m，临时消防车道右侧应设置消防车行进路线指示标志，车道的路面、路基及下部设施应能承受大型消防车通行及荷载压力。临时消防车道应设置成环形，如确有困难，可在车道尽端设置尺寸不小于 12 m×12 m 的回车场。

根据以上阐述的防火布局要求，该工地的现场平面图应如图 7-7 所示进行设置。

图 7-7　调整后的施工现场平面图

7.7.2 临时用房防火

为保证火灾发生时的人员疏散逃生时间，临时用房之间、作业场所等处应设置安全疏散逃生通道，宿舍、办公用房的建筑构件燃烧性能等级应为 A 级。当采用金属夹芯板材时，其芯材的燃烧性能等级应为 A 级，建筑层数不应超过 3 层，每层建筑面积不应大于 300 m^2，当层数为 3 层或每层建筑面积大于 200 m^2 时，应设置至少 2 部疏散楼梯，且宽度不小于疏散通道的净宽度。房间疏散门至疏散楼梯的最大距离不应大于 25 m。临时宿舍、办公用房单面布置时，疏散通道的净宽度不应小于 1.0 m，双面布置时，疏散通道的净宽度不应小于 1.5 m。施工人员临时宿舍是工地火灾隐患相对较多的场所，除了要加强日常管理外，在防火设计方面要严格按标准进行，每个房间的最大面积不应超过 30 m^2，其他功能房间建筑面积不宜大于 100 m^2，房间内任一点距离最近的疏散门不超过 15 m，房门净宽度不小于 0.8 m，除宿舍以外的房间面积如超过 50 m^2，房门的净宽度不应小于 1 m。

施工工地的临时用房很多，又受到现场条件的制约，为满足节约成本和安全防火的双重要求，可以在采用不燃材料进行分隔后，将某些不同功能的临时用房组合建造，如发电机房和变配电房、厨房操作间和锅炉房、文化娱乐室和办公用房、餐厅与办公用房或宿舍等，并按等级较高的临时用房的标准进行防火设计。

7.7.3 在建工程临时疏散设施

由于用火用电较多和普遍存在违章违规作业现象，在建工程是施工现场最易发生火灾并造成重大人员伤亡和财产损失的场所。为保证人员及时、有序、安全撤离，并避免拥挤、踩踏、坍塌等次生灾害，在建工程应按一定要求设置满足通行、承载、耐火等功能要求的临时疏散通道。临时疏散通道应与在建工程结构施工同步设置，也可利用施工完毕的水平结构和楼梯；临时疏散通道的耐火极限不应低于 0.5 h，地面上的临时疏散通道净宽度不应小于 1.5 m，利用施工完毕的水平结构和楼梯作疏散通道时净宽度不应小于 1.0 m，用于疏散的爬梯和脚手架上的疏散通道净宽度不应小于 0.6 m。当疏散通道的坡度大于 25°时，应修建楼梯、台阶或设置防滑条。临时疏散通道如临空设置，应在临空面设置高度不低于 1.2 m 的防护栏杆。为方便疏散，临时疏散通道还应设置疏散指示标志和照明设施。

施工场地的脚手架、支撑架应采用不燃或难燃材料搭设，修建高层建筑或既有建筑外墙改造时，临时疏散通道应采用阻燃型安全防护网。

7.8 施工消防安全管理

7.8.1 消防安全管理性质

"消防"是预防及扑救火灾的总称，它的主要任务是同火灾作斗争。消防又是一门综合性的学科，是专门研究如何控制火灾危害的科学。

消防安全管理是人们在同火灾作斗争的过程中，逐步形成和发展起来的一项专门工作，具有社会安全保障的性质。在我国，消防管理是保护公民生命财产安全、保卫社会主义现代化建设的一项重要工作,是公安工作的一个组成部分。

《中华人民共和国消防法》第三条规定:"国务院领导全国的消防工作,地方各级人民政府负责本行政区域内的消防工作。各级人民政府应当将消防工作纳入国民经济和社会发展计划,保障消防工作与经济社会发展相适应。"第四条规定:"国务院应急管理部门对全国的消防工作实施监督管理。县级以上地方人民政府应急管理部门对本行政区域内的消防工作实施监督管理,并由本级人民政府消防救援机构负责实施。军事设施的消防工作,由其主管单位监督管理,消防救援机构协助;矿井地下部分、核电厂、海上石油天然气设施的消防工作,由其主管单位监督管理。县级以上人民政府其他有关部门在各自的职责范围内,依照本法和其他相关法律、法规的规定做好消防工作。法律、行政法规对森林、草原的消防工作另有规定的,从其规定。"第五条规定:"任何单位和个人都有维护消防安全、保护消防设施、预防火灾、报告火警的义务。任何单位和成年人都有参加有组织的灭火工作的义务。"《机关、团体、企业、事业单位消防安全管理规定》第三条规定:"单位应当遵守消防法律、法规、规章,贯彻预防为主、防消结合的消防工作方针,履行消防安全职责,保障消防安全。"

随着我国市场经济体制的不断完善,社会经济发展很快。生产迅速发展,物资大量集中,人口流动频繁,基建任务繁重,重点工程项目的建设,旅游事业的发展,高层建筑的兴建以及生产企业的发展,对消防安全管理工作提出了许多新的要求。

(1)在国民经济、社会生活中占有重要地位并且容易发生火灾、爆炸事故的部门和单位不断增多,一旦发生火灾,不仅会造成财产损失,而且会导致大批人员伤亡。

(2)小规模集体企业和个体企业增多。有些企业不仅房屋简陋,而且是房外接房、屋内搭屋,生产、经营场地狭小,承租、转租等管理混乱,难以落实防火责任制,火灾隐患难以消除。任何火灾隐患都可能酿成火灾。

(3)物质财富增多。由于生产发展,仓库不能满足需要,往往超过标准贮存量,导致库内堆垛高、大、宽,道路堵塞,隐患增多。

(4)商厦高层化,灭火及应急疏散预案不易普及和落实,一旦发生火灾,扑救火灾、疏散、排烟、救护等工作开展困难,导致大量人员伤亡。

(5)家用电器增多,煤气、液化气、石油气使用普遍,而消防知识却不普及,存在火灾隐患。

(6)由于企业调整、转产以及合并频繁,消防管理措施的执行容易出现空隙,火灾隐患增加,火情不断出现,甚至还会有被犯罪分了利用的可能。

面对以上情况,消防安全管理工作应从全局出发,着眼于战略性的火灾预防,不同地区、不同部门应根据保障社会主义现代化建设的客观要求及消防安全管理工作的特点,对那些在国民经济中占有重要地位或者容易发生火灾的部门和单位,强化管理,消除隐患,保证万无一失。如果消防安全管理跟不上,国家重点企业或重点建设项目　且发生火灾,就会影响各个方面的工作,直接影响经济建设进程。对于消防安全管理工作面临的这些新情况及新问题,必须进行全面调查,提出相应措施,使消防安全管理能够尽快适应新形势发展的需要。

机关、团体、企业以及事业单位是组成社会的基本单元,其在消防安全管理工作中的主体地位、作用是各级政府及消防监督部门无法替代的。只有社会各个单位切实履行消防安全职责,落实消防安全管理措施,才能有效地预防和遏制火灾事故的发生。《中华人民共和国消防法》第十六条对机关、团体、企业、事业单位的消防安全职责和有关的消防安全管理工作做了规定，但操作性不强，许多单位在具体执行过程中很难全面贯彻落实。特别是我国正处在社会转型、经济转轨、企业结构改制的高速过程中，经济成分、经营方式趋于多元化，大量涌现出各类企业，单位内部的消防安全管理工作十分薄弱，致使诱发火灾的因素相应增多，重大、特大火灾事故时有发生。因此，《机关、团体、企业、事业单位消防安全管理规定》第三条规定："单位应当遵守消防法律、法规、规章，贯彻预防为主、防消结合的消防工作方针，履行消防安全职责，保障消防安全。"只有认真贯彻《机关、团体、企业、事业单位消防安全管理规定》，依靠单位逐步健全消防安全管理组织，依靠他们进行防火安全检查，及时消除火灾隐患，扑救初期火灾，才能使消防安全社会化的进程进一步加快。

7.8.2　消防安全管理的任务

在社会主义建设的新时期，消防安全管理的总任务，就是要依据社会主义经济发展规律和新时期经济建设的新情况及新特点，适应市场经济发展来决定消防管理的总目标，坚持"预防为主、防消结合"的方针，通过各级党政领导，充分发动群众，进行严格管理、科学管理、依法管理，更有效地防止和减少火灾危害，保卫社会主义现代化建设及公民生命财产的安全。

《中华人民共和国消防法》第一条规定："为了预防火灾和减少火灾危害，加强应急救援工作，保护人身、财产安全，维护公共安全，制定本法。"《机关、团体、企业、事业单位消防安全管理规定》第一条规定："为了加强和规范机关、团体、企业、事业单位的消防安全管理，预防火灾和减少火灾危害，根据《中华人民共和国消防法》，制定本规定。"

具体地说，消防安全管理的任务如下：

（1）贯彻"预防为主、防消结合"的方针，坚持专门机关和群众相结合的原则，实行防火安全责任制。

（2）建立健全各级消防安全管理机构，选择、考核以及培养各种消防安全管理人员。

（3）制订消防安全管理计划，选择并决定近期或者远期的消防安全管理目标。

（4）开展消防宣传教育，普及消防安全管理知识，动员职工群众参加消防安全管理活动。

（5）研究如何利用最少的人力、财力、物力、时间，采取现代化的科学方法，为单位提供最佳消防安全环境。

（6）建立健全消防安全管理规章制度，实行规范管理、从严管理。

（7）加强对消防安全事务的监督、检查、控制以及协调工作。

（8）对在消防工作中有突出贡献或成绩显著的单位及个人予以奖励。

7.8.3　消防安全管理制度建设

1.消防安全管理职责

1）消防安全领导小组职责

（1）在公司各级防火责任人领导下，把工地的防火工作纳入生产管理中，做到生产计划、布置、检查、总结、评比"五同时"。

（2）负责工地的防火教育工作，普及消防知识，保证各项防火安全制度的贯彻执行。

（3）每月组织一次消防检查，发现隐患及时整改，对项目部解决不了的火险隐患，提出整改意见，报公司级防火责任人。

（4）督促配置必要的消防器材，要保证随时完整好用，不准随便挪作他用。

（5）发生火灾事故，责任人提出处理意见，及时上报公司或公安消防机关。

（6）每月召开各班组防火责任人会议，分析防火工作情况，布置下月防火安全工作。

2）义务消防队队员职责

（1）积极宣传消防工作的方针、意义和消防安全知识。

（2）严格遵守和执行防火安全制度，起到模范作用，认真做好工地的防火安全工作，发现问题及时整改或向上级汇报。

（3）要熟悉工地的要害部位，掌握火灾危害性及水源、道路、消防器材设置等情况，并定期进行消防业务学习和技术培训。

（4）做好消防器材、消防设备的维修和保养工作，保证灭火器材的完好。

（5）严格执行动态审批制度，坚持"谁审批谁负责"原则，明确职责，认真履行。

（6）熟练掌握各种灭火器材的应用和适用范围，每年举行不少于2次的灭火演习。

（7）实行全天候值班巡逻制度，发现问题及时处理或向领导小组汇报，定期向消防安全领导小组书面汇报现场消防安全工作情况。

（8）对违反消防安全管理条例的单位、个人依照规定给予处罚。

3）班组级防火责任人职责

（1）贯彻落实消防安全领导小组及义务消防队布置的防火工作任务，检查和监督本班组人员执行防火安全制度情况。

（2）严格执行项目部制定的各项消防安全管理制度、动用明火制度及有关奖惩条例等。

（3）教会有关操作人员正确使用灭火器材，掌握其适用范围。

（4）督促做好本班组上下班的防火安全检查工作，做到工完场清，不留火灾隐患，杜绝事故发生。

（5）负责本班组人员所操作的机械电气设备的防火安全装置的正常运转和安全使用管理工作。

（6）发现问题及时处理，发生事故立即补救，并及时向义务消防队和消防安全领导小组汇报。

2. 消防安全管理制度

消防安全管理制度包括下列几点：

①消防管理制度。

②动火管理制度。

③防水作业的防火管理制度。

④仓库防火制度。

⑤宿舍防火制度。

⑥食堂防火制度。

⑦各级灭火职责及管理制度。

⑧雨季施工防火制度。

⑨施工现场消防安全管理规定。

⑩木工车间(操作棚)防火规定。

⑪吸烟管理规定。

⑫冬季防火规定。

⑬防火责任制。

3. 消防管理制度示例

1)消防管理制度

(1)施工现场禁止吸烟,现场重点防火部位按规定合理配备消防设施和消防器材。

(2)施工现场不得随意动用明火,凡施工用火作业必须在使用之前报消防部门批准,办理用火证手续,并有看火人进行监视。

(3)物资仓库、木工车间、木料及易燃品堆放处、油库、机械修理处、油漆房、配料房等部位严禁烟火。

(4)职工宿舍、办公室、仓库、木工车间、机械车间、木工工具房不得违反下列规定:

①严禁使用电炉取暖、做饭、烧水,禁止使用碘钨灯照明,宿舍内严禁卧床吸烟。

②各类仓库、木工车间、油漆配料室冬季禁止使用火炉取暖。

③严禁乱拉电线,如需用电,必须由专职电工负责架设,除工具室、木工车间(棚)、机械修理车间、办公室、临时化验室使用照明灯泡不得超过150 W外,其他不得超过60 W。

④施工现场禁止搭建易燃临时建筑和防晒棚,禁止冬季用易燃材料保温。

⑤不得阻塞消防道路,消火栓周围3 m内不得堆放材料和其他物品,禁止动用各种消防器材,严禁损坏各种消防设施、标志牌等。

⑥现场消防竖管必须设专用高压泵、专用电源,室内消防竖管不得接生产、生活用水设施。

⑦施工现场的易燃易爆材料要分类堆放整齐,存放于安全可靠的地方,油棉纱与维修用油应妥善保管。

⑧施工和生活区冬季取暖设施的安装要求按有关冬季防火规定执行。

2)动用明火管理制度

(1)项目部各部门、分包、班组及个人,凡由于施工需要在现场动用明火时,必须事先向项目部提出申请,经消防部门批准,办理用火手续之后方可用火。

(2)对各种用火的要求:

①电焊。操作者必须持有电焊操作证,在操作之前必须向经理部消防部门提出申请,经批准并办理用火证后,方可按用火证批准栏内的规定进行操作。操作之前,操作者必须对现场及设备进行检查,严禁使用保险装置失灵、线路有缺陷及有其他故障的焊机。

②气焊(割)。操作者必须持有气焊操作证,在操作前首先向项目部提出申请,通过批准并办理用火证后,方可按用火证批准栏内的规定进行操作。在操作现场,乙炔瓶、氧气瓶以及焊枪应呈三角形分开放置,乙炔瓶与氧气瓶之间的距离不得小于5 m,焊枪(着火点)与乙炔瓶、氧气瓶之间的距离不得小于10 m,禁止将乙炔瓶卧放使用。

③因工作需要在现场安装开水器,必须经相关部门同意,用电地点禁止堆放易燃物。

④在使用喷灯、电炉和烘炉时,必须通过消防部门批准,办理用火证,方可按用火证上的具体要求使用。

⑤冬季使用取暖设施，必须经消防部门检查批准之后方可进行安装，且经消防部门检查合格后方可使用。

⑥施工现场内严禁吸烟，吸烟可到指定的吸烟室，烟头必须放入指定的水桶内，禁止随地抛扔。

⑦施工现场内需进行其他用火作业时，必须通过消防部门批准，在指定的时间、地点动火。

3）防水作业的防火管理制度

（1）使用新型建筑防水材料进行施工之前，必须有书面防火预案交底。较大面积施工时，要制订防火方案或措施，报上级消防部门审批后方可作业。

（2）施工前应对施工人员进行培训教育，了解并掌握防水材料的性能、特点及灭火常识、防火措施，做到"三落实"，即人员落实、责任落实、措施落实。

（3）施工时，应划定警戒区，悬挂明显的防火标志，确定看火人员和值班人员，明确职责范围，警戒区域内严禁烟火，不准配料，不准存放超过使用数量的易燃材料。

（4）在室内作业时，要设置防爆、排风设备以及照明设备，电源线不得裸露，不得使用铁质工具，并避免撞倒，防止产生火花。

（5）施工时应采取防静电设施，施工人员应穿防静电服装，作业后警戒区应有确保防止易燃气体散发的安全措施，避免产生静电火花。

4）仓库防火制度

（1）认真贯彻执行公安部颁布的《仓库防火安全管理规则》及其他上级有关制度，制订本部门防火措施，完善健全防火制度，做好材料物资运输和存放保管中的防火安全工作。

（2）对易燃、易爆等危险及有毒物品，必须按规定保管、发放，要落实专人保管、分类存放，防止爆炸及自燃起火。

（3）对所属仓库和存放的物资要定期开展安全防火检查，及时清除安全隐患。

（4）仓库要按规定配备消防器材，定期检修保养，保证完好有效，库区要设明显的防火标志、责任人，严禁吸烟及明火作业。

（5）仓库保管员是该仓库的兼职防火员，对防火工作负直接责任，必须严格遵守仓库有关的防火规定，下班前对仓库进行仔细检查，确认没有问题时，锁门断电方可离开。

5）食堂防火制度

（1）食堂的搭设应采用耐火材料，炉灶应同液化石油气罐分隔，隔断应用耐火材料。灶与气罐的距离不小于2 m，炉灶周围严禁堆放易燃、易爆物品。

（2）食堂内的煤气及液化气炉灶等各种火种的设备要有专人负责管理。

（3）一旦发现液化气罐泄漏应立即停止使用，熄灭火源，拧紧气罐阀门，打开门窗进行通风，并立即报告有关领导，设立警戒，远离明火，立即维修或更换气罐。

（4）炼油或油炸食品时，防止油温过高或跑油，设置看火人，不得远离岗位。

（5）食堂内要保持所使用的电气设备清洁，应做防湿处理，必须保持良好的绝缘，开关、闸刀应安装在安全的地方，并设置专用电箱。

（6）炊事班长应在下班前进行安全检查，确认没有问题后，应熄火、关窗、锁门，方可下班。

6）宿舍防火制度

（1）宿舍内不得使用电炉和60 W以上的白炽灯及碘钨灯照明和取暖，不准私自拉接电源线。

（2）不准卧在床上吸烟，火柴、烟头、打火机不得随便乱扔，烟头要熄灭后放进烟灰缸里。

（3）宿舍区域内严禁存放易燃、易爆物品，宿舍内禁止用易燃材料支搭小房或隔墙。

（4）冬季取暖需用炉火或电暖器时，必须经消防部门批准、备案后方可使用，禁止在宿舍内做饭或生明火。

（5）宿舍区应配备足够的灭火器材和应急消防设施。

7）各级灭火负责人职责及管理制度

（1）灭火作战总指挥的职责：接到报警后，迅速奔赴火灾现场，依据火场情况，组织指挥灭火，制订灭火措施，控制火势蔓延，并且对火场情况作出判断。

（2）物资抢救负责人的职责：带领义务消防队，组成物资抢救队伍，将现场物资材料及时运到安全地点，将损失减少到最低程度。

（3）灭火作战负责人的职责：积极组织义务消防队伍，动用现场消防器材和设施进行灭火作业。

（4）人员救护负责人的职责：率领医务人员、红十字会成员及其他人员，负责伤员的救护及运送工作。

（5）宣传联络负责人的职责：及时传达总指挥的命令和各组的信息反馈工作，依据中心任务，对广大职工进行宣传教育，鼓舞斗志，并迅速拨打火警电话，到路口迎接消防车辆，协助警卫人员维护火场秩序，将被围困人员疏导至安全地点。

（6）后勤供应负责人的职责：负责车辆、消防器材及各种必要物资的供应工作，确保灭火作战人员的茶水、食品、毛巾供应充足，做好后勤保障工作。

8）雨季施工防火制度

（1）施工现场禁止搭建易燃建筑，搭设防火棚时，必须符合易燃建筑的防火规定。

（2）施工现场、库房、料场、油库区、木工棚、机修汽修车间、喷漆车间等部位，未经批准，任何人不得使用电炉和开展明火作业。

（3）易燃易爆、化学、剧毒物品应设专人进行管理，使用过程中，应建立领用、退回登记制度。

（4）散装生石灰不要存放在露天及可燃物附近，袋装的生石灰粉不得储存于木板房内，电石库房应使用非易燃材料建筑，并与用火处保持25 m以上的距离，对零星散落的电石，必须随时随地清除。

（5）高层建筑、高大机械(塔吊)、卷扬机和室外电梯、油罐及电气设备等必须落实防雷、防雨、防静电措施。

（6）室内外的临时电线，不得随便乱拉，应架空，并且接头必须牢固包好，临时电闸箱上必须搭棚，防止漏雨。

（7）加强各种消防器材的雨季保养工作，要做到防雨、防潮、防雨水倒灌。

（8）冬施保温不得采用易燃品。

9)施工现场消防管理规定

(1)施工人员入场前,必须持合法证件到经理部保卫部门登记注册,经入场教育,办理现场出入证之后方可进入现场施工。

(2)易燃易爆、有毒等危险材料进场,必须提前以书面形式报消防部门,报告要写明材料性质、数量及将要存放的地点,经保卫部门负责人确认安全之后方可限量进入现场。

(3)在施工现场不得随意使用明火,凡施工用火,必须经消防部门批准办理用火手续,同时自备灭火器及设置专职看火人员。

(4)施工现场严禁吸烟,现场各部位按照责任区域划分,各单位自觉管理,自备足够的消防器材和消防设施,并各自负责灭火器材的维护、维修工作。

(5)未经项目部消防部批准,施工单位或者个人不得在施工现场、生活区以及办公区域内使用电热器具。

(6)施工现场所设泵房、消火栓、灭火器具、消防水管、消防道路、安全通道防火间距以及消防标志等设施,禁止埋压、挪用、圈占、阻塞、破坏。

(7)施工现场由于施工需要支搭简易房屋时,应上报项目工程部、消防部,经批准后按要求搭设。

(8)施工现场临时库房或者可燃材料堆放场所按规定分类码放整齐,并悬挂明显标志,配备相应的消防器材。

(9)施工现场严禁搭设库房,严禁存放大量可燃材料。

(10)原则上施工现场不准住人,确属施工需要时,必须经项目部及安全部消防负责人同意,按照要求进驻。

(11)施工现场、宿舍、办公室、工具房、临时库房、木工棚等各类用电场所的电线,必须由电工敷设、安装,不得私拉乱接。

(12)冬施保温材料的购进,必须符合有关规定,以达到防火、环保的要求。

(13)各分包、外协单位要确定一名专职或者兼职安全员,负责本单位的日常防火管理工作。

(14)遇有国家政治活动,各分包单位必须服从项目统一指挥、统一管理,并且严格遵守项目部制定的应急准备和响应方案。

10)木工车间(操作棚)防火规定

(1)木工车间(操作棚)使用的建筑材料应耐火。

(2)木工车间(操作棚)严禁吸烟及明火作业。车间内禁止使用电炉和安装取暖火炉。

(3)木工车间(操作棚)的刨花、木屑、锯末、碎料,每天随时清理,集中堆放到指定的安全地点,做到工完场清。

(4)熬胶用的炉火,要设在安全地点,落实专人负责。使用的乙醇、汽油、油漆、稀料等易燃物品,要定量领用,必须做到专柜存放、专人管理,油棉纱、油抹布禁止随地乱扔,用完后应放在铁桶内,定期处理。

(5)必须保持车间内的电机、电闸等设备干燥清洁。电机应采用封闭式,敞开式的应设防护罩。电闸应安装在铁皮箱内并加锁。

(6)车间内必须设专人负责,下班前进行详细检查。确认安全后断电、关窗、锁门,方可下班。

11）吸烟管理规定

（1）施工现场禁止吸烟，禁止在施工和未交工的建筑物内吸烟。

（2）吸烟者必须到允许吸烟的办公室或者指定的吸烟室吸烟，允许吸烟的办公室要设置烟灰缸，吸烟室要设置存放烟头、烟灰和打火机的器具。

（3）在宿舍或休息室内不准卧床吸烟，烟灰、打火机不得随地乱扔，禁止在木料堆放地、材料库、木工车间、电气焊车间、油漆库等部位吸烟。

12）冬季防火规定

（1）施工现场生活区、办公室取暖用具，须经主管领导及消防部门检查合格，持合格证方可安装使用，并设专人负责，制定必要的防火措施。

（2）严禁用油棉纱生火，禁止在生火区域进行易燃液体、气体操作，无人居住的区域要做到人走火灭。

（3）木工车间、材料库、清洗间、喷漆（料）配料间禁止吸烟及明火作业。

（4）在施工工程内一律不准暂设用房，不准使用炉火和电炉、碘钨灯取暖。若因施工需要用火，生产技术部门应制订消防技术措施，将使用期限写入冬施方案并经消防部门检查同意后方可用火。

（5）各种取暖设施上严禁堆放易燃物。

（6）施工中使用的易燃材料要由专人管理控制使用，不准积压，现场堆放的易燃材料必须满足防火规定，码放在安全的地方。

（7）保温须用岩棉被等耐火材料，禁止使用草帘、草袋、棉毡等材料保温。

（8）气温达到常温后，应立即停止保温并将生活取暖设施拆除。

13）防火责任制

（1）项目部主要负责人防火责任制。项目主要负责人为消防工作的第一责任人、主要负责人，直接指导消防保卫工作：

①组织施工和工程项目的消防安全工作，负责按照领导责任指挥和组织施工，要遵守有关消防法规和内部规定，逐级落实防火责任制。

②把消防工作纳入施工生产全过程，认真落实保卫方案。

③施工现场搭设易燃临时支架应符合要求，支搭前应经消防部门审批同意。

④坚持周一防火安全教育、周末防火安全检查制度、发现隐患及时整改，对于难以整改的问题，应积极采取临时安全措施，及时汇报给上级，不准违章作业。

⑤加强对义务消防组织的领导，组织开展群防活动，并保护现场，协助进行事故调查。

（2）项目部副经理防火责任制：

①对项目分管工作负直接领导责任，协助项目经理认真贯彻执行国家、市有关消防的法律法规，并落实各项责任制。

②组织施工工程项目各项防火安全技术措施方案的编制。

③组织施工现场定期进行防火安全检查，对检查发现的问题要定时、定人、定措施予以解决。

④组织义务消防队定期进行学习、演练。

⑤组织实施对职工的安全教育。

⑦协助事故的调查，发生事故时组织人员抢救，并保护好现场。

（3）项目部消防干部责任制：

①协助防火负责人制订施工现场防火安全方案及措施，并督促落实。

②纠正违反法规和部门规章的行为，并报告给防火负责人，提出对违章人员的处理意见。

③对重大火险隐患及时提出消除措施的建议，填写"火险隐患通知单"，并报消防监督机关备案。

④负责配备、管理消防器材工作，建立防火档案。

⑤组织义务消防队的业务学习及训练。

⑥组织扑救火灾，保护火灾现场。

（4）项目部技术部防火责任制：

①依据有关消防安全规定，编制施工组织设计与施工平面布置图，应有消防道路、消防水源，易燃易爆等危险材料堆放场，临建的建设要满足防火要求。

②施工组织设计需有防火技术措施。对施工过程中的隐蔽项目及火灾危险性大的部位，要制订专项防火措施。

③讨论施工组织设计及平面布置图时，应通知消防部门参加会审。

④施工现场总平面图要注明消防泵、竖管以及消防器材设施的位置及其他各种临建的位置。

⑤设计消防竖管时，管径不小于 100 mm。

⑥施工现场道路须循环，宽度不小于 3.5 m。

⑦做防水工程时要制订有针对性的防火措施。

（5）项目土建工程部防火责任制：

①对负责组织施工的工程项目的消防安全负责，在组织施工中要遵守有关消防法规。

②坚持每周一防火安全教育制度，并及时整改隐患。

③在施工、装修等不同阶段，要有书面的防火措施。

（6）项目综合办公室防火责任制：

①负责本部门、本系统的安全工作，针对食堂、生活取暖设施及工人宿舍等建立防火安全制度。

②对所属人员要经常进行防火教育并建立记录，增强其安全意识。

③定期开展防火检查，及时清除安全隐患。

④生产区使用易燃材料支搭建筑时，应符合防火规定。

⑤仓库的设置与各类物品的管理必须符合安全防护规定，并且配备足够的器材。

（7）电气维修人员防火责任制：

①电工作业必须遵守操作规范及安全规定，使用合格的电气材料，依据电气设备的电容量，正确选择同类导线，并且选用符合用电容量的保险丝。

②所拉设的电线应符合要求，导线与墙壁、顶棚以及金属架之间保持一定距离，并加绝缘套管，设备与导线、导线与导线之间的接头要牢固绝缘，铅线接头要有铜铅过渡焊接。

③定期检查线路、设备，对老化及残缺线路要及时建议更新，通常情况下不准带电作业及维修电气设备，安装设备时要接零线保护。

④架设动力线时不乱拉、乱挂，经过通道时要加套管，通过易燃场所应设支点并加套塑

料管。

⑤有权制止乱拉电线和非电工进行带电作业，有权禁止未经批准使用电炉子。

（8）油漆工防火责任制：

①油漆、调漆配料室内严禁吸烟，明火作业及使用电炉要经消防部门批准，并配备消防器材。

②调漆配料室要有排风设备，保持良好通风，稀料与油漆分库存放。

③调漆应在单独的房间进行，油漆库和休息室分开设置。

④室内电气设备要安装防爆装置，电闸安装在室外，下班时随手拉闸断电。

⑤用过的油棉纱、油抹布以及纸等应放在金属容器内，并及时清理排风管道内外的油漆沉积物。

（9）分包队伍及班、组防火责任制：

①对本班、组的消防工作负全面责任，自觉遵守相关消防工作法规制度，将消防工作落实到职工个人，实行分片包干。

②将消防工作纳入班组管理，分配任务时要进行防火安全交底，并且坚持班前教育、下班检查制度，消防隐患检查做到不隔夜，杜绝违章冒险作业。

③支持义务消防队员积极参加消防学习训练活动，发生火灾事故立即报告，并且组织力量扑救，保护现场，配合事故调查。

（10）职工个人防火责任制：

①负责本岗位上的消防工作，学习消防法规和内部规章制度，提高法治观念，积极参加消防知识学习、训练活动，做到熟知本单位、本岗位消防制度，发生火灾事故会报警（电话119），并且会使用灭火器材，积极参加灭火工作。

②工作生产中必须遵守本单位的安全操作规程及消防管理规定，随时对自己的工作生产岗位周围进行检查，保证不发生火灾事故和不留下火灾隐患。

③勇于制止和揭发违反消防管理的行为，遇到火灾事故要奋力扑救，并注意保护现场。

（11）易燃、易爆品管理和作业人员防火责任制：

①焊工必须经过专业培训，掌握焊接安全技术并经考试合格之后持证操作。

②焊割前应经本单位同意，消防负责人审批"用火证"，方可操作。

③焊割作业应选择安全地点，焊割前仔细检查周边情况及设备安全情况，必须将周围的易燃物清理掉，对不能清理的要用水浇湿或者用不燃材料遮挡，开始焊割时要配备灭火器材，有专人看火。

④乙炔瓶、氧气瓶不准存放在建筑工程内，在高空焊割时，不准放于焊接部位下面，并保持一定的水平距离，回火装置及胶皮管发生冻结时，只能用热水和蒸汽解冻，禁止用明火烤、用金属物敲打，检查是否漏气时严禁用明火试漏。

⑤气瓶要装压力表，搬运时严禁滚动、撞击，夏季不得暴晒。

⑥电焊机和电源符合用电安全负荷要求，严禁使用铜、铁、铝线代替保险丝。

⑦电焊机地线不准接在建筑物、机械设备及金属架上，必须设置接地线。地线要接牢，在安装时要注意正负极不要接错。

⑧不准使用有问题的焊割工具，电线不要接触存有气体的气瓶，也不要与气焊软管或气体导管搭接，氧气瓶管、乙炔导管不得从生产、使用、储存易燃易爆物品的场所或者部位经

过,油脂或沾油的物品严禁与氧气瓶、乙炔气瓶导管等接触。氧气、乙炔管不能混用(红色管为氧气专用;黑色管为乙炔专用)。

⑨焊割点火前要遵守操作规程,焊割结束或者离开现场前,必须切断气源、电源,并仔细检查现场,消除火险隐患。在屋顶隔墙的隐蔽场所焊接操作完毕半小时内要进行复查,避免自燃问题发生。

⑩焊接操作不准与油漆、喷漆等进行同部位、同时间、上下交叉作业。

⑪当遇有 5 级以上大风时,应立即停止室外电气焊作业。

⑫施工现场用火证在一个部位焊割一次申报一次,不得连续使用。

⑬禁止在下列场所及设备上进行电、气焊作业:

a. 使用或存放易燃、易爆、化学危险品的场所及其他禁火场所。

b. 密封容器未开盖的,盛放过易燃、可燃的化学危险品的容器及设备未经彻底清洗干净处理的。

c. 场地周围易燃物、可燃物太多不能清理或者未采取安全措施、无人看火监视的。

(12)看火人员(包括临时看火人员)防火责任制:

①动火须通过消防部门审批,办理用火证,看火人员要了解用火部位的环境。

②动火前要认真清理用火部位周围的易燃物,不能清理的要用水浇湿或者用不燃材料遮盖。

③进行高空焊接、夹缝焊接或者邻近脚手架焊接时,要铺设接火用具或用石棉布接火花。

④准备好消防器材及工具,做好灭火的准备工作。

⑤使用碎木料进行明火作业时,炉灶要放置在距离木料 1.5 m 之外。

⑥焊接和明火作业过程中,要随时检查,不得擅离职守,用火完毕应认真检查,确认没有危险后,才可离去。

⑦看火人员严禁兼职,必须专人负责,一旦起火要立即呼救、报警并及时扑救。

7.8.4　灭火与应急疏散预案

1. 消防保卫方案

消防保卫方案(范本)

一、工程概况

工程名称:

地点:

工程规模:

建设单位:

设计单位:

监理单位:

定额工期:

建设单位要求工期:

开工日期:

竣工日期：

建设单位对工程质量的要求：

建筑层数：

建筑限高：

工程性质：

施工工艺、方法和使用材料：

工程特点：

二、现场的施工用水、施工用电设置(按整个工程考虑)

1. 现场施工用水的设置。

2. 现场施工用电的设置。

三、消防设施及其布置

(详细说明消防设施的品牌、型号和数量及其布置平面、立面图)

四、现场消防组织管理及消防制度

1. 项目经理部成立"施工现场消防管理委员会"，全面负责施工现场消防工作的领导与协调，定期检查消防工作，每半月召开一次工作例会，总结前一阶段消防工作的情况，布置下一阶段的消防工作。

施工现场消防管理委员会领导小组成员：

组长：

副组长：

组员：

2. 在施工中，始终贯彻"预防为主、防消结合"的消防工作方针，认真执行《中华人民共和国防汛条例》及有关规定，强化消防工作管理，实现杜绝火灾事故，避免火警事故，尽量减少冒烟事故。

3. 制订消防工作总体方案，并根据冬雨期施工和工程进度，制订分阶段的防火预案及灭火方案；建立并执行消防工作检查制度，制定各种现场防火管理制度。

4. 成立现场义务消防队，义务消防人员必须经过培训，实行昼夜巡逻制度，当发生意外火情时可立即组织抢险灭火。

5. 现场要设置明显的防火宣传标志，建立防火工作档案。消火栓处昼夜要设有明显标志，消火栓周围 3 m 以内，不得堆放任何物品。消火栓上方悬挂红灯，张贴警示牌，并保证消防通道的畅通。

6. 施工中，对所用木料必须加强管理；进场的材料，要集中码放、整齐有序，并设专人看管，专门配备灭火器材；拆模后的木料要及时清运至专用木料周转场地，并严格管理；废旧木料要及时清运出场，严防火灾事故发生。

7. 施工现场内的供用电线路、电力设备须由正式电工统一安装，严禁私接电线和私自使用大功率电器设备，线路接头必须良好绝缘，不许裸露，开关、插座须有绝缘外壳；现场用电要符合规定，严格控制电源，宿舍区内严禁乱拉、乱接电线和使用电炉子、高功率电热器等。

8. 现场设置一个警卫室和四名保安人员。

9. 施工现场按施工、生产等区域划分消防责任区，各区设专人负责，责任包干，负责日常消防管理工作。

10.实行逐级防火安全责任制，与各施工队签订防火安全责任书，组织各队学习消防知识，人员进行防火安全知识考试，同时建立治保会组织，班组设专职消防负责人，负责班组的各项防火工作。

11.严格执行市政府的有关规定和消防条例，工程内不准设材料仓库及住人，现场材料库必须使用防火材料支搭，禁止使用可燃材料，情况特殊须报上级严格审批，强化管理，确保安全。

12.各种明火作业尤其是电、气焊前，必须有消防安全交底，严格执行用火审批制度，特殊工种必须持证上岗，电、气焊时必须配备看火人员和防火器材，作业前应清除周围易燃物，检查作业面，防止火星溅落。

13.严格控制可燃材料进入现场，施工材料的存放、保管要符合防火要求，油漆、汽油、防水材料、乙炔、氧气等要单独存放。

14.文明施工，争创文明工地，为社会文明建设作出贡献。

2.灭火和应急疏散预案

灭火和应急疏散预案(范本)

一、工程概况

二、现场的施工用水、施工用电设置(按全工程考虑)

三、消防设施及其布置

四、组织机构的建立

1.灭火行动组：

组长：

组员：

2.通信联络组：

组长：

组员：

3.疏散引导组：

组长：

组员：

4.安全防护救护组：

组长：

组员：

五、报警和接警处置程序

1.在现场施工的分包单位及施工人员，一旦工地内出现火警，必须上报总包单位管理人员，不得私自报警。

2.项目部接到报警后，由专人负责查明火情，在无法抢救的情况下，由专人负责拨打119电话，向消防控制中心讲明工地现场起火原因及地点和通信电话，并按照消防控制中心的要求进行下一步工作的安排。

3.通信联络组设专人守在电话机旁，随时接听电话进行解答，外人不得使用电话。

4.报警后，由专人负责到路口引导消防车进入现场，同时必须保证进入现场的道路通畅。

六、起火后人员疏散引导处理程序

1. 工程起火后，由疏散引导组负责组织人员对工程内的施工人员进行有序疏散，由指定人员亲自组织。

2. 由专人分别带领义务消防队的多个小组进入现场，疏导人群，抢救受伤人员。

3. 由专人负责组织人员沿工程外围拉设警戒线，无关人员不得入内。

4. 疏散人员必须带好浸湿的毛巾，在保证自己安全的条件下，进入现场疏导人员撤离。

七、扑救初起火灾的程序和措施

1. 工程内起火后，由灭火行动小组组员带领义务消防队人员进入现场进行扑救。

2. 使用现场四周的灭火器、水龙头、沙子和一切可以用于扑灭火源的工具灭火。

3. 如果火势过大，灭火行动小组人员应严守在火区四周，等待消防车的到来，配合消防人员一起灭火。

八、通信联络、安全防护救护的程序和措施

1. 工程起火不能自救的，报警后通信联络小组必须守在电话机旁接听电话，进行及时的沟通。

2. 必须保证与"119"中心的通信联络，不得中断。

3. 及时向上级汇报现场动态。

4. 工程起火后如出现受伤者，安全防护救护人员必须随时进行就地救护。

5. 救护小组在现场附近准备好担架和急救药品，随时准备接收、抢救受伤人员。

6. 如出现重伤员应及时送往医院进行急救，以减少因时间上的耽误而造成的人为损失。

思考题

(1) 请简述按照燃烧对象分类，火灾可以分为哪几类？

(2) 防火的基本措施有哪些？请简要说明。

(3) 根据使用性质和建筑高度，建筑可以分为哪些类型？

(4) 请描述建筑火灾的一般发展过程。

(5) 在选择民用建筑的耐火等级时，需要考虑哪些因素？

(6) 请阐述施工现场的火灾特点，并分析造成这些特点的原因。

(7) 施工现场的火灾危险源包括哪些？请具体阐述。

(8) 建筑常使用哪几类外保温材料？请阐述各自优缺点及其火灾危险性。

第8章　安全文明施工管理

8.1　施工现场环境管理

8.1.1　施工现场环境管理的意义

1.施工现场环境管理是保证人们身体健康的需要

防止粉尘、噪声和水源污染，搞好施工现场环境卫生，改善作业环境，是保证职工身体健康神经、使其积极投入施工生产的前提。若环境污染严重，工人将直接受害。例如：粉尘污染严重，作业人员若长期吸入水泥粉尘，就可能患职业性硅肺病；噪声，使人听之生厌，睡眠不佳，神经紧张，如果长期在强噪声环境中作业，会损害人的听觉系统，造成暂时性或持久性的听力损伤（职业性耳聋），严重者会出现脱发、秃顶，甚至神经系统及自主神经功能紊乱、肠胃功能紊乱等。搞好环境保护是利民利国的大事，是保障人们身体健康的一项重要任务。

2.施工现场环境管理是消除外部干扰、保证施工顺利进行的需要

随着人们的法治观念和自我保护意识的增强，尤其在城市施工，施工扰民问题突出，向政府主管部门反映施工扰民的来信来访增多。有的工地时常同周围居民发生冲突，影响施工生产；严重者，环保部门罚款，停工整治。如果及时采取防治措施，就能防止污染环境，消除外部干扰，使施工生产顺利进行。

3.施工现场环境管理是现代化大生产的客观要求

现代化施工广泛应用新设备、新技术、新生产工艺，对环境质量要求很高，如果粉尘、振动超标就可能损坏设备，影响设备功能发挥，再好的设备、再先进的技术也难以发挥作用。例如：现代化搅拌站的各种自动化设备、计算机、精密仪器仪表等都对环境质量有很严格的要求。

8.1.2 施工期环境保护的措施

1. 实行环保目标责任制

把环保指标以责任书的形式层层分解到有关单位和个人，列入承包合同和岗位责任制，建立一套高效的环保自我监控体系。

项目经理是环保工作的第一责任人，是施工现场环境保护自我监控体系的领导者和责任者。要把环保政绩作为考核项目经理的一项重要内容。

2. 加强检查和监控工作

要加强检查，加强对施工现场粉尘、噪声、废气的监测和监控工作。要与文明施工现场管理一起检查、考核、奖罚。及时采取措施消除粉尘、废气和污水的污染。

3. 保护和改善施工现场的环境，要进行综合治理

一方面，施工单位要采取有效措施控制人为噪声、粉尘的污染并采取技术措施控制烟尘、污水、噪声污染。另一方面，建设单位应该负责协调外部关系，同当地办事处、派出所、居民组织、施工单位、环保部门加强联系。

要做好宣传教育工作，认真对待来信来访，凡是能解决的问题，应立即解决；一时不能解决的扰民问题，也要说明情况，取得谅解并限期解决。

4. 要有技术措施，严格执行国家的法律法规

在编制施工组织设计时，必须有环境保护的技术措施。在施工现场平面布置和组织施工过程中都要执行国家、地区、行业和企业有关防治空气污染、水源污染、噪声污染等环境保护的法律法规和规章制度。

5. 采取措施防止大气污染

(1)施工现场垃圾渣土要及时清理出现场。高层建筑物和多层建筑物清理施工垃圾时，要搭设封闭式专用垃圾道，采用容器吊运或将永久性垃圾道随结构安装好以供施工使用，严禁凌空随意抛撒。

(2)施工现场道路采用焦渣、级配砂石、粉煤灰级配砂石、沥青混凝土或水泥混凝土等，有条件的可利用永久性道路，并指定专人定期洒水清扫，形成制度，防止道路扬尘。

(3)袋装水泥、白灰、粉煤灰等易飞扬的细颗粒散体材料，应库内存放。室外临时露天存放时，必须下垫上盖，严密遮盖以防止扬尘。散装水泥、粉煤灰、白灰等细颗粒粉状材料，应存放在固定容器(散灰罐)内，没有固定容器时，应设封闭式专库存放，并采取可靠的防扬尘措施。

运输水泥、粉煤灰、白灰等细颗粒粉状材料时，要采取遮盖措施，防止沿途遗洒、扬尘。卸运时，应采取措施，以减少扬尘。

(4)防止车辆带泥上路措施。可在大门口铺一段石子，定期过筛清理；人工拍土，清扫车轮、车帮；挖土装车不超载；车辆行驶不猛拐，不急刹车，防止洒土，卸土后注意关好车厢门；场区和场外安排专人清扫洒水，基本做到不洒土、不扬尘，减少对周围环境的污染。

（5）除设有符合规定的过滤装置外，禁止在施工现场焚烧油毡、橡胶、塑料、皮革、树叶、枯草、各种包装皮等以及其他会产生有毒、有害烟尘和恶臭气体的物质。

（6）机动车都要安装 PCV 阀，对那些尾气排放超标的车辆要安装净化消声器，确保不冒黑烟。

（7）工地茶炉、大灶、锅炉尽量采用消烟除尘型，将烟尘降至允许排放的浓度为止。

（8）工地搅拌站除尘是治理的重点。有条件的要修建集中搅拌站，由计算机控制进料、搅拌、输送全过程，在进料仓上方安装除尘器，可使水泥、砂、石中的粉尘大大降低。采用现代化先进设备是解决工地粉尘污染问题的根本途径。

工地采用普通搅拌站时，应将搅拌站封闭严密，尽量避免粉尘外泄污染环境；在搅拌机拌筒出料口安装活动胶皮罩，通过高压静电除尘器或旋风滤尘器等除尘装置将粉尘分开净化，以达到除尘的目的。最简单易行的是将搅拌站封闭后，在拌筒进出料口上方和地上料斗侧面装几组喷雾器喷头，利用水雾除尘。

（9）拆除旧有建筑物时，应适当洒水，防止扬尘。

6. 防止水源污染的措施

（1）禁止将有毒有害废弃物作为土方回填。

（2）施工现场搅拌站废水、现制水磨石的污水、电石（碳化钙）的污水须经沉淀池沉淀后再排入城市污水管道或河流。最好将沉淀水用于工地洒水降尘或采取措施回收利用。上述污水未经处理不得直接排入城市污水管道或河流中。

③现场存放油料，必须对库房地面进行防渗处理。如采用防渗混凝土地面或在地面铺油毡等。使用时，要采取措施，防止油料跑、冒、滴、漏，污染水体。

④施工现场 100 人以上的临时食堂，污水排放处可设置简易有效的隔油池，定期掏油和杂物，防止污染。

⑤工地临时厕所、化粪池应采取防渗漏措施。中心城市施工现场的临时厕所应采取水冲式厕所，蹲坑加盖，并有防蝇、灭蛆措施，防止污染水体和环境。

⑥化学药品、外加剂等要妥善保管，库内存放，防止污染环境。

⑦生活用水必须符合国家有关用水标准的要求。

7. 噪声污染防治措施

（1）严格控制人为噪声，进入施工现场不得高声喊叫、无故甩打模板、乱吹哨，限制高音喇叭的使用，最大限度地减少噪声扰民。

（2）凡在人口稠密区进行强噪声作业时，须严格控制作业时间，一般晚 10 点到次日早 6 点之间停止强噪声作业。确系特殊情况必须昼夜施工时，尽量采取降低噪声措施，并会同建设单位找当地居委会、村委会或当地居民协调。

①尽量选用低噪声设备和工艺代替高噪声设备和工艺，如低噪声振捣器、风机、电动空压机、电锯等。

②在声源处安装消声器消声。即在通风机、鼓风机、压缩机、燃气轮机、内燃机及各类排气放空装置的进出风管的适当位置设置消声器。常用的消声器有阻性消声器、抗性消声

器、阻抗复合消声器、穿微孔板消声器等。具体选用哪种消声器，应根据所需消声量、噪声源频率特性、消声器的声学性能和空气动力特性等因素而定。

（3）在传播途径上控制噪声。采取吸声、隔声、隔振和阻尼等声学处理的方法来降低噪声。

①吸声：吸声是利用吸声材料（如玻璃棉、矿渣棉、毛毡、泡沫塑料、吸声砖、木丝板、甘蔗板等）和吸声结构（如穿孔共振吸声结构、微穿孔板吸声结构、薄板共振吸声结构等）吸收通过的声音，减少室内噪声的反射来降低噪声。

②隔声：隔声是把发声的物体或场所用隔声材料（如砖、钢筋混凝土、钢板、厚木板、矿棉被等）封闭起来与周围隔绝。常用的隔声结构有隔声间、隔声机罩、隔声屏等。有单层隔声结构和双层隔声结构两种。

③隔振：隔振就是防止振动能量从振源传递出去。隔振装置主要包括金属弹簧、隔振器、隔振垫（如橡皮垫、气垫等）。常用的材料还有软木、矿渣棉、玻璃纤维等。

④阻尼：阻尼就是用内摩擦损耗大的一些材料来消耗金属板的振动能量，使之变成热能散失掉，从而抑制金属板的弯曲振动，使辐射噪声大幅度被削减。常用的阻尼材料有沥青、软橡胶和其他高分子材料等。

8.2　文明施工管理

文明施工是指在施工现场管理中，要按照现代化施工的客观要求，使施工现场保持良好的施工环境和施工秩序。它是施工现场管理中的一项重要的基础工作。

8.2.1　文明施工的意义

文明施工是现代化施工的一个重要标志，是施工企业的一项基础性的管理工作。坚持文明施工具有重要意义。

1. 文明施工是施工企业各项管理水平的综合反映

工程项目结构复杂，工种工序繁多，立体交叉作业，平行流水施工，生产周期长，需用原材料多，工程能否顺利进行受环境影响很大。文明施工就是要通过对施工现场中的质量、安全防护、安全用电、机械设备、技术、消防、保卫、场容、卫生、环保、材料等方面的管理，创造良好的施工环境和施工秩序，从而促进安全生产，加快施工进度，保证工程质量，降低工程成本，提高企业经济效益和社会效益。文明施工涉及人、财、物各个方面，贯穿于施工全过程之中，是企业各项管理在施工现场的综合反映。

2. 文明施工是现代化施工本身的客观要求

现代化施工采用先进的技术、工艺、材料和设备，需要严格的组织、严格的要求、标准化的管理、科学的施工方案和较高的职工素质等。如果现场管理混乱，不坚持文明施工，先进的设备、新的工艺与新的技术就不能充分发挥其作用，科技成果也就不能很快转化为生产力。因此，文明施工是现代化施工的客观要求。遵照文明施工的要求去做，就能实现现代化大生产的优质、高效、低耗的目的，企业才能有良好的经济效益和社会效益。

3. 文明施工是企业的对外形象窗口

市场与现场的关系十分密切，施工现场的地位和作用更加突出。企业进入市场，就要拿出像样的产品，而建筑产品是在现场生产的，施工现场成了企业的对外窗口。实践证明，良好的施工环境与施工秩序，不但可以提高企业的知名度和市场竞争能力，而且还可能争取到一些"回头工程"。

4. 文明施工有利于培养一支懂科学、善管理、讲文明的施工队伍

目前我国建筑施工企业职工队伍成分变化大，农民工占了很大的比例，在不少企业已成为施工的主力军。从总体来看，农民工和季节工施工技术素质偏低，文明施工意识淡薄，如何加强农民工管理和教育，提高他们的施工技术素质，是搞好文明施工的一项基础工作。而少数施工企业对文明施工认识不足，管理不规范，标准不明确，要求不严格，形成"习惯就是标准"的做法，这种粗放型的管理方式同现代化大生产的要求极不适应。

文明施工是一项科学的管理工作，也是现场管理中的一项综合性基础管理工作。坚持文明施工，必然能促进、带动、完善企业整体管理，增强企业"内功"，提高整体素质。文明施工的实践，不仅改善了生产环境和生产秩序，而且有利于提高职工队伍的文化、技术、思想素质，培养其尊重科学、遵守纪律、团结协作的大生产意识，从而促进精神文明建设。

8.2.2 文明施工的组织管理措施

1. 健全管理组织

施工现场应成立以项目经理为组长，主管生产副经理，项目总工程师，生产、技术、质量、安全、消防、保卫、材料、环保、行政卫生等部门管理人员为成员的施工现场文明施工管理组织。

施工现场分包单位应服从总包单位的统一管理，接受总包单位的监督检查，并负责本单位的文明施工工作。

2. 健全管理制度

①个人岗位责任制。文明施工管理应按专业、岗位分片包干，分别建立岗位责任制。项目经理是文明施工的第一责任人，全面负责整个施工现场的文明施工管理工作。承包队长、分包单位负责人、工班长等负责本单位的文明施工管理工作。施工现场其他人员一律责任分工，实行个人岗位责任制。

②经济责任制。把文明施工列入单位经济承包责任制中，一同"包"、"保"、检查与考核。

③检查制度。工地每月至少组织两次综合检查，要按专业、标准全面检查，按规定填写表格，算出结果，制表并张榜公布。

④奖惩制度。文明施工管理实行奖惩制度。要制定奖惩细则，坚持奖惩兑现。

⑤持证上岗制度。施工现场实行持证上岗制度。进入现场作业的所有机械司机、信号

工、架子工、司炉工、起重工、爆破工、电工、焊工等特殊工种的施工人员，都必须持证上岗。工地食堂应有食品卫生许可证，炊事员有健康证，农民工有上岗证，焊工等明火作业应有当日用火证。

⑥会议制度。施工现场应坚持文明施工会议制度，定期分析文明施工情况，针对实际制定措施，协调解决文明施工问题。

⑦各项专业管理制度。文明施工是一项综合性的管理工作。因此，除文明施工综合管理制度，还应建立健全质量、安全、消防、保卫、机械、场容、卫生、料具、环保、民工管理等制度。这些专业管理制度中，都应包含文明施工内容。例如：仓库五项管理制度；保管员岗位责任制度；库存物资盘点检查制度；仓库收发料制度；库存物资维护保养制度；安全保卫防火制度；等等。

3. 健全管理资料

①上级关于文明施工的标准、规定、法律法规等资料应齐全。

②施工组织设计(方案)中应有质量、安全、保卫、消防、环境保护的技术措施和文明施工、环境卫生、材料节约等方面的管理要求，并有施工各阶段施工现场的平面布置图和季节性施工方案。

施工组织设计方案应有编制人、审批人签字及审批意见。补充、变更施工组织设计应按规定办好有关手续。

③施工现场应有施工日志。施工日志中应包含文明施工内容。

④文明施工自检资料应完整，填写内容符合要求，签字手续齐全。

⑤文明施工教育、培训、考核均应制订计划并编制相关资料。

⑥坚持文明施工活动记录制度，如会议记录、检查记录等。

⑦完善其他施工管理各方面专业资料。

4. 加强教育培训工作

在坚持制度管理的基础上，要采取短期培训、技术培训、网络宣传、宣传海报等方式狠抓教育工作。要特别注意对农民工的岗前教育工作。专业管理人员要熟悉并掌握文明施工标准。

5. 积极推广应用新技术、新工艺、新设备和现代化管理方法

提高机械化作业程度是现代工业生产的客观要求。广泛应用新技术、新设备、新材料是实现现代化施工的必由之路，它为文明施工创造了条件，打下了基础。

在有条件的地方应尽量集中设置现代化搅拌站或采用商品混凝土，混凝土构件等尽量采用工厂化生产；改革施工工艺，减少现场湿作业、手工作业，降低劳动强度；应用电脑和监控系统提高机械化水平和工厂化生产的比重；努力实现施工现代化，使文明施工达到新的水平。

8.2.3 文明施工的现场管理措施

1. 开展"5S"活动

"5S"活动是指针对施工现场各生产要素(主要是物的要素)所处的状态不断地开展整理、整顿、清扫、清洁和素养为内容的活动。

"5S"活动,在日本和西方国家的企业中广泛实行。它是符合现代化大生产特点的一种科学的管理方法,是提高职工素质、实现文明施工的有效措施与手段。

(1)整理。

所谓整理,就是对施工现场现实存在的人、事、物进行调查分析,按照有关要求区分需要和不需要、合理和不合理,及时处理施工现场不需要和不合理的人、事、物。

①按照有关规定、计划和工程实际进展情况,判断施工现场现实存在的人、事、物需要还是不需要,不需要的要坚决清理出现场。如:已经不需要的劳动力应及时调整到其他需要的工地去,一时调不走的,可以组织学习、培训;非施工人员未经批准不准进入施工现场,非法用工(如童工),要及时清查;施工现场的垃圾渣土,各种多余的周转工具、材料、机械设备和构件,职工个人生活用品等要及时清理,按指定地点存放,经分拣利用后把施工现场不需要的东西坚决清理出现场。

②把作业面暂时不需要的人、物及时清理,调整到合适的位置。例如,把现场作业面暂时不需要的人调走干其他工作;把作业面多余的或暂时不用的模板、钢筋、支架、木料、钢脚手板等及时清理并按指定地点堆放。

③施工现场的人、机、物使用不合理的,或物品摆放位置、存放方法不合理的,一经发现就要及时调整。

(2)整顿。

通过上一步整理后,把施工现场所需要的人、机、物、料等按照施工现场平面布置图规定的位置,并根据有关法规、标准以及企业规定,科学合理地安排布置和堆码,使人才合理使用,物品合理定置,实现人、物、场所在空间上的最佳结合,从而达到科学施工、文明安全生产、培养人才、提高效率和质量的目的。在整顿过程中,应注意以下问题:

①要根据施工现场实际情况,按调查研究后确定的方案及时调整施工现场平面布置图,使其真正科学合理。

②物品要按图固定地点和区域摆放。做到无论谁去看,都能一目了然,知道该物在某处,是什么,有多少。

③物品摆放地点要科学合理。根据物品使用的频率,经常使用的东西可尽量靠近作业区,不经常使用的东西可放远些;要根据垂直运输设备的位置,确定模板、构件、材料、搅拌机等的相对位置,力求运距最短,减少二次搬运。

④整顿过程中,要按有关要求一次定置到位。物品的摆放不仅要平面位置合理,还要同时符合安全、质量等以及上级规定的要求。例如,大模板的存放位置不仅要按设计区域存放,而且还必须满足以下要求:

a.堆放场地必须平整坚实(或夯实),不得存放在松土、冻土和坑洼不平的地方,堆放场地排水良好,避免雨季积水。

b. 必须将地脚螺栓提上去,使自稳角为70°~80°,下部应垫通长方木。长期存放的大模板,应用拉杆连接绑牢。

c. 没有支撑或自稳角的大模板,要存放在专用的堆放架内,或卧倒平放,不应靠在其他模板或构件上。

d. 大模板应集中堆放,距铁路至少1.5 m,并与其他物料堆放区保持一定距离。大模板应面对面放置,支撑牢固,两板中间留出不少于60 cm的走道。

e. 大模板放置时,下面不得压有电线或气焊管线。

(3)清扫。

就是要对施工现场的设备、场地、物品勤加维护打扫,保持现场环境卫生,干净整齐,无垃圾,无杂物,并使设备运转正常。清扫活动的要点为:

①要对施工现场进行彻底检查和清扫,不留死角。施工现场所有场地、物品、设备、食堂、仓库、厕所、办公室、加工场、站等都是检查清扫的对象。

②要做到自产自清,日产日清,工完料净脚下清。在清扫过程中,要注意对建筑垃圾进行分拣过筛,综合利用。建筑垃圾与生活垃圾分开,按指定地点存放,并及时清出现场,送到指定的垃圾消纳场。

③对设备进行清扫。要定期对设备进行点验、清扫和维护保养,设备异常马上修理,使之恢复正常。

(4)清洁。

就是维持整理、整顿、清扫,是前三项活动的继续和深入,从而预防疾病和食物中毒,消除安全事故发生的根源,使施工现场保持良好的施工与生活环境和施工秩序,并始终处于最佳状态。清洁活动的要点为:

①清洁首先从人开始。炊事员工作服要清洁。职工要注意个人卫生,及时理发、剪指甲、刮胡子、洗衣服。职工不仅做到形体上的清洁,而且要注意精神文明,礼貌待人,在现场不大声喧哗,不聚众打架、斗殴、酗酒、赌博,不看黄色书刊和录像,不随地大小便,不凌空抛撒垃圾与物品等。

②清洁是指现场所有场所和空间的清洁。要进一步消除施工现场空气、粉尘、噪声、水污染,使之达到规定要求,保证工人身体健康,增加工人劳动热情,使其心情愉快地工作与生活。

(5)素养。

就是努力提高施工现场全体职工的素质,养成遵章守纪和文明施工的习惯。它是开展"5S"活动的核心和精髓。

①开展"5S"活动,要特别注意调动全体职工的积极性,自觉管理、自我实施、自我控制,贯穿施工全过程。全现场,由现场职工自己动手,创造一个整齐、清洁、方便、安全和标准化的施工环境,形成全体职工遵守规章制度和操作规程的良好风尚。

②开展"5S"活动,必须领导重视,加强组织,严格管理。要将"5S"活动纳入岗位责任制,并按照文明施工标准进行检查、评比与考核。坚持PDCA循环,不断提高施工现场的"5S"水平。

2. 合理定置

合理定置是指把全工地施工期间所需要的物在空间上合理布置，实现人与物、人与场所、物与场所、物与物之间的最佳结合，使施工现场秩序化、标准化、规范化。它是现场管理的一项重要内容，是实现文明施工的一项重要措施，是谋求改善施工现场环境的一种科学的管理办法。

（1）合理定置的依据。

①国家、行业、地方和企业关于施工现场管理的法规、法律、标准、规定、管理办法、设计要求等。

②施工组织设计（施工方案）。

③自然条件资料，如地形、水文、地质及气象方面的资料等。

④区域规划图。如施工现场周围的道路、建筑物、铁路、码头情况，区域电源、物资资源、生产和生活基地状况等。

⑤土方平衡调配图。

⑥材料、设备等的需用量、进场计划和运输方式。

（2）合理定置的原则。

①在保证施工顺利进行的前提下，尽量减少施工用地，利用荒地，不占或少占农田。

②要尽量减少临时设施的工程量，充分利用原有建筑物及给排水、暖卫管线、道路等，节省临时设施费用。

③要降低运输费用。合理地布置施工现场的运输道路及各种材料堆放、加工场、仓库的位置，尽量使场内运输距离最短，减少二次搬运。

④施工现场定置过程中，一定要按照上级和企业关于劳动保护、质量、安全、消防、保卫、场容、料具、环境保护、环境卫生等方面施工管理标准、规定等要求，一次定置到位。

⑤施工现场各物的布置方案要有比较，从优选择，做到有利生产，方便生活，降低费用，使人、物、场所相互之间形成最佳结合，创造良好的施工环境。

（3）合理定置的内容。

①一切拟建的永久性建筑物、构筑物位置，建筑坐标网、测量放线标桩位置，弃土、取土场位置。

②垂直运输设备的位置。

③生产、生活用临时设施位置。

④各种材料、加工半成品、构件和各类机具的存放位置。

⑤安全防火设施位置。

（4）合理定置的日常管理程序。

①认真调查研究，查找问题。

②通过施工运行实践分析，提出改善现场定置的方案。

③合理定置的设计或修改设计。施工组织设计中的施工现场平面布置图一般是在开工前设计的。施工现场情况千变万化，有很多不可预见的因素，工程大、工期长的工程，原施工现场平面布置图必须根据实际情况及时修改、补充、调整，确保科学合理。同时，施工现场电气平面布置、环境卫生责任区平面布置等，也应根据现场调整后提出的改善方案进行适当

修改调整，使之更加合理。定置设计的实质是现场空间布置的细化、具体化。

④合理定置方案的实施和考核。合理定置方案的实施，即按照设计和上级各项规定、标准的要求，对现场的各种材料、机具设备、预制构配件、临时设施、操作者、操作方法等进行科学的整理、整顿，将所有的物品定置。并要做到有物必有区，有区必有牌，按区按图定置、按标准、规定存放，图物相符。定置管理要依靠群众，自觉管理，要对操作者进行教育培训。定置管理要贯穿施工全过程，并在整个现场实施（在建工程内的物品摆放也应符合标准要求）。

3. 目视管理

目视管理是一种符合建筑业现代化施工要求和操作者生理、心理需要的科学管理方式，它是现场管理的一项内容，是实现文明施工、安全生产的一项重要措施。

（1）目视管理的定义。

目视管理就是用眼睛看的管理，亦可称之为"看得见的管理"。它是利用形象直观、色彩适宜的各种视觉感知信息来组织现场施工生产活动，达到提高劳动生产率、保证工程质量、降低工程成本的目的。

目视管理有两个特征：

①以视觉显示为基本手段，大家一看就知道是正常还是不正常，并且对不正常的情况采取临时性或永久性的措施。

②以公开化为基本原则，尽可能地为全体人员全面提供所需要的信息，让大家都能看得见，并形成一种大家都自觉参与完成单位目标的管理系统。

（2）目视管理的意义。

目视管理是一种形象直观、简便适用、透明度高的高效管理模式，便于职工自主管理、自我控制、科学组织生产。这种管理方式可以贯穿于施工现场管理的各个领域，具有其他方式不可替代的作用。

①目视管理简单、明了，问题发现早，纠正快，效率高。

目视管理充分发挥了视觉显示信号的特长。现代化搅拌站的工人坐在操作室，只要根据仪表不同色彩的信号灯传递的信息，按动按钮，规范化操作，就可以进行混凝土生产。钢筋工只要一看钢筋加工图，即可加工出合格的钢筋成品、半成品。诸如上述的信号灯、仪表、施工图纸以及电视、标示牌、图表、安全色、看板等一系列可以发出视觉信号的显示手段是如此形象直观、简单方便、一目了然，具有其他方式难以代替的作用。在有成百上千工人的施工现场，在有条件的岗位，充分利用这些视觉信号显示手段，可以迅速而准确地传递信息，无须管理人员现场指挥，即可有效地组织生产。这样，既可以减少管理层次和管理手续，又可以提高管理效率。

②能使操作者通过目测，对施工作业中存在的问题进行自我调整。

实行目视管理，对生产作业的各种要求可以做到公开化，干什么、怎样干、干多少、什么时间干、在何处干等问题一目了然，有利于一线工人熟练掌握本工种的质量标准，自觉主动地参与施工管理，充分发挥技术骨干、能工巧匠的聪明才智，自主管理、自我控制，通过目测，随时调整解决施工作业中存在的问题，齐心协力，有秩序地完成任务。

③目视管理能够科学地改善施工环境，有利于职工的身心健康。

目视管理就是用眼睛看的管理。只要用眼一看就知道哪个部位脏、乱、差；哪是文明施工，哪是违章作业。对发现的问题和异常情况，采取临时性或者永久性的措施改善，使职工产生良好的生理和心理效应。如工人一进现场，看到常见警示标牌，如戴好安全帽、工地禁止吸烟等，自然意识到要照办，就可改善施工环境，减少污染和意外伤亡。工人看到施工现场平面布置图后，就知道某物在某处。按图合理定置就可以使施工现场井井有条，工作忙而不乱。

（3）目视管理的内容和形式。

完整的目视管理内容以施工现场的人、物及其环境为对象，贯穿于施工的全过程，存在于施工现场管理的各项专业管理之中，并且还要覆盖作业者、作业环境和作业手段。其主要内容与形式如下：

①施工任务和完成情况要制成图表，公布于众，使每个工人都能够自行完成任务。

工地项目经理部、分公司或施工队应按工点编制施工进度计划，并按月提出旬、日作业计划，以施工任务书的形式，定人、定时、定项、定质、定量，把计划分解下达到施工班组。施工进度计划和网络计划图表以及任务完成情况要公之于众，使所有人都能看出各项计划指标完成中的问题和发展趋势，以及解决问题的方法和措施，促使全体职工都能按要求完成各自的任务，人人知道自己完成的定额任务是多少，从而调动其生产积极性。

②施工现场各项管理制度、操作规程、工作标准、施工现场管理实施细则等应该以海报形式粘贴公布，展示清楚。

③在定置过程中，以清晰的、标准化的视觉显示信息落实定置设计，实现合理定置。在定置过程中，为了确定临时设施、拟建工程和各种物品的摆放位置，必须采取完善而准确的视觉信号显示手段，诸如标志线、标志牌、标志色等。将上述位置鲜明地标示出来，以防错误放置和物品混放。在这里，目视管理自然而然地与定置管理融为一体，并为合理定置创造了客观条件。

在定置过程中，一定要坚持标准化，并发挥目视管理的长处，以便过目知数，实现一次到位、合理定置。

④施工现场管理岗位责任人以标牌形式公示。

⑤施工现场作业控制手段要形象直观，使用方便。

⑥现场合理利用各种色彩、安全色、安全标志等。施工现场职工戴的安全帽有红、黄、白、蓝、绿等几种颜色。如果按施工现场不同单位、工种和职务之间的区别戴不同颜色的安全帽，不仅能起到劳动保护的作用，还可以展现职工队伍的优良素质，显示企业内部不同单位、工种和职务之间的区别，使人产生责任感，为组织施工生产，改善施工秩序、施工环境创造一定的方便条件。

安全色、安全标志、防火标志和交通标志是清晰、标准化的视觉显示信息，形象直观，使用方便，正确地运用它们可以引起人们对不安全因素的警惕，增强自我防护意识，可以预防事故发生。如：施工现场基坑、沟、槽、井、便桥等危险处用红白相间的护栏围挡，夜间设红色标志灯，悬挂明显警示标志牌；场区便桥应加设通行吨位标志牌等；在易燃易爆、化学危险品库区应设明显的"严禁烟火"标志牌和"禁止吸烟"等警示标志；场区道路应设交通标志牌；对配电箱、开关箱进行检查维修时，必须将其前一级相应的电源开关分闸断电，并悬挂停电标志牌；在工地入口醒目位置悬挂进入现场必须戴安全帽标志；等等。

⑦施工现场管理各项检查结果张榜公布。根据企业管理规定，工地每月都要组织几次施

工现场管理综合检查或质量、安全、文明施工、环境卫生等方面的单项检查，每次检查评比结果都要绘制图表张榜公布或在黑板、专栏上公布，有的单位在图表上挂不同色彩的牌、旗，以鼓励先进，曝光落后，并且将现场管理综合检查和进度、质量、安全等专业检查结果与单位和职工个人工资奖金挂钩，奖罚严明，推动文明施工水平向更高水平迈进。

⑧信息显示手段科学化。

应广泛应用网络、海报等传播信息的手段开展宣传教育，动员全体职工做好文明施工的同时，搞好企业职工精神文明建设。

(4)推行目视管理应注意的问题。

①推行目视管理，一定要从施工现场的实际情况出发，做深入细致的调查研究，有重点、有计划地逐步展开，不摆花架子，不盲目一哄而上或搞形式主义。

②推行目视管理，一定要实行标准化，消除五花八门的杂乱现象。

③推行目视管理，一定要注意现场各种视觉信息显示手段的应用方式，做到形象直观，一目了然，清晰鲜明，位置适宜，使现场人员都能看得见，看得清。同时要考虑经济成本，少花钱，多办事，讲究实效。

④要严格管理、严格要求。现场所有人员都必须严格遵守和执行有关规定，有错必纠，奖罚合理，保证兑现。

8.3 职业病管理与工伤管理

随着我国社会经济的蓬勃发展，城市建设不断优化，基础设施不断完善。然而在建筑施工过程中，长期从事施工作业的建设者由于频繁接触职业危害因素，潜在的职业病逐渐暴露出来。建筑施工行业职业病的发病率在上升，加强对施工现场职业健康安全的管理迫在眉睫。

8.3.1 职业病防治的意义

中国国家卫生健康委员会发布的通报显示，2017年全国共报告各类职业病新病例26756例。其中，煤炭、有色金属和建筑行业的职业病病例数较多，共占总数的80%。建筑施工职业健康安全问题越来越引起人们的关注。目前建筑施工企业职业健康安全管理普遍比较薄弱，大部分施工企业未能完善职业健康管理机构、配备职业健康专职管理人员，未能对施工现场的职业危害因素、职业病类别进行系统的统计和分析，缺乏规范的制度和基本的防护措施，职业健康监管存在薄弱环节。因此，要做好建筑施工企业的职业健康安全管理工作，首先要了解施工现场常见职业病危害因素、分类及发病起因，采取有针对性的预防措施，从根源上杜绝职业病的发生。

8.3.2 建筑施工现场常见职业病危害因素分析

建筑施工行业点多面广，存在的职业病危害因素种类多且复杂，几乎涵盖所有类型的职业病危害因素。施工工地的范围大，工种类别多，从根本上导致了职业病危害的多变性。通过对建筑施工、基础设施项目施工等多领域现场的调查研究，发现施工现场存在的职业病危害因素主要有以下几方面。

1. 粉尘

建筑施工现场产生的粉尘主要包含游离的水泥尘(硅酸盐)、石棉尘、二氧化硅粉尘、电焊烟尘、木屑尘和金属粉尘。特别是隧道施工等在有限空间内施工作业时,作业过程中粉尘产生频率高,而且很难在短时间内予以清除,主要受危害的工种有掘进机司机、挖掘机司机、混凝土搅拌车司机、材料试验工、水泥上料工、金属除锈工、平刨机工、风钻工、石工、电(气)焊工等,以及在隧道内施工的所有人员。

2. 生产性毒物

建筑施工现场存在的生产性毒物主要是在电焊、油漆喷涂、装修、钢筋切割等作业过程中产生的,含有锰、铅、苯、亚硝酸盐、二氧化硫等化学性有害物质。主要受危害的工种有油漆工、通风工、电焊工、喷漆工、电镀工、气焊工等。

3. 噪声

建筑施工过程及构件加工过程中,各种机械设备产生多种杂乱声音及无规则的音调,主要来源于搅拌机、桩机、空压机、电动机、木工加工机械、钢筋加工机械、装修打磨机械、石材切割机械、交通工具等。主要受危害的工种有打桩机司机、混凝上振捣棒工、钢筋切割工、平刨工、推土机工、装修打磨工等。按规定,施工现场噪声应控制在 85dB 以内。

4. 振动

在建筑施工作业过程中,振动危害常与噪声危害耦合作用,对施工作业人员产生双重危害。产生振动危害的作业场所主要是风钻、混凝土振动棒、推土机、打桩机、挖掘机、装修打磨和石材切割作业等作用场所;受振动危害的工种主要是风钻工、混凝土振捣棒工、推土机司机、打桩机司机、挖掘机司机、装修打磨工和石材切割工等。

5. 高温

由于建筑施工作业多为露天进行,特别是在夏季施工作业过程中,35℃以上高温天气多发频发,容易导致作业人员中暑和昏迷,高温对作业人员造成的危害同样不可小觑。

6. 紫外线辐射及放射性危害

在建筑施工现场存在紫外线辐射及放射性危害的作业主要有电焊作业、高原区域施工作业、安装工程管道探伤作业以及装修打磨作业等,受危害的工种主要有电焊工、探伤工、装修打磨工,以及在高原区域施工作业的人员。

8.3.3　职业病危害的防治管理措施

针对建筑施工职业病危害的防治,应坚持"预防为主、防治结合"的方针,加强对一线建设者的职业卫生与健康知识的培训教育,加强对施工现场存在的职业病危害因素的监控监测,采取科学合理的安全技术措施,提供有效的个人防护用品,经过对施工现场的职业病危害进行大量的调研分析，采取有效预防和控制措施。

1. 粉尘预防措施

①水泥除尘措施：在水泥搅拌防护棚处采取全封闭措施，并安装喷雾降尘、除尘设备，在拌筒出料口装设护罩，挡住粉尘扩散；在拌筒上方装设吸尘罩，将进料口扩散的粉尘吸除；在地面料斗侧装设吸尘罩，将扩散的粉尘吸除，将空气粉尘吸除送入旋风滤尘器，再通过旋风滤尘器内的水浴，使粉尘降落并冲入蓄积池。

②隧道施工粉尘防治措施：作业面采用湿法作业，如湿式钻孔、湿式喷射混凝土等，挖掘时加强喷雾洒水；优先选用抽出式通风除尘措施，改善施工作业环境；加强工人个体防护，配备防尘口罩和防尘面罩，并及时更新。

③木屑除尘措施：在木工机械尘源侧向或上方装设吸尘罩，将粉尘吸入输送管道，再输送到存料仓里，同时确保木工作业场所做到工完场清。

④金属除尘措施：在钢筋切割等容易产生和蓄积金属粉尘的场所，用抽风机将金属粉尘抽至室外，净化处理后再回收利用。

⑤洒水措施：现场清扫作业时先进行洒水，以防止扬尘，施工现场采取道路喷淋、外架喷淋、塔吊喷淋、洒水车洒水等多管齐下的措施，有效控制施工现场空气中的扬尘。

⑥个体防护措施：落实相关岗位的持证上岗，向施工作业人员发放防尘防护口罩和面罩，对于在粉尘场所作业的人员，严格控制作业时间。

2. 生产性毒物预防措施

①防锰毒措施：在集中开展焊接作业的场所，将锰尘吸入专用管道，净化过滤后再排放；在非集中焊接作业的场所，配备移动式锰烟除尘器，将吸尘罩安装在焊接作业人员上方，及时吸走焊接过程中产生的锰烟尘；更新焊接材料，改革工艺，采用无毒或少毒的材料加工焊接材料。

②防铅毒措施：对于建筑施工作业中产生铅尘的场所，必须采取有效的控制措施。用抽风机将铅烟、铅尘抽至室外，采取净化处理措施后再排放；以低毒甚至无毒的材料替代铅，消除铅源。

③防苯毒措施：喷漆作业可在密闭喷漆间进行，作业人员在喷漆间外通过微机控制，用机械手进行喷漆作业，以减少喷漆作业产生的苯等有害化学物质对人的危害；在通风不良的地下空间、污水池内涂刷各种防腐涂料等作业时，应多台抽风机同时作业，把苯等有害化学气体抽出，杜绝急性苯中毒现象出现；施工现场的油漆配料房应采用机械通风措施，减少作业人员连续配料的时间，防止铅中毒和苯中毒；在密闭容器和室内通风不良的场所进行涂刷冷沥青作业时，必须采取机械送风、送氧措施，不断稀释空气中的有害气体浓度。

④个人防护措施：电焊工作业必须做到持证上岗，并严格辨别证书的真伪，杜绝出现无证或持假证上岗现象。为在职业病危害场所作业的人员配备粉尘专用眼镜、有害气体、防护罩和防护口罩，并轮换作业，严格控制作业时间。

3. 噪声危害预防措施

①声源控制：施工现场优先采用无噪声和噪声小的机械设备，改进施工工艺，减少和控

制噪声的产生，在机械设备的各排气口安装消声器，从源头降低噪声的分贝。

②过程控制：在室内对发声的物体与周围环境进行阻隔，使用多孔吸声材料进行吸声，或者采用单层或双层隔声板，使噪声在传播过程中衰减。

③个体防护措施：为噪声环境下的作业人员配备耳罩、耳塞等个人防护用品，控制作业人员在噪声环境中工作的时间，以减弱噪声对作业人员造成的危害。

4.振动危害预防措施

在振动源与作业人员操作工具之间安装具有减振、隔振功能的装置，吸收振动源产生的大部分振动；改进施工生产工艺，推行新设备、新技术、新工艺，降低振动产生频率；作业人员操作手持振动工具时，加设隔振垫，并戴好专用的防振手套。

5.高温危害预防措施

夏季高温环境下施工作业时，如日最高气温达到40℃以上，停止当日室外露天作业；日最高气温达到37℃以上、40℃以下时，全天安排劳动者室外露天作业时间累计不得超过6 h，连续作业时间不得超过国家规定，且在气温最高时段的3 h内不得安排室外露天作业；日最高气温达到35℃以上、37℃以下时，采取换班轮休等方式，缩短劳动者连续作业时间，不得安排室外露天作业人员加班。根据气温条件及时调整作业和休息时间，合理安排工序和工程量，足额配备劳动防护用品，保障作业人员的身体健康和人身安全。

6.紫外线辐射及放射性危害控制措施

对进行焊接作业的场所进行封闭式管理或采取防护罩措施。为焊接作业人员配备有效的防护眼镜，隔离紫外线，焊接作业采用加装防护罩措施进行光污染防治，以避免焊接作业周围人员受到强光刺激伤害，并把焊接进发的火花控制在有限的空间里面，也消除了火灾隐患。为管道探伤作业人员配备专业防护服，减少探伤过程中的放射性元素对作业人员造成的危害。

8.3.4　工伤管理

1.工伤发生原因

①施工环境复杂。

建筑安装是劳动密集型、资源密集型行业。多点交叉的施工作业，汇集了高空、高温、坍塌、电流、坠物、机械、射线等大多数危险源的施工场地，不同专业的众多施工人员形成了高度复杂的施工环境，这是工伤多发的主要原因。

②施工人员素质良莠不齐。

员工素质是员工安全风险掌控能力的重要依托，一般来说，受教育程度高的员工识别危险和规避危险的能力也较高。高资质的施工企业的技术技能人员主要完成工程的高技术含量部分，而其他大部分的工作通过分包给外协队伍(低资质施工企业)来完成，而低资质的施工企业员工主体就是平时务农、闲时务工的农民工，而农民工恰是工伤的多发对象。

③安全管理不到位。

建筑施工总承包单位以包代管的管理方式、不完善的管理制度、紧张的施工周期和巨大的成本压力造成了安全管理的缺口。特别是一些中小施工企业和劳务企业缺乏施工技术和安全管理经验，采用简单粗暴的管理方式运营，忽视过程控制、程序管理和安全教育，造成严重安全隐患。

2. 工伤预防

①落实"三交"，警示危险源，重点防止"五类事故"。

在作业前交任务、交安全、交技术，在现场突出标志危险源，重点防治坍塌、高处坠落、物体打击、触电、机械伤害五类多发事故。

②做好劳动保护。企业在成本上要优先保障安全措施费，在现场要优先设置安全设施，在员工身上要配齐劳动保护用品。管理者要教育和监督员工按要求正确佩戴劳动保护用品，准确识别安全标志。

③加强安全教育。通过教育培训的方式提高员工识别危险的能力、应急处理能力和自我保护意识，绷紧员工心理的安全弦是预防工伤的有效手段。安全教育要深入现场、融入生活，要横向到边、纵向到底，无缝覆盖员工的生产生活环境。要重点加强对新入场员工和农民工的安全教育，培养其安全意识，提高其应对复杂施工环境的能力。

④加强分包管理。一方面总承包的施工企业一定要改变以包代管的分包管理模式，严格审查分包单位的施工资质和人员资质，堵住包工头租借资质和挂靠的渠道，要培育一批长期合作的高素质分包队伍；另一方面要对分包队伍的安全管理进行全过程监管，督促其完善管理、按规定施工。

3. 工伤认定

①认定工伤事故的基本条件和基础工作。

以往在对建筑企业工伤事故认定的过程中，通常认为工伤事故是劳动者在执行工作职责中因工负伤、致残、致死的事故，这个概念的界定稍嫌狭隘。最新《工伤保险条例》规定，在工作时间和工作场所内，因工作原因受到事故伤害的，以及患职业病的，都是建筑施工企业认定工伤的情形。建筑施工企业对工伤事故认定的基础工作，首先应当建立健全工伤事故处理工作的组织机构、加强领导，完善各种资料台账；其次要确定发生工伤事故对象的身份，是否与用人单位存在劳动关系（包括事实劳动关系），没有劳动关系的劳动者，无论受到任何伤害都不属于工伤事故；再次是调查工伤事故的基本情况，收集《工伤保险条例》中工伤认定所需的材料，并按规定要求报送到认定工伤保险的经办机构。

②工作原因是工伤认定的核心。

工伤与非工伤的界限，通常从以下几个方面考虑：第一，时间界限；第二，空间界限；第三，职业界限。工伤事故大多发生在工作时间、工作场所，由于工作原因受到的伤害，这是最普通的工伤伤害。就普通工伤而言，工伤认定最核心的内容是"工作原因"，其他各个要素的认定范围都可以由此延伸。在时间方面，可以是正常的工作时间，也可以是前后的准备工作时间，也可以是收尾工作时间，还可以是加班时间。在空间方面，可以是工作场所，也可以是上下班的途中，可以是本地，也可以是外地。在伤害方面，可以是事故伤害，可以是履行工作职责遭到的暴力伤害，也可以是接触有毒有害物质而发生的职业病，还可延伸到机动车伤害，等等。只要是由于工作原因发生的，都应当认定为工伤。工伤事故还包括患职业病，无论是患何种职业病，均与工作有关，都是在工作时间、工作场合和工作原因造成的损害，因此，都属于工伤事故认定的范围。同样，建筑施工企业中的职业病患者所在单位也可以根据《工伤保险条例》，在规定的时间内，向单位所在地统筹地区的劳动保障行政部门提出工伤认定申请。

4. 工伤事故处理

①建立健全保险保障机制。

建筑施工企业要切实为全员建立工伤保险并及时缴纳保险费用，有条件的企业可以为员工另外投保商业保险，拓宽保障渠道，建立多方位、高水平的保险保障机制，以提高企业抗风险能力和员工工伤待遇水平。

②依法保障工伤员工待遇。

第一，企业要及时救治受伤员工，要及时垫付工伤医疗费用，保证受伤员工能及时接受有效治疗。第二，企业要主动及时地为因工受伤员工申报工伤认定和进行劳动能力鉴定。第三，工伤赔付要及时到位。第四，要依法保障员工的医疗期和医疗期待遇。第五，要协助员工做好工伤康复工作。

③做好沟通安抚工作。

对于重伤或者工亡员工，除了依法支付待遇，企业还要做好员工和家属的沟通安抚工作，要发挥工会的桥梁和纽带作用。鉴于现阶段国家统筹支付的伤残和工亡待遇水平较低的客观情况，对家庭特别困难的丧失劳动能力的职工或工亡职工的直系供养亲属，应当给予一定的人道主义救助。

④做好工伤职工伤愈后重新上岗的安排和调剂工作。

对伤愈后不能继续从事原岗位工作的，在员工本人有要求的情况下，应当尽可能地调剂到合适的岗位从优安置；对依法解除劳动合同的，要及时支付一次性医疗补助金和就业补助金。

思 考 题

(1)安全培训和教育问题：如何确保所有施工人员都接受了有效的安全培训和教育，以增强他们的安全意识和自我保护能力？

(2)施工现场安全管理问题：施工现场应如何设置安全警示标志、围栏和其他防护设施，以防止非施工人员进入危险区域？

(3)施工设备和机械的维护问题：如何建立和执行定期的施工设备和机械的检查、维护和更新制度，以避免因设备故障导致的安全事故发生？

(4)施工过程中的环境保护问题：在施工过程中如何减少噪声、粉尘和废弃物的排放，以保护周边环境和居民的生活质量？

(5)应急预案和事故处理问题：建筑施工现场应如何制订和实施应急预案，以快速、有效地应对可能发生的安全事故？

第9章　装配式建筑安全管理

9.1　装配式建筑现状

随着科技的不断发展和人们对建筑效率追求的日益提高，装配式建筑作为一种革新性的建筑方式，正逐渐受到业界的广泛瞩目。这种建筑方式将传统的现场浇筑施工模式彻底颠覆，转变为工厂预制与现场装配的新模式，不仅极大提升了建筑速度，而且有效保证了建筑质量。据统计，欧美等发达国家装配式建筑的占比已超过70%，而在我国，其虽然起步较晚，但近年来也呈现出快速发展的态势。装配式建筑的普及得益于其显著的优势，如缩短工期、提高工程质量、减少环境污染等。此外，随着国家对绿色建筑和可持续发展的重视，装配式建筑作为一种绿色、环保的建筑方式，得到了政策上的大力支持和推广。然而，尽管装配式建筑有许多明显的优势，但在实际应用过程中仍面临着一系列的挑战和问题。

首先，我们来深入探讨一下装配式建筑的显著优势。相较于传统的建筑方式，装配式建筑将大量的建筑构件在工厂内进行预制，随后运输到现场进行装配。这种方式能够大幅度缩短建筑周期，减少施工现场的噪声、尘土和废水排放，从而实现更加环保和高效的建筑施工。此外，工厂预制的环境相对稳定，有利于采用先进的工艺和技术，进一步提高建筑构件的质量和精度。因此，装配式建筑在提升建筑效率的同时，也显著提高了建筑的整体品质。

然而，尽管装配式建筑具有诸多优点，但在实际应用中仍面临着一些挑战和问题。首先，预制构件的标准化和多样化问题亟待解决。由于装配式建筑采用工厂预制的方式，对构件的尺寸、形状等要求较高，如何实现构件的标准化和多样化，以满足不同建筑需求，是装配式建筑发展中需要解决的关键问题。其次，装配式建筑的施工技术和管理水平也有待提高。与传统的现场浇筑施工相比，装配式建筑的施工过程更加复杂，需要更高的技术和管理水平来确保施工质量和施工安全。并且装配式建筑对技术工人的要求较高，需要其具备专业的技能和经验。然而，目前市场上具备相应技能和经验的工人相对较少，这在一定程度上限制了装配式建筑的发展。此外，装配式建筑的成本问题也是制约其发展的一个重要因素。虽然装配式建筑从长远来看具有节约成本和资源的优势，但在短期内，其成本相对较高，需要更多的投入和支持。

总体看来，装配式建筑作为一种新型的建筑方式，具有广阔的发展前景和巨大的市场潜力，我们应该在充分认识其优势的基础上，积极应对和解决所面临的挑战和问题，推动装配式建筑在建筑行业中的广泛应用和推广。同时，我们也应该看到，装配式建筑的发展离不开全社会的共同努力和支持，需要政府、企业、科研机构和广大民众的共同参与和推动。只有这样，我们才能实现建筑行业的可持续发展，为构建美好和谐的社会作出更大的贡献。

9.2 装配式建筑危险源及职责

随着建筑行业的快速发展，装配式建筑作为一种新型的建筑方式，正逐渐受到广泛关注和应用。然而，任何工程都存在一定的安全风险，装配式建筑也不例外。装配式建筑的危险源如图 9-1 所示。

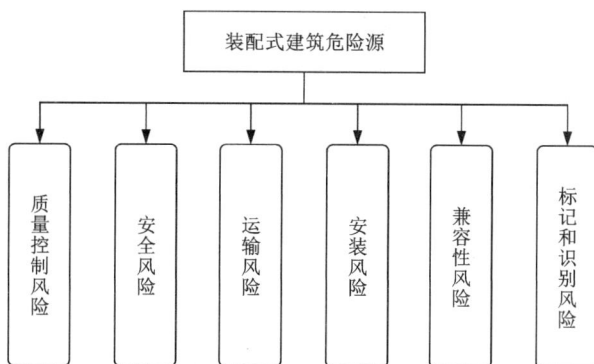

图 9-1 装配式建筑的危险源

1.装配式建筑危险源分析

1）质量控制风险

预制构件在工厂制作过程中可能存在质量问题，如尺寸偏差、强度不足、出现裂纹等。如果没有严格的质量检测和控制流程，这些问题可能被忽视，导致构件不合格。组件生产质量风险是装配式建筑质量控制中的一大关键环节。这主要是因为装配式建筑的大量组件都是在工厂中预先生产完成的，这些组件的质量直接关系到整个建筑的质量。组件生产的质量控制风险主要包括以下几个方面：①原材料质量不稳定：如果原材料的质量不达标，那么生产出的组件质量也难以保证。例如，使用的钢材强度不足、混凝土配比不正确等，都会影响组件的性能。②生产设备精度不够：生产设备的精度直接影响组件的尺寸和形状精度。如果设备精度不够，会导致组件之间的拼接不严密，影响建筑物的整体性能。③生产工艺不合理：生产工艺是否合理也会影响组件质量的好坏。例如，混凝土的养护时间不足，会导致混凝土强度不够；焊接工艺不合理，会导致焊接部位出现裂纹等。④生产过程控制不严格：生产过程中如果没有严格的质量控制，那么质量问题将很难被及时发现和纠正。⑤标准化程度不高：如果组件的生产没有严格按照标准化流程进行，那么组件的尺寸和性能可能会出现偏差，影响装配质量。

2）安全风险

装配式建筑在设计、制造、运输和安装过程中可能面临多种安全风险。以下是一些主要的安全风险：①设计不当可能导致结构不稳定或不符合安全标准。制造过程中的错误可能导致组件质量不合格，存在安全隐患。②组件在运输过程中可能损坏或丢失，也可能发生交通事故。③施工现场可能存在坠落、碰撞、电击等多种风险。施工现场的环境条件，如极端天气、噪声、灰尘等可能对人员健康和安全造成影响。④组件安装不当可能导致结构不稳定甚至倒塌。建筑物在使用过程中可能因为维护不当或超出设计负荷而出现安全问题。

3）运输风险

以下是一些主要的运输风险：①在运输过程中，装配式建筑组件需要正确装载到运输车辆上，并确保组件稳定固定，防止在运输过程中发生移动或翻倒。不当的装载和固定可能导致组件损坏或发生交通事故。运输装配式建筑组件时，应充分考虑道路状况、交通状况和天气条件。恶劣的道路和交通条件可能导致运输延误、事故风险增加，甚至对组件造成损坏。由于装配式建筑组件通常较大、较重，运输过程中可能发生碰撞、挤压等意外情况，导致组件损坏。此外，环境因素如温度、湿度、紫外线等也可能对组件造成影响。②在运输过程中，需要遵守相关法规并获取必要的运输许可。若未按规定办理相关手续，可能导致罚款、货物被扣押甚至项目延期。为降低运输过程中的潜在损失，通常需要为装配式建筑组件购买运输保险。若保险购买不足或保险范围不符合实际需求，可能导致损失无法得到充分赔偿。③运输过程中，驾驶员和相关工作人员的安全至关重要。疲劳驾驶、操作不当等人为因素可能导致事故风险增加。

4）安装风险

以下是一些主要的安装风险：①现场条件，包括地质、气候、水电供应等，都可能对装配式建筑的安装造成影响。例如，不稳定的地质条件可能导致建筑不稳定，而极端天气条件可能影响施工进度和安全。如果设计图纸存在错误或制造过程中出现偏差，可能导致组件不匹配、安装困难，甚至需要现场修改设计或重新制造组件，这会增加成本和延误工期。②装配式建筑的安装需要专业的技术和经验。技术不足或操作不当可能导致安装错误，进而影响建筑的质量和安全性。③安装过程中使用的起重机、吊车等设备需要定期检查和维护。设备故障或操作失误可能导致严重的安全事故。施工现场的安全是安装过程中的重要考虑因素。需要确保所有施工人员都经过适当的培训，并使用适当的个人防护装备。④组件的及时供应对于保证施工进度至关重要。供应链中断或物流延误可能导致施工暂停，增加成本。⑤建筑项目需要遵守当地的建筑法规和标准，不符合法规可能导致罚款、项目暂停或拆除已安装的部分。

5）兼容性风险

装配式建筑的兼容性风险涉及建筑的各个组成部分在设计、制造、运输和安装过程中的匹配性和一致性。以下是一些主要的兼容性风险及其可能的影响：①设计图纸与实际制造的组件之间可能存在差异，导致组件无法正确组装。不同供应商或不同批次的组件可能存在微小的尺寸或规格差异，影响组装效果。②结构件与电气、管道、隔热等非结构系统可能存在集成问题。③现场条件（如地基、气候、地形）可能与预制组件的设计不匹配。④使用的新技术或系统可能与现有的施工方法或建筑规范不兼容。⑤建筑法规和标准的变化可能导致设计与现行规定不相符。

6）标记和识别风险

装配式建筑的标记和识别风险主要涉及建筑组件的正确识别、追踪和管理，这些风险可能导致安装错误、施工延误或质量问题。以下是一些可能的风险及其分析和解决方案：①如果组件没有明确的标记或标记不清晰，施工人员可能无法正确识别和安装组件，导致安装错误或施工延误。缺乏有效的识别和追踪系统可能导致组件混淆，难以追踪组件的状态和位置。②设计变更、制造缺陷或其他信息如果没有及时准确地传递给施工团队，可能会导致使用错误的组件或延误施工。③在施工现场，相似的组件可能会被混淆或放错位置，导致安装错误。施工人员如果缺乏识别和处理组件的专业培训，可能会识别错误或处理不当。④如果物流管理不当，可能会导致组件在运输和存储过程中损坏或丢失。

2. 装配式建筑各方职责

装配式建筑项目的职责分配是一个复杂而关键的过程，它涉及众多参与方，每个参与方都在项目的不同阶段发挥着不可或缺的作用。这些角色和责任确保了项目的顺利进行，并最终保证建筑的安全性和功能性。下面，我们将详细分析每个参与方及其职责。

1）建筑师/设计师

首先，建筑师和设计师在任何一个建筑项目中都扮演着至关重要的角色，他们的工作不仅是创造美观的建筑外观，还要满足客户的需求和符合相关法规标准，确保项目的顺利进行。因此，必须具备扎实的专业知识和丰富的经验，以应对各种复杂的设计挑战。

在建筑设计的过程中，建筑师和设计师需要进行深入的结构计算和分析。这包括对建筑材料的力学特性、结构的稳定性、承载能力等方面的研究。通过这些计算和分析，确保设计的安全性和可行性，避免因设计缺陷出现安全事故。

同时，设计师还需要在设计阶段充分考虑到制造、运输和安装的需求。他们需要与相关的生产和施工团队紧密合作，确保设计方案能够顺利地转化为实际的产品。这包括对材料的选择、施工方法的确定、运输路线的规划等方面的考虑。设计师需要提供详细的指导和说明，确保生产和施工团队能够按照设计方案进行操作，达到预期的效果。

此外，建筑师和设计师还需要关注建筑的环境影响和社会责任。他们需要考虑建筑对周边环境的影响，如采光、通风、噪声等方面的问题。同时，还需要关注建筑的社会责任，如为社区提供公共空间、为残疾人提供便利设施等。这些方面的考虑可以使建筑更加符合可持续发展的要求，为社会带来更多的价值。

2）结构工程师

在建筑工程项目中，结构工程师负责进行结构设计和分析，确保建筑结构的稳定性和耐久性。结构工程师的专业知识是项目成功的关键，他们的决策直接影响建筑的安全性和使用寿命。

结构工程师的主要职责是进行结构设计，包括选择合适的材料、确定结构形式、计算结构受力等。必须考虑到各种因素，如地质条件、气候条件、使用功能等，以确保结构在各种情况下都能保持稳定。此外，结构工程师还需要进行结构分析，预测结构在不同载荷下的反应，以确保结构的安全性和可靠性。

结构工程师与建筑师紧密合作，共同推动项目顺利进行。建筑师负责提出设计理念，结构工程师则需要评估这些理念的可行性和安全性。通过提供技术支持，帮助建筑师实现设计理念，同时确保建筑的安全性。

此外，结构工程师还需要审查设计文件，确保所有设计都符合行业标准和规范。需要对各种设计细节进行仔细的检查，以确保没有遗漏或错误。

3）制造商/生产商

制造商或生产商是建筑组件的实际制造者，负责将设计图纸转化为现实中的建筑元素。

首先，制造商必须严格遵循设计图纸的规格和要求，精确制造出符合标准的建筑组件。这意味着制造商需要拥有先进的生产设备和专业的技术人员，以确保生产出的每一个组件都能够达到设计要求。同时，制造商还需要对原材料进行严格筛选，确保所使用的材料符合质量标准，从而保证最终产品的品质。

其次，制造商在生产过程中需要进行严格的质量控制和监督。这包括对生产流程的监控、对产品质量的检测以及对不合格产品的处理等方面。通过质量控制和监督，及时发现并纠正生产过程中的问题，确保每个组件都达到最高的品质标准。

4）物流公司/运输方

物流公司和运输方负责将建筑组件从生产地运送到施工现场，确保建筑组件在运输过程中的安全和完整。

首先，物流公司需要合理安排运输路线和方式。在选择运输路线时，需要考虑各种因素，如路况、天气、交通流量等，以确保运输过程的顺畅和高效。此外，物流公司还需要选择适合的运输方式，如陆运、海运或空运，以确保建筑组件能够及时送达施工现场。在这个过程中，物流公司需要充分考虑运输成本、时效性和可靠性等因素，以确定最优的运输方案。

其次，物流公司需要严格遵守相关运输法规和安全标准。这包括使用符合规定的运输车辆、包装材料，以及遵循安全操作规程。通过这些措施，确保建筑组件在运输过程中不会受到损坏或丢失，同时也能够降低运输过程中可能产生的风险。

此外，物流公司还需要关注运输过程对环境和社区的影响。采取一系列措施，如减少排放、降低噪声、减少废弃物等，以减轻运输过程对环境造成的负担。同时，物流公司还需要与社区进行沟通和协调，确保运输过程不会对当地居民的生活造成不良影响。

5）施工团队/承包商

施工团队/承包商负责将设计方案转化为实际的建筑。施工团队需要确保施工现场的安全，采取各种预防措施，避免工人受伤和财产损失。同时，他们还需要严格控制施工质量，确保每一个细节都符合设计要求和相关标准。

在施工过程中，施工团队需要展现出色的管理能力和协调能力。需要组织和调度现场工作人员和设备，确保所有工作都按照计划顺利进行。具备丰富的经验和专业知识，能够预测和解决可能出现的问题。还需要与项目团队、设计师和业主保持紧密沟通，确保项目的顺利进行和最终交付。

施工团队的工作不仅局限于现场施工，需要在项目开始前进行充分的准备工作，包括制订详细的施工计划、组织必要的设备和材料、培训工作人员等。通过充分的准备工作，确保项目能够按时启动，并尽可能减少施工过程中出现的延误和麻烦。

6）项目管理者/项目经理

项目管理者/项目经理肩负着整个项目的计划、执行和监督工作。项目经理需要具备扎实的专业知识和丰富的经验，以确保项目能够按时、按预算完成，同时还需要具备出色的沟通协调能力和解决问题的能力。

首先，项目经理需要制订详细的项目计划，包括时间表、预算和资源分配等方面。深入了解项目的需求和目标，并与团队成员、客户和供应商等各方进行充分的沟通和协商。在制订计划时，需要考虑到可能出现的风险并制订相应的应对策略，以确保项目能够顺利进行。

其次，项目经理需要监督项目的执行情况，确保项目按计划进行。需要密切关注项目的进度和预算情况，及时发现和解决问题，以确保项目不会偏离计划和预算。同时，项目经理还需要与团队成员保持密切的沟通和联系，了解他们的工作进展和困难，并提供必要的支持和帮助。

此外，项目经理还需要作为各方的沟通协调者，确保各方之间顺畅沟通，在项目执行过程中，项目经理需要与客户、供应商、团队成员等各方进行有效的沟通和协商，及时解决项目中出现的问题和矛盾。这需要项目经理具备出色的沟通技巧和协调能力，以确保各方合作愉快、高效。

最后，项目经理还需要对项目的成果进行评估和总结。在项目结束后，项目经理需要组织团队成员对整个项目进行总结和反思，分析项目的成功经验和不足之处，并提出改进意见和建议。这能够为未来的项目提供宝贵的经验和参考。

7）监理工程师

监理工程师负责确保施工过程的顺利进行，保障项目最终的质量和安全。

首先，监理工程师的主要职责是对施工过程进行全面监督。熟悉设计图纸和规范要求，确保施工工作严格按照设计要求进行。在施工过程中，监理工程师需要密切关注各个环节的进展情况，及时发现问题并提出改进意见。他们的工作范围涵盖了从基础施工到装修装饰的各个方面，确保每个施工环节都符合相关标准和要求。

其次，监理工程师还需要对施工质量和安全性进行严格把关。对施工材料、设备等进行质量检查，确保使用的材料和设备符合设计要求和质量标准。对施工现场的安全状况进行监控，及时发现并消除安全隐患，保障施工人员的生命安全和财产安全。

此外，监理工程师还需要定期向项目业主或建设单位提交监理报告，详细记录施工过程的进展情况、存在的问题以及改进措施等，为项目业主或建设单位提供及时、准确的信息反馈。通过监理报告，项目业主或建设单位可以了解项目的进展情况，及时发现问题并采取相应措施，确保项目顺利进行。

8）质量控制/安全专员

质量控制/安全专员不仅负责确保所有施工活动遵循严格的安全标准和最佳实践，还需要密切关注潜在的安全隐患，并及时采取有效措施进行防范和应对。

首先，质量控制/安全专员在项目开始之前，对整个项目的安全需求进行全面评估，以确保施工过程中的各项安全标准和规定得到充分落实。深入研究安全相关的法规和标准，确保项目团队了解并遵守这些规定，从而在源头上预防安全事故的发生。

其次，进行定期的安全检查和风险评估，确保施工现场的安全状况始终处于可控范围内。不仅要对施工设施、机械设备和防护用品等进行仔细检查，还要对施工人员的安全行为进行监督和管理。通过定期的风险评估，及时发现潜在的安全隐患，并采取相应措施进行整改，从而有效预防事故的发生。

当质量控制/安全专员发现潜在的安全隐患时，要迅速采取措施，确保施工现场的安全稳定。要与项目团队紧密合作，共同制订整改方案，还要密切关注整改措施的落实情况，确保问题得到彻底解决。及时向上级领导报告安全情况，为项目管理层提供决策支持。

除了以上职责，质量控制/安全专员还需要不断提高自身的专业素养和技能水平，关注最新的安全技术和管理理念，学习并掌握先进的安全知识和技能，以更好地履行自己的职责。同时，还需要与项目团队保持良好的沟通和协作，共同推动项目的安全稳定发展。

9）业主和开发商

业主和开发商是项目的发起者和投资者，从项目的初始阶段到最终完成，需要全程参与，保证项目能够按照预定的目标顺利进行。

首先，业主和开发商负责确定项目的需求和预算。对市场进行深入的调研，了解当前的需求和趋势，确定项目的定位、规模、功能等方面的要求。同时，还需要评估项目的投资回报率和风险，制定合理的预算，保证项目的经济效益。

在确定了项目需求和预算后，业主和开发商需要选择合适的设计和施工团队。对候选团队进行综合评估，包括团队的经验、技术水平、信誉等方面。通过公开招标、邀请招标等方式，选择最适合自己项目的团队，并签订合作协议。

在项目的实施过程中，业主和开发商需要密切关注项目的进展，定期与设计和施工团队进行沟通，了解项目的进度、遇到的问题和解决方案。同时，对项目的质量、安全等方面进行严格的把控，确保项目能够按照预定的标准和质量完成。

当项目完成后，开发商还需要负责建筑的日常维护和定期检查工作。制订详细的维护计划，定期对建筑进行检查、维修和保养，确保建筑的长期性能和安全性。同时，对建筑的使用情况进行监督和管理，确保建筑符合相关的法律、法规和规范要求。

10）维护团队（建筑完成后）

维护团队负责执行一系列维护任务，从简单的清洁和保养到复杂的维修和改造。通过定期检查，及时发现潜在的问题和安全隐患，并采取有效的措施进行修复，保障建筑的整体结构和功能不受损害。

在维护团队的日常工作中，不仅要对建筑的外观和结构进行检查，还要关注建筑内部的设施和设备。比如，电梯、空调系统、电气系统等都需要定期维护和保养，以确保其正常运行，为建筑的使用者提供舒适和安全的环境。

维护团队的工作并不仅仅是应对突发问题和故障，还需要根据建筑的使用情况和年限，制订长期的维护计划，包括定期更换老旧设备、进行必要的加固和改造等。通过科学的维护管理，可以延长建筑的使用寿命，减少维修成本，同时提升建筑的安全性和使用性能。

此外，维护团队还需要与建筑设计师、施工队伍等其他相关方保持密切沟通。在发现维护问题时，及时与设计师和施工队伍联系，共同探讨解决方案。这种跨学科、跨领域的合作模式有助于确保建筑维护工作顺利进行，提高维护效率和质量。

9.3　装配式建筑施工安全管理

9.3.1　装配式建筑运输安全管理

装配式建筑的运输安全管理是确保组件从制造工厂安全到达施工现场的重要环节，如图 9-2 所示。

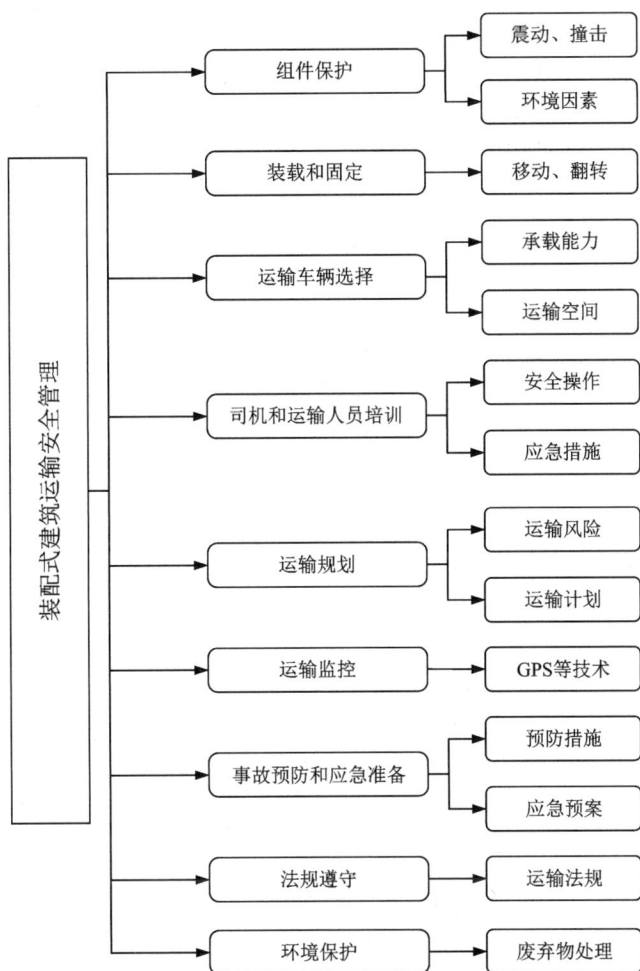

图 9-2　装配式建筑运输安全管理

（1）组件保护。确保所有组件在运输过程中得到适当的保护，防止因震动、撞击或环境因素（如湿度、温度）造成损坏。使用适当的包装材料和固定设备来保护组件。

（2）装载和固定。组件在装运前应进行适当的固定，以防止在运输过程中移动或翻转。确保所有的重物和大型组件都有适当的吊装设备和固定方式。

（3）运输车辆选择。根据组件的尺寸和重量选择合适的运输车辆，确保车辆的承载能力和运输空间满足需求。确保车辆符合道路运输的安全标准和法规。

（4）司机和运输人员培训。所有参与运输的人员应接受有关安全操作和应急措施的培训。司机应熟悉运输路线和相关法规，知晓如何处理运输中的突发情况。

（5）运输规划。规划最佳的运输路线，避免选择复杂或狭窄的道路，减少运输风险。考虑天气条件、交通状况和运输时间，制订详细的运输计划。

（6）运输监控。使用 GPS 和其他跟踪技术监控运输车辆的位置和状态。确保有有效的沟通系统，以便在紧急情况下迅速响应。

（7）事故预防和应急准备。制订事故预防措施和应急预案，包括事故报告、现场处理和后续跟进。准备必要的救援设备和材料，如拖车、起重机和急救包。

（8）法规遵守。遵守所有适用的运输法规，包括重量限制、尺寸限制和运输时间规定。定期进行合规性检查和审计，确保运输活动的合法性。

（9）环境保护。在运输过程中采取措施减少对环境的影响，如合理规划以减少碳排放，妥善处理废弃物等。

通过实施这些安全管理措施，可以显著降低运输过程中的风险，确保装配式建筑组件安全、准时地到达施工现场。

9.3.2 装配式建筑存放安全管理

装配式建筑的存放安全管理是确保建筑组件在存储期间不受损坏、不发生变形或老化的关键环节，如图 9-3 所示。

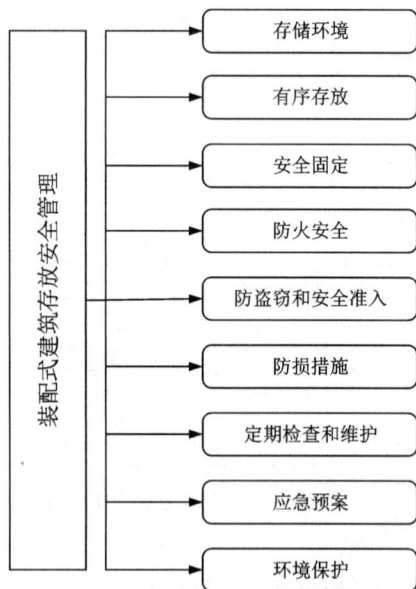

图 9-3 装配式建筑存放安全管理

（存储环境／有序存放／安全固定／防火安全／防盗窃和安全准入／防损措施／定期检查和维护／应急预案／环境保护）

（1）存储环境：

选择干燥、通风良好的存储场所，避免过度的湿度和温度波动，以防止材料受潮、生锈或发生其他环境因素引起的损害。如果可能，提供遮阳或遮雨设施，以保护组件免受恶劣天气的影响。

（2）有序存放：

按照组件类型、尺寸和使用顺序组织存放，确保易于识别和取用。使用标签或标记系统，清晰地标识每个组件，以便追踪和管理。

（3）安全固定：

确保组件在存储期间得到适当的支撑和固定，防止其倾倒或移位。对于重型或大型组件，使用合适的支撑架和固定装置。

（4）防火安全：

遵守消防安全规定，确保存储区域有足够的消防设备，如灭火器、消防栓等。确保存储区域的消防通道和出口畅通无阻。

（5）防盗窃和安全准入：

设置安全围栏或门禁系统，控制对存储区域的访问。对存储区域进行定期的安全巡查，防止未经授权的人员进入。

（6）防损措施：

避免在组件上方堆放重物或进行其他作业，防止意外损坏。确保存储区域没有尖锐或硬质物体，以免刮伤或碰伤组件。

（7）定期检查和维护：

定期对存储区域进行检查，及时发现并解决潜在的安全隐患。对存储设施进行必要的维护和保养，确保其正常运行。

（8）应急预案：

制订应急预案，以应对自然灾害、火灾等紧急情况。培训存储区域的工作人员如何响应紧急情况，并进行定期演练。

（9）环境保护：

采取措施减少存储过程中对环境的影响，如合理管理废弃物，减少噪声和粉尘污染。

通过实施这些存放安全管理的措施，可以有效地保护装配式建筑组件的安全和完整，为后续的施工和安装工作提供保障。

9.3.3 装配式建筑吊装安全管理

装配式建筑的吊装作业是施工过程中的一个关键环节，涉及重物搬运和高空作业，因此其安全管理尤为重要，如图9-4所示。

（1）详细的作业计划：

在吊装作业前制订详细的作业计划，包括吊装方法、路径、时间和安全措施。确保所有作业人员都了解计划内容，并按照计划执行。

（2）安全培训：

确保所有参与吊装作业的人员都接受了相关的安全培训，包括使用吊装设备、识别危险和应急措施。定期进行复训，以提升作业人员的安全意识和技能水平。

（3）合格的吊装设备：

使用符合安全标准的吊装设备，包括起重机、吊钩、钢丝绳和其他辅助设备。定期对吊

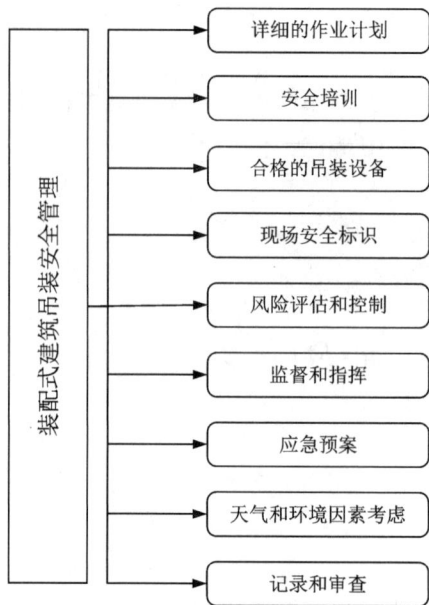

图 9-4 装配式建筑吊装安全管理

装设备进行检查和维护，确保其处于良好的工作状态。

（4）现场安全标识：

在吊装区域设置明显的安全警示标识，划定禁区，防止无关人员进入。使用警戒带、围栏或其他物理隔离措施保护作业区域。

（5）风险评估和控制：

对吊装作业进行风险评估，识别可能的危险源，如天气条件、设备故障、操作失误等。制订相应的风险控制措施，如天气监测、设备检查、完善操作规程等。

（6）监督和指挥：

指派专职的信号指挥员负责协调和指挥吊装作业，确保作业有序进行。监督人员应确保作业过程中的安全措施得到执行。

（7）应急预案：

制订吊装作业的应急预案，包括发生设备故障、人员伤害、结构损坏等情况时的应对措施。准备必要的急救设备和救援人员，以便在紧急情况下能够迅速响应。

（8）天气和环境因素考虑：

考虑天气和环境因素对吊装作业的影响，如强风、暴雨、高温等。在恶劣天气条件下，应暂停吊装作业，保证人员和设备的安全。

（9）记录和审查：

记录吊装作业的过程和结果，包括作业时间、参与人员、使用设备等信息。定期审查吊装作业的记录，分析事故原因，不断改进安全管理措施。

通过实施这些措施，可以有效地控制吊装作业中的风险，保障作业人员和设备的安全，确保装配式建筑施工顺利进行。

9.3.4　装配式建筑安装安全管理

装配式建筑的安装阶段是整个建筑过程中至关重要的一环，安全管理在保障施工质量和人员安全方面发挥着关键作用，如图 9-5 所示。

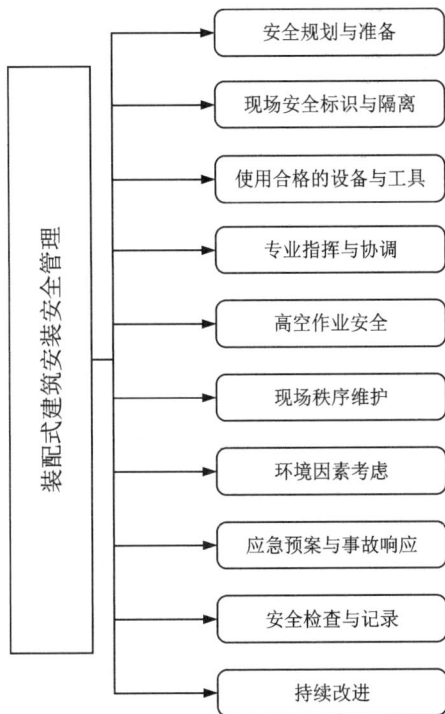

图 9-5　装配式建筑安装安全管理

（1）安全规划与准备。在安装前确定详细的安全计划，包括风险评估、安全措施的制定以及应急预案的准备。确保所有安装人员都接受了相关的安全培训和技能培训。

（2）现场安全标识与隔离。在施工现场设置明显的安全警示标识，划定安全区域，限制非授权人员进入。使用警戒带、围栏或其他隔离设施保护工作区域。

（3）使用合格的设备与工具。确保所有吊装、固定和安装设备均符合安全标准，并处于良好的工作状态。定期对设备进行维护和检查，确保其安全可靠。

（4）专业指挥与协调。指派经验丰富的信号指挥员和安全监督员，负责现场的协调和监督工作。确保所有工作人员明确自己的职责，并遵守现场的安全规程。

（5）高空作业安全。为高空作业人员提供安全带、安全网等防护装备并确保其能正确使用。在高空作业区域设置足够的安全支撑和稳定的工作平台。

（6）现场秩序维护。维持现场秩序，确保作业区域整洁，避免滑倒、绊倒等事故的发生。合理安排作业时间和工作流程，防止过度疲劳。

（7）环境因素。监控天气状况，避免在恶劣天气条件下进行安装作业。为工作人员提供必要的防晒、防寒、防雨等措施。

（8）应急预案与事故响应。制定并演练应急预案，包括事故报告、现场处理和人员疏散等程序。准备急救设施和救援设备，确保在紧急情况下能够迅速、有效地响应。

（9）安全检查与记录。定期进行安全检查，记录发现的问题，并及时采取措施进行整改。保持安装过程的详细记录，包括作业人员、使用的设备、完成的工作等。

（10）持续改进。定期回顾和分析安全事故和险情，从中吸取经验教训，不断改进安全管理措施。鼓励员工提出安全改进建议，并对其进行评估和实施。

通过实施这些安全管理措施，可以有效地降低装配式建筑安装阶段的风险，保障施工人员的安全和施工质量。

9.3.5　装配式建筑套筒灌浆管理

装配式建筑中的套筒灌浆是确保预制构件与现场浇筑构件之间连接牢固的重要工序，如图9-6所示。

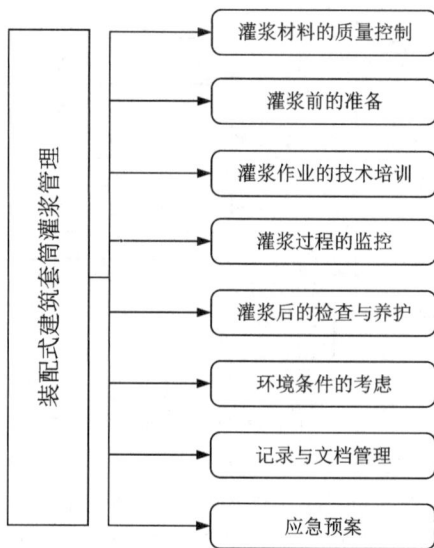

图9-6　装配式建筑套筒灌浆管理

（1）灌浆材料的质量控制。确保使用的灌浆材料（如水泥、砂、添加剂等）符合设计要求和相关标准。对灌浆材料定期进行检测和试验，以验证其性能。

（2）灌浆前的准备。清洁套筒和连接孔道，确保无杂物、水或湿气，以保证灌浆材料与构件的良好黏结。检查套筒的尺寸、位置和垂直度，确保其符合设计要求。

（3）灌浆作业的技术培训。对从事灌浆作业的工人进行专业的技术培训，确保他们了解灌浆的工艺流程和操作要求。强调灌浆作业中的安全注意事项，如佩戴适当的个人防护装备。

（4）灌浆过程的监控。监控灌浆压力和流速，确保灌浆材料能够均匀地填满整个套筒和连接区域。采用适当的设备和方法，如使用灌浆机和压力表，以保证灌浆质量。

（5）灌浆后的检查与养护。灌浆完成后，对连接部位进行检查，确保无孔洞、裂缝或其他缺陷。按照材料供应商的指导进行灌浆材料的养护,适时喷水保湿,以确保其强度和耐久性达到要求。

(6)环境条件的考虑。避免在温度过高或过低的条件下进行灌浆作业,因为这可能影响灌浆材料的性能和固化过程。在恶劣天气条件下,如强风、暴雨等,应暂停灌浆作业,以保障作业的安全和质量。

(7)记录与文档管理。记录灌浆作业的详细信息,包括日期、时间、参与人员、使用的灌浆材料批次等。保存灌浆检查和养护记录,为后续的质量控制和维护提供依据。

(8)应急预案。制订灌浆作业的应急预案,以应对灌浆过程中可能出现的意外情况,如灌浆材料供应中断、设备故障等。准备必要的备用材料和设备,以减少意外情况发生对工程进度的影响。

严格的套筒灌浆管理可以保障装配式建筑的结构安全和耐久性,提高建筑的整体质量。

思考题

(1)预制构件生产质量控制问题:如何确保预制构件在生产过程中质量满足设计和施工标准,避免因质量问题导致安全风险?

(2)构件运输安全问题:大型预制构件在运输过程中如何确保安全,避免运输事故发生导致构件损坏或人员伤亡?

(3)施工现场的装配安全问题:在施工现场,如何安全地进行预制构件的吊装、定位和连接,以及如何防止施工过程中发生意外坠落?

(4)装配式建筑结构稳定性问题:在施工过程中,如何保证装配式建筑的结构稳定性,特别是在多构件组合和连接时?

(5)施工人员的专业培训问题:施工人员需要接受哪些专业培训,以理解装配式建筑的特殊要求和安全操作规程?

第 10 章　智慧工地管理模式

10.1　智慧工地研究背景及意义

10.1.1　研究背景

随着我国经济的快速发展和新型城镇化建设的不断推进,建筑工地的数量和规模不断扩大,与此同时,建筑行业也面临着诸多挑战和问题。这些问题不仅影响了建筑行业的健康发展,也对社会环境和人民生活造成了不利影响。因此,智慧工地的概念应运而生,成为解决这些问题的重要途径。

首先,建筑行业作为国民经济的重要支柱,其管理水平和施工效率直接关系着国家经济的发展和社会的稳定。然而,传统的工地管理方式存在诸多弊端,如人员管理混乱、施工环境复杂、安全事故频发、资源浪费严重等。这些问题不仅增加了施工成本,也降低了施工效率,给建筑行业带来了巨大压力。因此,如何提升建筑工地的管理水平和施工效率,成为建筑行业亟待解决的问题。

其次,随着物联网、大数据、云计算、人工智能等技术的快速发展,这些技术在各行各业的应用日益广泛。这些技术为建筑行业的信息化、智能化提供了有力支持。通过运用这些技术,可以实现对建筑工地的全面监控和管理,提高施工过程的自动化和智能化水平,从而解决传统工地管理方式存在的问题。

此外,政策导向也是推动智慧工地研究的重要因素。近年来,国家和地方政府纷纷出台相关政策,鼓励和支持智慧工地的建设。例如,住房和城乡建设部等部门联合印发的《关于推动智能建造与建筑工业化协同发展的指导意见》明确提出要大力推进智慧工地的建设,提升建筑行业的信息化、智能化水平。这些政策的出台为智慧工地的研究和应用提供了有力保障和支持。

通过智慧工地的建设,可以实现对建筑工地的全面监控和管理,提高施工过程的自动化和智能化水平,从而提升建筑行业的整体管理水平和施工效率。

10.1.2　研究意义

智慧工地及智慧建造是建筑业降本增效、节能减排的重要推手,改变了传统建设工程项目管理模式，通过"互联网+"等信息技术，有助于实现建设工程项目管理的智慧化，优化建筑行业的内部管理并提升施工效率，并在解决政府监管困难、参建方信息不对称、施工现场精细化管理以及整个社会的经济发展和环境保护等方面具有显著意义。

（1）提升工地安全管理水平。智慧工地通过集成各类传感器、监控设备和数据分析技术，能够实时监测工地的安全状况，包括人员行为、设备运行状态、环境参数等。这种实时监测和预警机制能够及时发现潜在的安全隐患和风险，帮助管理者迅速采取措施进行干预和整改，从而有效降低安全事故的发生率。同时，智慧工地还能够利用智能安全帽、无人机巡检等高科技手段，提升工人的安全意识和自我保护能力，进一步保障工人的生命安全。

（2）提高施工效率和质量。智慧工地利用自动化设备、物联网技术和人工智能等高科技手段，实现了施工流程的自动化和智能化。这不仅可以减少人力成本，降低劳动强度，还能够显著提高施工效率。例如，无人驾驶运输车辆可以 24 h 不间断作业，大大提高了物料运输的效率；智能机械臂能够精确完成复杂施工任务，减少了人为因素对施工质量的影响。此外，智慧工地还通过大数据分析和预测技术，优化工期计划和资源调配，确保施工进度计划的顺利完成。

（3）优化资源配置和降低成本。智慧工地通过物联网技术和数据分析手段，能够实时监测和管理工地的资源使用情况，包括设备状态、材料消耗等。这有助于管理者及时了解资源的使用情况，优化资源调配方案，避免资源的浪费和过度使用。同时，智慧工地还能够通过精准预测和数据分析，对施工过程中的潜在问题进行预判，从而采取有针对性的措施进行预防和解决，进一步降低施工成本。

（4）推动行业创新性发展。智慧工地的建设不仅促进了建筑行业的技术创新和管理创新，还为整个行业带来了更加广阔的发展空间和机遇。通过引入物联网、大数据、云计算、人工智能等先进技术，智慧工地打破了传统工地管理的局限性，推动了建筑行业的转型升级。同时，智慧工地的建设还促进了跨行业的合作与交流，推动了相关产业链的发展和完善。

（5）促进可持续发展。智慧工地注重环境保护和可持续发展，通过绿色施工和资源循环利用等措施，减少对环境的影响。例如，智能喷雾降尘系统可以有效地控制施工过程中的扬尘污染；智能物料管理系统可以精确地控制材料的使用量，减少浪费和排放。这些措施不仅有助于提升企业的社会责任感和品牌形象，还能够赢得更多消费者的信任和支持。

10.2　智慧工地的概念与特征

10.2.1　智慧工地的概念

"智慧工地"是指通过信息化技术和物联网技术等手段，对建筑工地进行智能化、自动化的监控和管理，以提高建筑工程的安全性、质量和效率。具体来说，智慧工地涉及多种技术手段和应用，包括传感器技术、云计算、大数据分析、人工智能、机器学习、虚拟现实等。这些技术手段可以将施工现场的各种数据和信息进行实时采集、处理和分析，以实现建筑工程的全过程智能化和信息化。在智慧工地中，各种监控和管理系统通过传感器、摄像头等手段对施工现场的环境、设备、工人和材料进行实时监控和管理，同时借助人工智能和大数据分析等技术手段，对施工现场的数据和信息进行处理和分析，以实现精细化管理和预测性维护。此外，智慧工地还可以提供多种信息服务，例如安全警示、施工进度监控、材料管理、协同管理等，从而促进建筑工程的高效、安全和优质地完成。

"智慧工地"一词来源于"智慧城市"。"智慧城市"的概念提出后，国内的专家开始对"智慧工地"进行探索，目前学术界对其有不同的定义。朱贺认为智慧工地就是在一系列智慧工具，如 BIM、射频、虚拟现实（VR）、GPS 等高端信息技术的支撑下，对施工过程的全工程管理，不仅能够实现对人员、物资设备等的高效管理，还能通过监测提前针对危险进行预防和预警。曾凝霜等认为智慧工地取自智慧建设概念，是指借助相关技术手段，发挥各大网络组织的作用，形成的基于多维信息、数据挖掘及动态决策的工地形态与智慧环境。韩豫等提出智慧工地是源于 IBM 提出的"智慧地球"理念，是透彻感知和全面互联互通的管理方式。刘刚认为，智慧工地是指综合运用 BIM 技术、云计算、大数据、物联网、移动技术和智能设备等信息化技术手段，聚焦工地施工现场管理，紧紧围绕"人、机、料、法、环"等关键要素，建立信息智能采集、管理高效协同、数据科学分析、过程智慧预测的施工现场立体化信息网络。曾立民认为，智慧工地是智慧城市理念在建筑施工行业的具体体现，是建立在高度信息化基础上的一种支持对人和物全面感知、施工技术全面智能、工作互通互联、信息协同共享、决策科学分析、风险智慧预控的新型信息化手段。马凯也指出，智慧工地是在一系列的信息技术支撑下进行仿真施工过程建模，并将所有的施工信息进行采集，系统通过采集到的数据进行分析，协同管理，帮助决策者作出正确的决策，形成一个良好的信息化管理生态。冯超则认为智慧工地的建设是建立在数据的基础上的，智慧工地管理系统就是对这些真实信息数据进行分析，从而提高决策的准确性。毛志兵认为智慧工地是集技术与管理于一体的信息系统，通过一些高科技的信息技术手段以及软硬件平台的搭建，实现智能化的控制。在管理上，这种不需要过多人为干预的设置，能够提高决策者的决策效率，保证决策的有效性。

本书认为智慧工地是利用射频传感技术、BIM、VR、人工智能、物联网等新兴技术产业，依托于大数据、云计算等算法平台，用互联网的手段实现对施工现场、人员、物料、设备、环境等要素的全方位高度集成化、信息化、智能化的管理，使得施工技术更加智能、管理更加高效便捷、信息能够实现共建共享、危险预测更加准确及时的一种高效的信息化手段。它主要包括三个方面的内容：一是对各种新型信息、网络技术的应用；二是便捷地实现工程建设所需的各种功能；三是提高工程建设的效益和价值。

10.2.2 智慧工地的特征

1）管理数字化

如图 10-1 所示，智慧工地的数字化管理是指将施工全过程的管理数据进行数字化建模，将每个模块的实际数据与系统模块进行对应设置，通过数据的输入和输出来对整个施工过程进行全方位的控制和管理。数字化的信息能够通过系统实现数据实时共享，减少了人员沟通交流的成本，同时系统会根据编码设置以及数据真实情况作出定量的判断，减少了人为干扰的因素，各模块之间的关联程度和紧密程度也进一步加深，数据处理更加全面，能够帮助管理者提高工作效率，也避免了资源的浪费，节省了沟通成本。

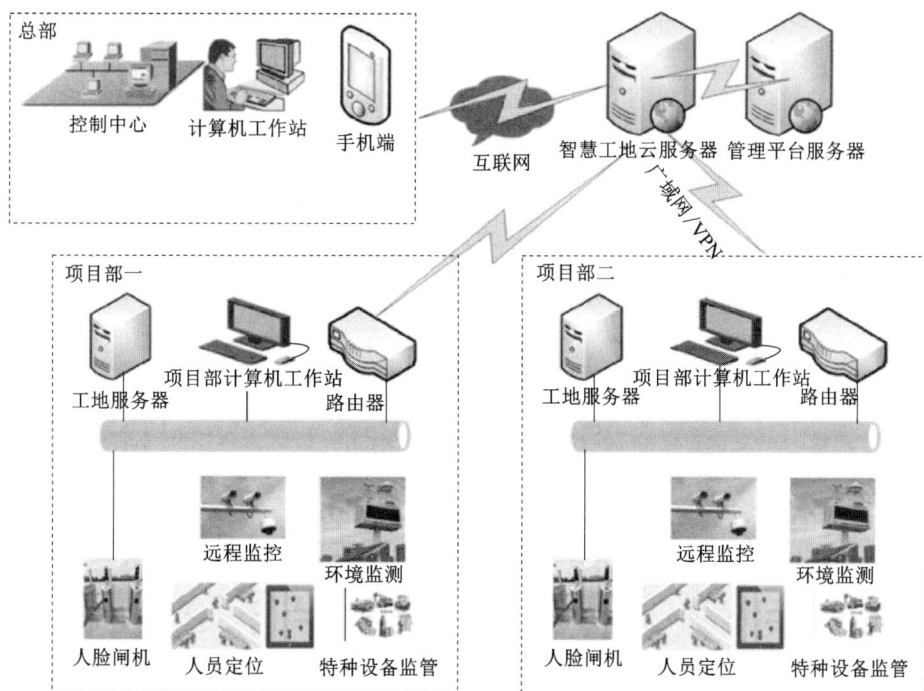

图 10-1　智慧工地各模块数字化管理图

2）信息共享化

依托于数字化的管理系统，数据可以在系统内部随时进行查看，节约了线下沟通的成本。在平台上，信息是共享的，通过共享的信息，各模块之间的管理关系更加紧密，各模块之间的关联程度也进一步加深。对决策者和管理者来说，共享化的信息能够帮助他们在进行决策或者管理时更加全面和高效，并且系统内部的信息都是经过加工和处理之后呈现的有效的信息，将有效的信息进行共享，不仅节约成本，而且使得整个管理体系变得更加高效。同时公司总部和监管部门也可通过共享信息权限对现场情况进行远程查看和监管，提升了管理的效率和效果。智慧工地数据共享拓扑图如图 10-2 所示。

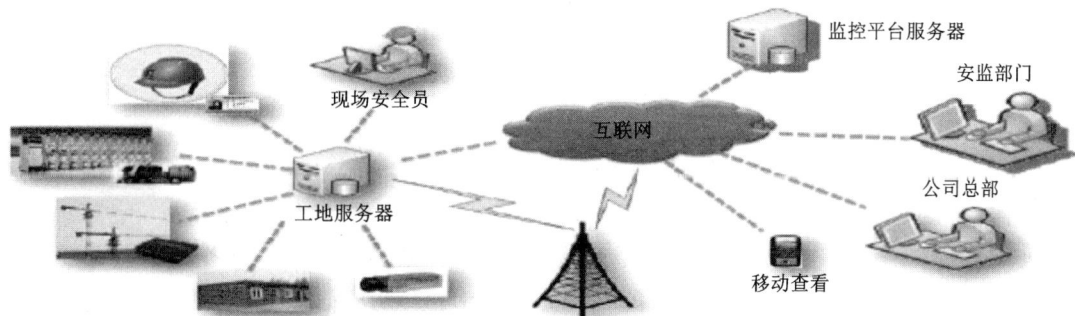

图 10-2　智慧工地数据共享拓扑图

3）决策科学化

以往管理者或者决策者在做决策时，往往必须到现场去调研，依据现场真实的信息进行判断，这种方式收集的信息其实很难做到真实和全面。如今依托这种集成的信息管理系统，不仅能够实现对施工全过程的管理，而且对每个模块场景的数据都能进行分析，通过传感技术可将信息直接传输到系统内部，系统对这些信息再进行加工处理，得出有效的管理信息反馈给决策管理者。并且在这些过程中，没有过多的人为干预因素对于一些实际情况较为复杂的场景，系统还能够根据编程设置较好地处理分析数据，不用烦琐地去进行调研，决策者或者管理者得到的信息都是依据真实情况得出的，这样就保证了他们在进行决策时更加科学高效，避免决策失误的可能性。智慧工地数据分析流程图如图 10-3 所示。

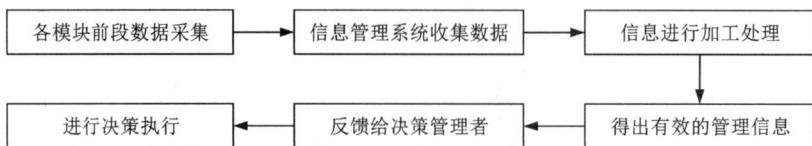

图 10-3　智慧工地数据分析流程图

10.2.3　智慧工地的服务对象与应用架构

智慧工地的服务对象是政府主管部门、建筑施工企业、建筑设备租赁企业、建筑从业人员、建筑机械检测机构、机械生产厂家、监理单位等，旨在实现对工地施工安全、工程质量、环境、材料、机械设备、人员等全过程、全方位的监管。

2017 年中国建筑施工行业信息化大会上发布了《智慧工地的应用与发展》的报告，报告指出智慧工地的应用架构可分为五个层面——现场应用、集成监管、数据控制、决策分析和行业监管。

（1）在现场应用方面，通过物联网、BIM 技术先对现场的人员、机器设备、物料、环境等信息进行采集，然后通过系统对采集到的信息进行进一步的分析加工之后，就能实现对现场包括人员、物料、设备、安全、进度、成本等诸多方面的控制和管理。

（2）在集成监管方面，首先系统会收集行业的各种业务信息和数据，然后对收集到的整个行业信息展开分析，建立一个标准库；其次管理者在进行决策和管理时，可将现实的信息数据输入到标准库中进行比对，系统会根据标准库的信息为决策者和管理者提供较为准确且标准化的建议，这使得管理者在进行决策和管理时会更加高效。系统中可供参考的数据信息准确性较高，同时系统在处理信息时会根据标准库的数据形成一个集成的界面，界面上包括可供决策使用的表格、视频、模拟图像等。

（3）在数据控制方面，系统包含为了实现智慧工地技术建立的人员库、机械设备库、物料管理库、法律法规库、技术库以及安全管理库等。这些数据库的信息一方面包括国家和行业发布信息，另一方面来源于企业或者单位针对自身的施工现场环境进行的数据收集和整理。这些数据库的建立依托于企业或单位多年行业经验的积累和专业知识的储备。

（4）在决策分析方面，在前面集成化的信息监管的基础上，系统通过采集施工现场的大量数据并进行充分的分析和挖掘，并将分析出的数据以图表或者动态图像的方式展现出来，管理者或决策者可直接通过这些分析出来的信息进行决策和管理，同时系统会根据分析出的结果，对一些潜在的安全隐患进行重点标识和提醒，以醒目的方式提醒决策者或管理者高度重视，降低施工现场出现安全隐患的可能性，提高决策的科学性和准确性。

（5）在行业监管方面，系统化的管理也为行业监管带来便利，智慧工地可以通过物联网等技术实现对现场环境中诸多因素的监管，同时这些监管信息还可以与行业监管进行衔接，实现行业监管和现场监管的一体化。

10.3　智慧工地的关键技术

新型信息技术是开展智慧工地建设的基础。在项目层面，其核心技术为 BIM 技术以及物联网技术；在企业层面，其核心技术是大数据技术；在政府层面，其核心技术则是云计算技术。

10.3.1　BIM 技术

建筑信息模型是以建筑工程项目的各项相关信息数据为模型的基础，建立建筑模型，通过数字信息仿真模拟建筑物所具有的真实信息。建筑信息模型是数字技术在建筑工程中的直接应用，同时又是一种应用于设计、建造、管理的数字化方法。

根据我国《建筑信息模型应用统一标准》（GB/T 51212—2016），BIM 是指在建设工程及设施全生命周期内，对其物理和功能特性进行数字化表达，并依此进行设计、施工、运营的过程和结果的总称。张建平教授引用美国国家标准与技术研究院（National Institute of Standards and Technology，NIST）对 BIM 的定义，认为 BIM 是以三维数字技术为基础，集成了建筑工程项目各种相关信息的工程数据模型，对工程项目设施实体与功能特性的数字化表达，在国内被普遍认可。

根据不同 BIM 软件的功能和作用，基本可以将 BIM 软件分为两大类：第一类是建模软件，此类软件用来创建模型，是建筑信息模拟的基础，是 BIM 技术应用的核心与前提；第二类是应用软件，侧重于建模软件将模型建立好之后的应用。

10.3.2　物联网技术

2005 年国际电信联盟（International Telecommunications Union，ITU）发布的物联网报告中提出：通过一些关键技术，用互联网将世界上的物体都连接在一起，使世界万物都可以上网。这些关键技术包括通信技术、射频识别（radio frequency identification，RFID）技术、传感器技术、机器人技术、嵌入式技术等。其中，RFID 技术是最具有代表性的一项技术，它是一种无线通信技术，通过无线电信号识别特定目标并读写相关数据，而无须在识别系统与特定目标之间建立机械接触或光学接触。

物联网的基本特征可概括为整体感知、可靠传输和智能处理：整体感知，是指可以利用射频识别器、二维码、智能传感器等感知设备感知并获取物体的各类信息；可靠传输，是指通过对互联网、无线网络的融合，对物体的信息进行实时、准确传送，以便信息的交流和分享；智能处理，是指使用各种智能技术，对感知和传送的数据、信息进行分析处理，实现监测与控制的智能化。

依靠物联网，人类能够以更加精细和动态的方式管理生产和生活，达到"智慧"状态，提高资源利用率和生产力水平，改善人与自然间的关系。要在国家重大科技专项中加快推进传感网的发展，尽快建立中国的传感信息中心，即"感知中国"中心。传感网即物联网，其发展被称为继计算机、互联网与移动通信网之后的世界信息产业的第三次浪潮。

10.3.3　大数据技术

大数据技术是指无法在一定时间范围内用常规软件工具进行捕捉、管理和处理的数据集合，是需要新处理模式才能具有更强的决策力、洞察发现力和流程优化能力的海量、高增长率和多样化的信息资产。依据国际数据中心 2011 年对其的定义，"大数据是指无法在一定时间内用传统数据库软件工具对其内容进行抓取、管理和处理的数据集合"，即由规模性（volume）、高速性（velocity）、多样性（variety）、价值性（value）组成的 4V 模型。在土木工程领域，一个建设项目全过程所产生的数据完全符合大数据的条件。随着建设工程体量的增大和复杂程度的增加，其过程中会产生海量的数据，大数据技术成为挖掘信息、辅助决策的关键性技术。

大数据管理，即如何获取、传输、存储、分析、解释大数据，是实现大数据价值的先决条件。大数据管理有六个步骤，即数据捕捉、数据存储、数据搜索、数据分享、数据分析、数据可视化；大数据管理的框架为数据产生、数据获取、数据存储、数据分析。目前，大数据管理决策的应用并没有被很好地推广与普及，主要是因为一些大公司掌握着大数据的资源，而中小型企业并没有融入大数据管理决策的浪潮中。

10.3.4　云计算技术

云计算技术是指在广域网或局域网内将硬件、软件、网络等系列资源统一起来，实现数据的计算、储存、处理和共享的一种托管技术。根据美国国家标准与技术研究院的定义，云计算（cloud computing）是分布式处理、并行处理和网格计算的发展，是一种利用互联网实现随时随地、按需、便捷地访问共享资源池的计算模式。基于云计算的分布式数据，可提高资源利用率，节省成本，实现分布式管理模式，适用于解决 BIM 应用中存在的多阶段、多专业、多参与方之间的数据共享问题。云计算平台中的"云"是指由大量集群通过互联网进行连接，并采用虚拟机的方式构建大型电子信息资源共享池，用户可通过终端设备随时获取云计算平台下电子信息资源共享池中的各种服务，而又无须担心基础设施建设与维护成本等细节信息，用户终端功能得到了极大简化。

云计算平台可以根据不同用户提出的约束条件，相应地将海量的数据和大规模的任务合理地分配给各资源去处理，从而实现任务处理的最优化。云计算为个性化制造和智能化服务提供有力的工具和环境，促进产业链上下游的高效对接与协同创新，提高社会信息化水平并推动生产方式的变革。同时，云计算塑造的信息资源集聚和掌控优势已成为国家竞争的战略制高点，云计算已成为我国推动工业化和信息化融合的关键要素和实现制造强国、质量强国、网络强国、数字中国的重要驱动力量。

10.3.5　5G 技术

第五代移动通信技术（5th generation mobile communication technology，5G 技术）是最新一

代蜂窝移动通信技术。5G 的性能目标是高数据速率、减少延迟、节省能源、降低成本、提高系统容量和大规模设备连接。ITU IMT—2020 对 5G 的规范要求速度高达 20 Gbit/s，可以实现宽信道带宽和大容量多进多出（multiple-in multiple-out，MIMO）。

5G 网络的主要优势在于其数据传输速率远远高于以前的蜂窝网络，最高可达 Gbit/s 级，另一个优势是较低的网络延迟（意味着更快的响应时间），网络延迟通常低于 1 ms，而 4G 为 30~70 ms。

10.3.6　其他技术

地理信息系统（GIS）是一项结合地理学与地图学以及遥感和计算机科学的综合性技术，已经广泛地应用于不同的领域，是输入、存储、查询、分析和显示地理数据的计算机系统。GIS 可应用于智慧工地的机械设备实时定位与安全监控中。

虚拟现实（virtual reality，VR）技术是一种能够创建和体验虚拟世界的计算机仿真技术，它利用计算机生成一种交互式的三维动态视景，其实体行为的仿真系统能够使用户沉浸到该环境中。

增强现实（augment reality，AR）技术是一种实时地计算摄影机影像的位置及角度并加上相应图像、视频、3D 模型的技术。

人工智能技术是研究、开发用于模拟、延伸和扩展人的智能的理论、方法、技术及应用系统的一门新的技术科学。

10.4　项目智慧工地管理模式

建筑工程项目是项目、企业、政府三个层次中最基础的部分，施工现场是智慧工地系统中各种软硬件直接关联的地点。施工现场管理作为施工企业管理水平的综合反映，是施工企业管理和工程项目管理的基础。聚焦施工现场、抓好施工现场管理是项目管理的核心和关键。

10.4.1　项目智慧工地管理模式的概念

广义上讲，工程项目管理模式包括工程项目的投融资模式、承发包模式（建设任务承担方式）、组织模式（管理任务承担方式）等内容，其典型模式包括设计-招标-建造（design-bid-build，DBB）、设计-施工（design-build，DB）、设计-采购-施工总承包（engineering procurement-construction，EPC）、PM、项目管理承包（project management contract，PMC）、CM、合伙、建设-运营-转让（build-operate-transfer，BOT）、私人融资（private finance initiative，PFI）、PC、动态联盟、IPMT 等。

狭义的项目管理模式是指项目实施阶段的管理模式。项目管理机构（主要是施工方或总承包商的项目管理机构）对其自身项目管理组织的分工、职责以及工作开展的流程、方法所设定的一个标准范式。

项目智慧工地管理模式是从项目整体利益出发，利用智慧工地信息化管理系统，对项目的质量、安全、环保、进度、费用等目标进行高效管控的管理模式。该模式利用现场前端设备将现场"人、机、料、法、环"等信息采集至数据服务器，项目管理人员通过终端设备接入，达到现场数据与管理终端以及各终端之间的信息互联共享，提升管理人员对现场信息的获取效率，实现各岗位之间协同工作。

10.4.2 项目智慧工地管理模式的特性及作用

项目智慧工地管理模式将各类信息化技术作为应用重点，深入融合 BIM 及物联网在智慧工地现场中的管理应用，进行智慧工地项目资源调度、进度控制以及成本把控的联动管理，相较于传统项目管理模式而言，智慧工地管理模式在数据处理和交互呈现等方面都有所创新。

1. 项目智慧工地管理模式的特性

项目智慧工地管理模式就是在建筑项目全生命周期中运用新兴技术手段，通过云端平台收集分析数据，建立针对各参与方诉求的标准化服务，使多方共享资源进而协调管理，构建灵活高效的智慧建造模式。以下为项目智慧工地管理模式的三个基本特性。

1）更透彻的信息感知性

每个工程项目都包含海量信息数据。在智慧工地项目中，物联网、云计算等技术为全面感知人员、机械、物资、环境等相关信息提供了稳定的支持，智慧工地项目将拥有更加透彻地感知工程项目、管理海量信息的能力。

2）更广泛的协调互联性

物联网、AR、VR 等多种网络嵌套方式融合，为智慧工地建造过程中人与物间的协调互联提供了更好的条件。通过智慧工地项目建造的"神经网络"，实现了信息流的无障碍共享，进而使各参与方协同工作，消除了传统模式中的信息孤岛问题。

3）更深入的智能化

通过物联网深入感知获取海量信息数据，运用基于大数据的数据挖掘能够得到这些信息数据中蕴含的信息，使工程项目各参与方更加明晰项目运行状况，从而精准地对项目进行最优的设计、组织、计划、协调与管理。

2. 项目智慧工地管理模式的作用

1）提升效率

智慧工地的应用能为各项目的管理变革提供支持，变之前的管理模式的局限化和后置化为新型管理模式的高效化和信息化。

2）降低成本

智慧工地的应用从各方面降低了项目成本，优化了人员配置，能够合理调配机械，确保材料物尽其用。

3）统一规范

智慧工地的应用有利于项目内外部的交流学习，有利于项目管理工作的标准化、规范化，促进了项目管理水平的提升。

10.4.3 项目智慧工地管理模式与传统模式对比分析

随着现代工程项目体量的不断增大和技术难度的不断增加，传统管理模式数据失真、效率低下等问题越发凸显，项目智慧工地管理模式下管理过程中的大量工作由系统自动完成，减少了管理人员的工作量，也提高了工作的精细度和准确度。项目智慧工地管理模式与传统模式的区别主要体现在以下方面。

1. 项目管理系统化

以安全管理为例，传统的项目安全管理工作由项目安全员主导，安全员按照相关规章制度完成安全管理工作。虽然有完整的管控制度、规范，但具体执行的主导者还是安全员本人，受主观因素影响较大。同时，安全员在开展工作时与其他岗位人员容易产生矛盾，不利于安全管理工作的顺利开展。

智慧工地则以系统为主导，将既定的安全管理规范、流程输入系统，安全员只需充当执行者的角色，可以有效减少安全员的主观影响。安全培训、安全交底工作全部在线上进行，节省安全员收集、整理资料的时间。在安全防护措施的落实、安全生产监督方面，由系统向作业人员下达安全指令，避免安全员与作业人员产生对立冲突。发生事故时，系统将自动规划出最合理的撤离和救援路线，并可以此为依据编制相关应急预案。

2. 数据类型多样性

传统施工现场数据的采集主要依靠人工完成，数据采集方式实施成本较高，效率较低，而且有些数据的采集地点人们无法到达或危险性较大，数据采集的范围也受到了一定的限制。

现代传感技术和通信技术的发展，让人们能够借助先进的探测设备，获取以往无法采集的数据：不仅能够获取构件的外形尺寸数据，还能够对其受力、变形情况等进行分析；机械设备运转状况的各种参数都能够被系统捕获；在水下、深井、高空等危险区域安装探测装置，避免了近距离测量的危险；新型设备的便捷性，也极大地降低了数据采集的成本，提升了信息采集的效率。

3. 数据记录连续性

传统人工采集数据的方式下，采集到的数据只是采集行为发生这一时点的状态数据，并不能完整地反映施工工程中这一变量的变化规律和趋势。因此，在施工过程中对某一状态的监测工作需要通过多次测量，用离散数据来估计施工现场连续变量的变化规律和趋势。但这种方法无法避免地会产生一定的误差和缺漏。

在智慧工地项目中，工程现场的数据监测采集装置可以全天候不间断地对数据进行监测和采集，对数据的采集频率以秒计算，满足了人们对数据完整性的需求。这些连续采集的数据，可以将施工现场的状态变化更加全面且准确地反映出来，帮助管理人员研究其中的规律和趋势。

4. 数据获取实时性

传统项目管理模式下，数据需求提出到数据反馈给需求者中间有一个数据获取的过程，必然存在一定的延迟，降低了决策效率，在应对紧急状况时无法做出快速反应。

应用智慧工地系统对施工现场的数据进行监测时，监测系统会实时采集和存储现场数据，让管理人员既可以随时随地获取施工现场的实时状态信息，也可以对任何一个时间点的历史数据进行查询,从而高效地进行决策。

5. 数据传输同步化

传统项目管理组织中,信息传递是在不同岗位层级间逐级进行的。项目参建主体之间也存在着由政府部门、建设单位、施工单位所组成的信息传递链条。这种传递方式中间环节较多,各主体之间的传递存在一定的失真和延迟。

现场各种信息的数字化表达,一方面保证了信息传递的准确性,另一方面提升了通信的效率。施工现场的监控设备及通信网络,能够同步向项目管理机构、企业以及政府监管部门传输数据,保证所有层级同步接收到同样的信息,同步掌握现场情况。

10.4.4 项目施工现场智慧工地安全管理系统架构

基于智慧工地的项目施工现场安全管理系统包括人员管理模块、设备管理模块、材料管理模块、安全巡检管理模块、防护预警管理模块、安全教育管理模块和其他管理模块等,如图 10-4 所示。这些模块利用视频监控大数据实时采集作业数据,并集合所有指令实现数据支撑。

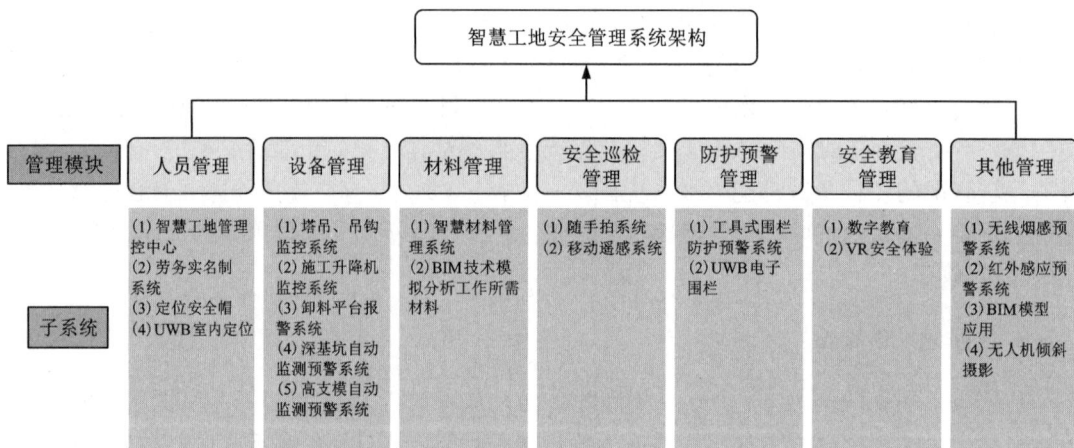

图 10-4 智慧工地安全管理系统架构示意图

1. 人员管理模块

人员管理模块用于建筑工人信息的记录与储存,主要以劳务实名制子系统、人员定位子系统为依托。

根据施工管理要求,全面采集现场人员的身份信息,包括项目管理人员及各劳务分包单位人员等,录入智慧工地管控中心,形成专门的劳务实名制用工管理体系。在建筑工地的进出口设置人脸识别闸机,工人需通过识别门禁验证身份后方可进出工地,未通过验证的无权限人员不可进入施工区域,同时支持黑名单功能,严格控制人员进出,尤其是高风险作业区禁止任何无关人员进入,尽可能避免安全事故。

定位安全帽与个人信息二维码是人员管理必不可少的工具,通过后台输入,二维码可以便捷地集成工人的全部信息，管理人员使用移动端扫描二维码即可了解到工人出勤、培训、作业的相关情况，实现人员信息的动态管理。在此基础上，人员定位子系统还可以精确定位工人的施工方位，掌握其活动轨迹和位置分布，当施工人员进入危险区域如电梯井口、临边位置时，系统将自动发出警报。若施工人员被困或受伤，系统可发出求助信号，并通过物联网实时发送给管控中心人员，有效降低安全事故的发生概率。

2.设备管理模块

设备管理模块主要用于大型机械的监控和管理，如塔吊、卸料平台、施工升降机等特种作业设备。

建筑工地现场往往有多台相邻塔吊同时在开展作业，它们的"臂膀"和起吊的建筑材料之间都必须时刻保持安全距离，这个功能的实现就是依托于智慧工地高危设备管理系统。在塔吊、卸料平台、施工升降机的合适位置安装智能传感器和监控摄像头，在对运行数据进行采集和监控并上传到智慧工地管控系统后，控制器会根据实时采集的信息和现场的实际情况做出安全预警。在施工过程中，一旦发现危险情况，系统就会在最短时间内发出警报，提醒操作人员紧急撤离。大型设备内还装有可视系统，作业人员能清楚地看到地面上的场景，包括材料是否捆牢以及吊钩的安全情况等(图10-5)。

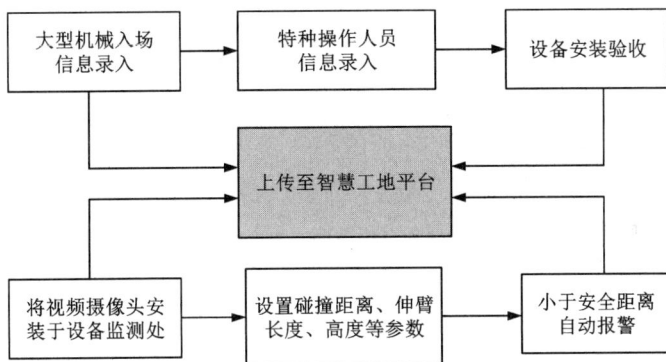

图10-5　设备管理模块工作流程示意图

3.材料管理模块

材料管理模块融入智慧工地理念，在工作中使用"互联网+"技术进行造价管理工作，收集其他施工单位进行同类工程建设工作时常用的材料类型，并关注市场上的材料价格变化情况，完成对材料种类的科学选择，并通过BIM技术模拟施工流程，分析施工任务所需的材料数量，做好采购阶段的成本控制工作。一般施工单位会选择分工合作的方式，为不同的管理任务设置不同的工作岗位，安排专业管理人员展开具体的管理任务。比如，在信息时代下进行材料管理时，要分设采购、存储管理两个岗位。存储管理人员要对进场材料进行质量检查，还要登录智慧材料管理系统，对材料种类、存储时间、数量及负责人信息进行记录。后续工作人员在施工时需要取用材料，可以根据库存情况来分配现有材料，并判断何时需要采购新的材料。此外，针对安全风险问题，则要关注哪些材料具有易燃易爆的特征，在智慧系统中做好分类管理工作。设置自动提醒功能，提醒管理人员定期检查材料的存储情况，监管环境温湿度问题，有效降低安全风险的发生概率。

4. 安全巡检管理模块

安全巡检管理模块是面向施工工地对人、物、机械、环境等进行全方位管控和预警的系统。

每日现场巡检是建筑工地必须完成的一环任务，移动巡更子系统有效解决了人工巡场效率低下的问题。巡更人员登录智能终端，将每天检查发现的安全隐患上传至管控中心。通过巡更系统，可以详细查到安全问题的具体描述，如整改负责人、整改时间、整改后的效果等。同时，所有的巡检表格都能在系统里自动生成，做到有据可查，形成完整的闭环管理，显著提升了信息化管理水平。随手拍系统是通过关联工地施工人员的手机端，将现场作业时发现的质量、安全等问题，以文字、图片、视频等方式，利用"随手拍"小程序上传至管控中心，由平台自动推送至相应责任人的系统。这一传输过程只需要几秒，极大地提升了工作效率，并实实在在地将安全生产责任落实到现场每一个工作人员的肩上。

5. 防护预警管理模块

防护预警管理模块针对工人的高处和临边作业，主要依托于工具式围栏防护预警系统和UWB 电子围栏子系统。

施工现场情况复杂，部分区域需要设置临边防护、进行遮挡封闭，人员擅自破坏或进入会有较大风险，随时可能发生意外。围栏防护系统是运用物联网手段将电子设备与已有基础设施进行结合，管理人员在后台随时监控现场各个临边点的情况，一旦防护栏杆断开，触发断点传感器，系统平台收到报警信号，就会及时通过颜色变化展示设备变化情况，同时也可根据实际情况配备蜂鸣器，达到声光报警的作用。

UWB 电子围栏预警系统是与 BIM 技术结合，由 BIM 人员根据施工现场状况调整三维模型，对现场的安全隐患位置进行标注，形成电子围栏，现场工人佩戴定位安全帽，当设备感知到有人员进入围栏区域时，会触发警报，立即提醒工人注意区域危险并尽快离开，保障施工过程中人员的安全。

6. 安全教育管理模块

智慧工地安全教育管理主要依托于数字教育和 VR 安全体验子系统。

数字化的安全教育打破传统教育对时间、地点的限制，建筑工人打开手机 App 或微信小程序即可进行在线学习、考试，系统会自动记录学习时长，便于管理人员进行督促和检查。同时，安全教育 App 也与智慧工地平台相关联，信息实时传输，形成教育记录。

VR 安全体验子系统能使工人走进真实的虚拟现实场景中，通过沉浸式和互动式体验，让工人得到更深刻的安全教育，以增强其安全意识。VR 安全教育子系统同样连接智慧工地平台，对接劳务实名制系统。管理人员进行安全教育时，可在系统中提前设置教育时段，工人在规定时间段接受安全教育时，可直接通过安装在 VR 体验馆的安全教育考勤机打卡，记录安全教育时长和内容。参加过 VR 安全教育的工人都能在平台上查询到安全教育信息记录，有利于安全教育落到实处。

7. 项目智慧工地安全管理优势

1)机械设备设施管理智能化

机械设备管理是安全管理中重要的一个重要环节和分支,特别是一些大型的机械设备,其造成的安全风险往往是巨大的。在施工中常见的大型设备安全管理主要有升降机、起重机等,塔吊安全监控管理系统如图 10-6 所示,该图较完整地反映了智慧工地安全管理模式下对于工作中的塔吊,可以实现环境风速监测、塔吊倾斜监测、实时吊重监测、实时力矩监测、小车行程监测、吊钩高度监测、大臂转向监测、区域禁行限制、群塔防碰撞、历史数据存储、远程数据传输、司机身份识别等功能。同时可实时查看平台数据,驾驶员可通过配套的显示屏直观地了解塔吊运行的工作参数,做到预防和采取应急措施,避免安全事故的发生。

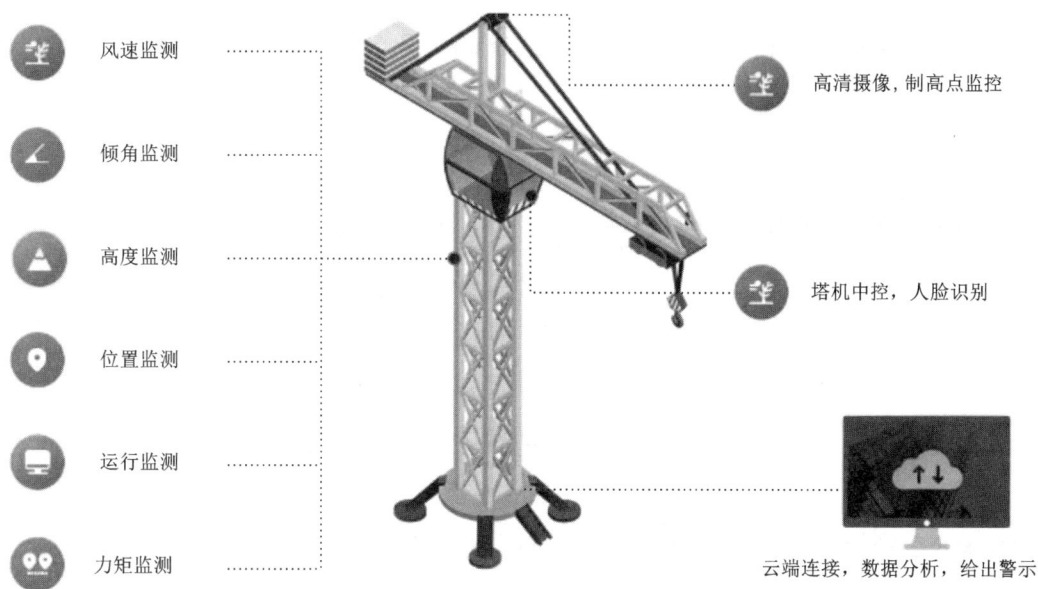

风速监测
倾角监测
高度监测
位置监测
运行监测
力矩监测

高清摄像,制高点监控

塔机中控,人脸识别

云端连接,数据分析,给出警示

图 10-6　塔吊安全监控管理系统

2)安全体验教育生动化

安全事故的发生大多来源于作业人员以及管理人员的安全意识不够,因此对这些人员加强安全管理方面的教育培训就显得尤为重要。基于智慧工地建立的培训教育模块能够很好地解决这些问题,并且其内含的 VR 可视技术能够将施工现场的实时画面模拟出来,通过较为真实的画面模拟施工现场可能会发生的一些安全事故,利用生动的画面进行教育和引导,不仅能够提高工人的学习积极性和主动性,也能够加强施工人员和管理人员的安全责任意识。

3)劳务实名制管理精准化

传统的管理模式往往在人员管理方面存在一定疏忽,采用基于智慧工地的安全管理模式之后,人员的管理会更加精细化,施工人员不仅要进行实名制登记,并且会同步采集其人脸信息以及加强对门禁的管理,让人员的流动情况和人员在操作区域中的记录更加具体和精细。

4）安全巡检管理高效化

安全巡视是安全管理中的一个重要环节，它能够发现施工现场存在的安全隐患，并对其进行排查和处理，同时巡视也能对施工进度进行评估，为后期的施工做好准备。基于智慧工地的安全巡检是通过大数据集成系统，对施工现场多角度、多场景、全方位的数据进行采集，存储到数据库中，通过系统数据模型的搭建，对采集到的信息进行分析和处理，将分析和评估出的存在安全隐患的信息上传至系统前端控制端，以便工作人员进行查看和比对。同时现场会设置多个摄像头对施工现场进行无死角监控，系统根据监控的情况及时进行分析和处理，对危险源进行控制和提醒，必要时可通过监控系统对现场发生的危险事故进行指挥和控制。这种智能化的控制不仅大大节约了人力成本，提高了巡检频次，也使得安全管理更加及时、高效。智慧工地模式下的安全巡检示意图如图 10-7 所示。

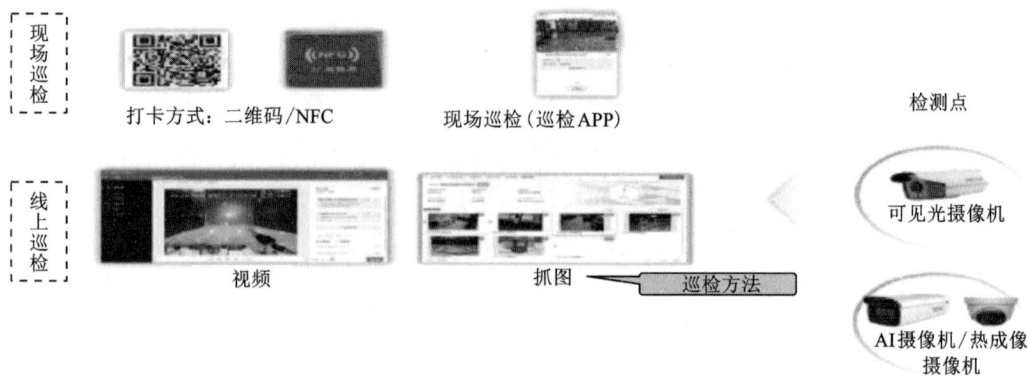

图 10-7　安全巡检示意图

10.4.5　项目施工现场智慧工地全过程安全管理

智慧工地安全管理模式要求管理人员具有全生命周期的管理意识，对每个施工环节都进行严格的管理，才能保障安全、稳定地完成基础施工任务。

1. 安全隐患排查

施工单位应当安排专业的技术人员负责智慧工地系统的更新和优化，要求技术人员具备技术操作能力及施工安全风险防范意识，能熟悉施工基础操作流程，明确安全隐患排查工作的侧重点。在具体发挥信息技术的使用价值时，应当先在网络渠道中收集新时期施工建设过程中常见的安全风险类型。可以看出，各个施工阶段都有发生安全风险的概率，要根据风险类型的不同进行合理分类，并在系统中登记不同风险的等级。对于重大风险问题，要结合容易引发风险的常见原因，拟订工作计划表，每日按时进行排查；对于一些风险较小、危害程度较轻的问题，则可以采用每周一次排查的方式展开工作。每一次的排查工作都要真实、详细地记录在网络系统中，方便在实际出现风险问题后，可以分清问题的责任，落实责任监督机制，以规范员工的工作行为，还能从中研究出科学管控风险、降低风险的可行方案。

2. 远程监控管理

由于建筑施工任务普遍具有施工工期长、施工任务量大、工艺复杂的特点，而且无论哪个细微的环节出现失误，都极易诱发严重的安全风险，因此，基于智慧工地理念进行安全管理工作时，应当让管理人员意识到对施工任务进行全过程管控的重要性，建立全生命周期的管理理念。可以从施工方案设计、现场施工流程和后续建筑物保养这三个方面，依托信息技术进行远程、联网管理。以现场施工管理任务为例，在远程系统的应用过程中，需要投入资金，在现场安装监控装置和感应装置，管理人员在计算机终端设备上，可直观地观察员工的工作行为，了解水电能耗情况和环境污染问题，及时采取措施解决问题。在技术水平不断提高的当下，远程监控系统还可增加 AI 图像分析、无线监测等功能模块，为高效提升施工安全风险管理水平奠定坚实的基础。

3. 绿色施工管理

智慧工地与智慧城市建设理念中有许多共同点，不仅要科学发挥现代化技术的使用价值，还要融入现代化管理理念，关注生态建设问题。在时代发展进程中，大多数施工单位都在研究绿色施工工作的可行性，除了从节约材料、水源、电能等环节入手，还可从空间合理利用的角度出发。要提前进行现场勘察工作，根据勘察结果来构建基础地理信息系统。应着重针对城市基础设施建设的实际情况、施工基本要求等方面进行综合分析，完成对施工方案的优化，最终选择出具有绿色属性的材料和施工技术，并做好对施工行为的统筹管理工作，避免浪费资源，满足绿色发展要求。

4. 安全验收管理

不同时期、不同地点以及不同施工任务对建筑物的安全性能有不同要求。比如，在地震多发区，施工验收任务的侧重点应当放在建筑物的抗震能力上，要检查建筑物的内部框架组成结构，检查钢筋材料的连接情况及混凝土的抗侧力。这项工作也可以在智慧工地系统中设置相应的模块，落实好验收管理任务，给出验收报告。关键要通过网络平台了解国家新出台的建筑安全验收标准，在交付施工任务之前，自行检查建筑物的安全等级是否达标，及时针对风险问题进行处理。相关的工作信息都要记录在平台上，以便于后续进行工作总结时查找问题，为下次施工工作提供数据支持。

5. 安全应急管理

施工现场会有许多隐蔽施工项目，而且自然环境因素、人为因素及设备因素都是引发安全风险问题的关键原因，这使得大多数安全问题具有突发性。所以，在完善日常施工计划时，还要做好应急管理工作。在信息技术的支持下，可以设置相应的应急处理系统，对人员、危险物品、消防安全、自然灾害等问题进行分类管理。施工单位通常会组建专业的应急管理小组，当智慧工地系统分析出风险因素后，系统会及时给出警示，提醒应急人员排查风险问题。比如，要在网络平台自动获取当日的天气预报，并设定相应的程序，一旦检索到天气情况会影响工程施工质量及安全时，可以通知应急小组的人员组织进行风险防范工作，包括疏通排水渠道、为建筑物遮盖挡雨布等。新时期，智慧工地系统依靠人工智能、大数据技术的不断优化，还可以给出一些常用的应急管理方案供参考。

10.5　企业智慧工地管理模式

　　企业智慧工地管理模式是在企业数字化改造和智能化应用之后形成的对智慧工地的新型管理模式和组织形态,是先进信息技术、工业技术和管理技术的深度融合。企业智慧工地管理模式可以促进建筑企业内部生产关系的转型升级,完成与"互联网+"社会生产力的和谐对接,进一步释放建筑企业的创新创效活力,为建筑企业提供可持续发展的原动力。

10.5.1　企业智慧工地管理模式的概念

　　基于智慧工地的企业管理模式是将"互联网+"的理念和技术引入企业发展和项目管理中,从建筑工地源头抓起,收集人员、安全、环境、材料等关键业务数据,依托大数据、云计算、物联网、人工智能等技术,建立云端管理平台,形成新型企业智慧工地管理模式。与传统的粗放式管理不同,企业智慧工地管理模式将打通一线操作与远程监管的数据链条,从企业各部门出发,实现各业务环节的数据化、双网化(互联网+物联网)、智能化管理(图 10-8),显著提升建筑企业精细化管理水平,实现"互联网+"与建筑企业的跨界融合,促进行业的转型升级。

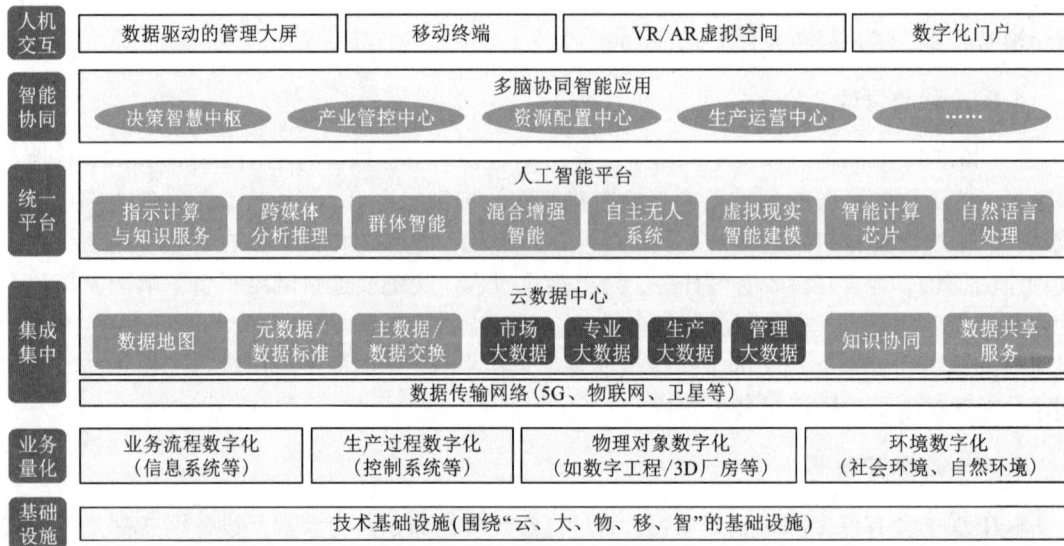

图 10-8　企业智慧工地管理内容

10.5.2　企业智慧工地管理模式的特性及作用

　　企业智慧工地管理模式是指站在企业长远发展的战略角度,在实现大数据业务量化的基础上进行数据导向挖掘,并进行智能化技术应用,实现数字化感知,呈现出决策科学智能化、风险管理自动化、系统升级自主化优势的新型管理模式。企业智慧工地管理模式还具有自我迭代、自主学习、人机交互、协调重组等方面的特性。以下为企业智慧工地管理模式的特性及作用。

1. 企业智慧工地管理模式的特性

(1)经营发展：企业智慧工地管理模式更加重视企业的长期经营发展，通过业务数据进行智能化的决策分析。

(2)风险防范：企业智慧工地管理模式更加重视重大风险防范，通过完善智能管控及自动识别体系建设，实现风险识别智能化以及自动化。

(3)人员因素：企业智慧工地管理模式更加重视管理人员因素，不仅会充分考虑人的因素，还能够实现人机交互，运用科技给管理人员赋能。

(4)管理变革：企业智慧工地管理模式更加重视管理模式变革，通过技术变革，实现企业组织结构扁平化、专业分工细致化、业务流程简洁化，使管理更加高效。

(5)全面推进：智慧企业工地管理模式更加重视全面业务推进，会按照企业创新需求进行业务规划和基础建设，让系统实现全面互联、感知与智能。

2. 企业智慧工地管理模式的作用

(1)实现企业内部管理变革，为企业新型组织结构的设计、整合、工作安排以及人员管理等提供依据，形成企业内部的新型管理机制。

(2)为企业的信息流构建一个完整的信息处理系统，使企业能够实时接收项目的各项数据并进行分类处理和及时传达；为企业建立安全的信息保护系统，实现企业内部数据的隐蔽性，在保护其隐私的同时向政府上传所需的真实信息。

(3)形成一套新的企业信息化管理程序，包含企业对项目进行管控所需的各项工作流程，覆盖全生命周期管理，保证项目实时可控，使企业在智慧工地平台下能有序、高效地开展各项管理工作。

10.5.3　企业智慧工地管理模式与传统模式的对比分析

企业传统管理模式在决策延迟、信息缺失等方面存在的问题日益凸显，原有传统管理模式已经不能满足企业发展的需求，主要体现为：①信息失真。报表数据传送过程复杂，而且经过中间加工处理后，缺乏真实性。②信息滞后。企业无法及时、准确地了解下属分公司和项目部的信息，因此统计和审批工作很难及时完成，跨时间、跨单位的信息查询很难实现。③远程管理和监控困难。远程监控困难表现在资金控制不力、费用成本支出失控、成本核算和过程控制难以实现、既定的预算不能严格执行等方面。传统管理模式存在的具体问题按照大型建筑企业和中小型建筑企业划分，如表 10-1 所示。

企业对智慧工地活动和过程的管理，应充分发挥智慧管理的作用，合理利用知识力量，有效管理信息资源，使多方面相辅相成。企业智慧工地平台是管理信息系统(management information system，MIS)、办公自动化系统(office automation system，OAS)、决策支持系统(decision support system，DSS)的功能集成与技术集成，并与人工智能、专家系统、知识工程、模式识别、多媒体技术、计算机网络、信息高速公路、虚拟现实、智能自动化等技术相结合。

表 10-1　传统管理模式存在的具体问题

企业类型	存在的具体问题
大型建筑企业	1. 缺乏统一的评估项目和监测项目的过程和方法； 2. 对于项目群的管理过程缺乏透明度和可控制性，缺乏统一的项目群管理机制； 3. 不能从战略层次考虑项目的投资回报，只关注单个项目的短期收益，忽视短期和长期项目、财务和非财务收益之间的平衡； 4. 只能分散地关注各个项目，缺少对于项目群整体协调性的管理； 5. 不能在整个企业的范围内对所有项目进行统一的资源管理和分配
中小型建筑企业	1. 企业管理角色重叠，部分管理和执行角色空缺； 2. 企业管理层次重叠，一些企业只存在少数项目，规模较小，周期短且变化快； 3. 对于智慧工地的认知不足，了解片面，未能充分地运用信息化手段

由于人自身认知过程中充满各种不确定性，企业智慧工地管理模式建立了人机协调模型——人机合理分工，人处于主导地位，承担需要发挥人的创造性、主动性、灵活性的管理工作；机器处于辅助地位，承担需要利用计算机的大数据、云计算、人工智能进行精确计算、高速查询、重复作业、大量记忆的辅助管理工作和庞大繁杂的信息处理工作。

采用企业智慧工地管理模式，能够实现企业的整个机构规范化、工作流程标准化、成本管理科学化、信息传递自动化，使管理人员随时了解项目部的实时情况，实现信息的及时交流与共享；项目部也可以通过信息平台访问企业的内部信息，最大限度地利用企业的有效资源；实现对项目部的远程监控和管理，数据记录真实、完整、可靠，数据统计分析及时、准确，为企业的发展提供了决策依据。具体可以解决以下问题：

（1）解决企业监管困难问题，助力企业智慧化工地管理。

（2）连接信息孤岛，消除参与方之间的信息壁垒，加强企业的数字化信息管理。

（3）集成多种智慧信息技术，改善管理方法，提高信息传播效率，实现项目信息管理的精细化。

企业智慧工地管理模式与传统企业管理模式的对比如表 10-2 所示。

表 10-2　企业智慧工地管理模式与传统企业管理模式的对比

对比内容	企业智慧工地管理模式	传统企业管理模式
信息技术应用	BIM、物联网、人工智能、大数据、云计算等智慧信息技术的应用与集成	互联网、数据库等传统信息技术或网络技术的应用
适用范围	项目全生命周期（BLM）	某阶段或过程，如决策、设计、施工、运营等
组织形式	利用智慧信息技术将项目的所有参与方集成到虚拟组织中，统一协调、资源共享	组织形式松散，根据具体管理任务由相关参与方组成临时组织
实施方式	各参与方在统一管理平台上进行信息交互，利用平台功能进行所需的信息管理操作和共享全部信息	各参与方根据各自需要使用不同应用软件实现信息管理操作，再将部分信息传递给其他参与方

续表 **10-2**

对比内容	企业智慧工地管理模式	传统企业管理模式
信息交互方式	通过物联网和普适计算等实现实时信息交互	纸质文档、会议、电话、传真、E-mail、快递等方式
模式功能性	功能多样、互相关联	功能较为单一，自主分析和解决问题能力不足
风险管理模式	通过技术手段促进和鼓励多方协同风险分担和项目风险集中控制	单个参与方独自进行风险管理，通过各自努力规避风险，将风险转移给其他参与方
多参与方协同	提倡多参与方协同的工作环境，并通过模式演化促进多方协同信息管理的实现	基本无法实现多参与方协同信息管理，仅能通过沟通实现以各自利益为出发点的合作

10.5.4　企业智慧工地管理模块架构

企业智慧工地管理模式是站在企业长远发展的战略角度对企业智慧工地进行智能化应用的创新型管理模式，是新兴技术、实施技术、工程管理技术的高度融合。它不仅具有自我迭代、自主学习、人机交互、协调重组等方面的特性，还能通过内外部交互管理机制、网络信息协调管理结构和多元化集成管理内容，更好地为企业智慧工地的发展保驾护航。

1. 内外部交互管理机制

企业智慧工地管理模块是运用"互联网+"理念和各类新兴技术助力企业成长，基于协调管理理论和项目群管理理论，形成"内部建设+外部协调"的交互管理体系，实现企业技术资源互补、信息资源共享、市场风险规避等。其具体体系如图 10-9 所示。

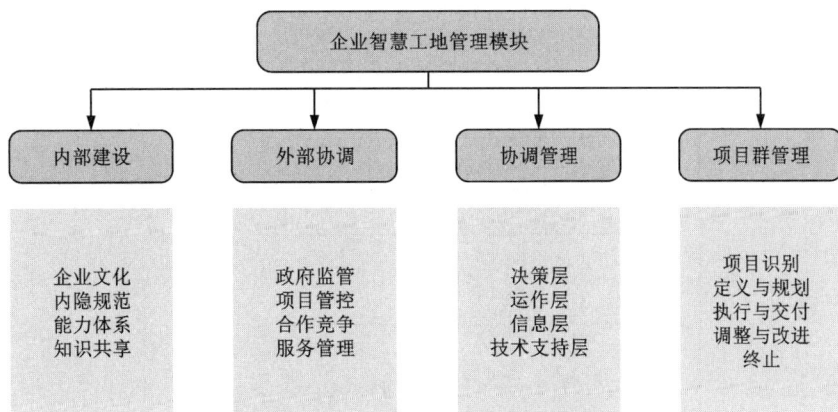

图 10-9　企业智慧工地内外部交互管理机制

（1）企业的内部建设包括企业文化、内隐规范、能力体系与知识共享。企业文化是企业精神的体现，内隐规范是企业内部维持秩序的章程，能力体系与知识共享是企业发展的核心竞争力。

（2）企业的外部协调包括政府监管、项目管控、合作竞争和服务管理。应建立政府与项目间的无障碍数据通道，保证政府部门下发的信息及时准确地传达到项目中。需要上报政府的数据也应直接由项目采集而来，以保证数据的真实性。合作竞争和服务管理指的是运用智能分析技术设定利益分配和风险分担机制，辅以激励和约束机制，更好地推进企业新型管理机制的建立。

（3）企业智慧工地的协调管理主要在决策层、运作层、信息层和技术支持层四个层次上运行。其中，决策层通过新兴技术手段提供复杂环境下的决策方案。运作层是指企业的各个部门分工合作以完成目标。信息层主要是通过网络收集各类信息，进而转化为知识并提供相应的资源支持。技术支持层形成了一个技术资源库，针对新兴技术的相关需求随时提供支持。

（4）企业智慧工地项目群管理主要通过项目识别、定义与规划、执行与交付、调整与改进、终止五个环节来划分项目群管理过程。智慧工地中的基础设施可以互通，技术之间可以建立联系，项目与项目之间存在着关联性、复杂性和不确定性。企业智慧工地项目群管理是将所有的项目规划成一盘棋，为实现总体战略与项目群的共同目标而进行的管理活动。

2. 网络信息协调管理结构

企业智慧工地管理模块的网络信息协调管理是在各职能部门的信息效用链接的基础上，结合网络信息技术，应用于企业的人力、物资、财务、工程、安全等网络平台的流程。所有的流程经由系统网络上传至企业管理云端平台，在备份的同时转送给相应部门和机构，真正实现了即时高效，打破了信息交互壁垒。由于企业各个部门的行为主体依靠企业信息资源的服务与支持，企业各个活动主体与其构成的各层次系统间的协调合作形成了网络信息协调管理，使得企业信息效用价值突出，由此更加肯定了企业智慧工地管理模块在网络信息协调管理方面的价值。企业智慧工地网络信息协调管理的具体结构如图10-10所示。

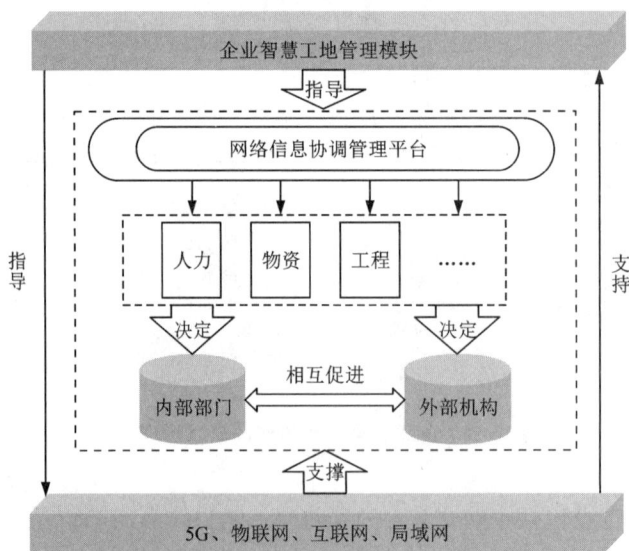

图10-10　企业智慧工地网络信息协调管理结构

上述企业智慧工地网络信息协调管理结构具备以下特点：①统一平台。基于企业智慧工地平台，企业实现了信息流的无缝交互，能够实现业务协同。②高度集成。该结构配合已建设完善的应用软件(包括网页端、大屏端、App 端)，可以实现智慧工地项目群管理的高度集成，统一形成企业信息化平台。③适应变化。外部环境的动态变化对企业智慧工地系统的灵敏性提出了更高要求，唯有不断变化才能适应建筑企业的需求。④协调应用。通过系统的集成实现信息协调、业务协调和资源协调，使企业能够通过互联网、局域网、物联网的"三网中心"将这些资源整合在统一平台上。

3. 多元化集成管理内容

与传统的粗放式管理不同，企业智慧工地管理将打通现场操作与远程实时监管的信息接口，实现劳务人员管理、进度管理、绿色施工管理、安全质量管理、设备材料管理等各业务环节的数据化、双网化(互联网+物联网)、智能化。集成多元化管理具体包含以下内容。

(1)企业智慧工地管理以三维可视化为支撑，以各项新兴技术为基础，涵盖企业智慧工地多元化集成管理内容，覆盖全生命周期的质量、人员、安全、成本、进度管理等工作。不仅能实现企业的信息化、精细化集成管理，还能对项目实施管理进行风险预警与提醒。

(2)为企业的信息流构建一个完整的协调管理系统。这使企业可以实时接收项目的各项数据，并根据提供的信息进行分类和处理，再及时传达给项目。该系统可实现信息数据的可追溯性，明确责任主体，确保信息反馈通道畅通。

(3)企业智慧工地管理通过集成 BIM、物联网和大数据等技术，将现有的松散的业务系统进行线上业务集中管理，实现了企业智慧工地管理想要达到的统一规划、统一门户、统一数据、统一集成展示等效果。

10.6　政府智慧工地监管模式

智慧工地监管云平台是将政府、企业、项目部等工程利益相关者纳入统一管理系统，自动采集前端智能设备的数据并统一规范数据接口，将接收到的各项数据集成到以互联网、大数据、物联网为技术支撑建构的集成化数据中心进行处理与反馈，从而实现对工程项目全方位、多维度的协同管控。智慧工地与智能化监管云平台的出现带来了新型的建筑管理方式，新一代信息技术和新的理念正不断冲击传统的建筑业管理结构。

10.6.1　政府智慧工地监管模式的概念

智慧工地多元协同的监管模式正是智慧工地理念下应运而生的新型监管模式。在物联网和大数据思维的引导下，政府智慧工地监管模式舍弃了传统静态的、固定的思维方式，向动态的、前瞻的监管理念转变。政府借助人工智能等先进技术与信息化监管平台，以实现信息的高效流通，高度协同各利益相关者，促进业务流程优化和信息的高度整合。智慧工地监管模式通过提升监管主体跨区域、跨层级、跨部门的协同管理能力，提升行业监管的精准性、高效性。

10.6.2 政府智慧工地监管模式的特性和作用

政府智慧工地监管模式是适应当下时代与环境的变化演变而来的，是一种实现社会管理科学化、多元化、网络化、协同化的新兴模式。以下是政府智慧工地监管模式的特性及作用。

1. 政府智慧工地监管模式的特性

1）理念科学化

传统的电子政府虽打破了地域和时间的限制，能够实现自动化办公，提升效率，但依据经验进行决策的方式仍根深蒂固，未能改变。而智慧政府致力于信息数据的处理与挖掘，将数据作为资源和依据来对社会事务进行管理。此种治理理念完成了从经验治理到数字治理的模式更新，从以往的复杂不确定性当中主动收集数据进行分析论证，极大地促进了智慧政务的公平、公正、公开。

2）主体多元化

改革开放以来，国家在不断地平衡治理和资源的临界线，传统政府管理模式由于管理规模不断扩大、管理手段更新较慢等，工作效率较低。智能时代的来临促使新兴技术手段更迭、公众不断参与政务管理，打破了传统政府的治理僵局，智慧政府随着时代的进步呼之欲出。主体多元化成了未来政务公开的新常态，能够更好地推动智慧政府向网络化、服务化和动态化转变。

3）结构网络化

政府的传统组织结构随着新兴技术的发展逐渐变得开放多元，智慧政府的发展使得等级分明的组织结构趋于扁平化。这种管理模式的变化，不仅加强了行政部门之间的沟通交流，而且打破了各部门孤立的分割状态。在当前的互联网时代下，政府要积极转型，打破传统层级化结构，建立以 AI、大数据、5G、信息库、云计算为基础技术支持的网络化职能结构。

4）机制协同化

随着网络技术的迅速发展，信息量也呈现指数级增长，智慧政府发展的当务之急就是如何在大量的信息流中捕捉到有价值、有意义的信息。智慧工地模式下构建的智慧政府，利用新兴技术破除了传统政务管理机制中信息不透明的困境。通过各类技术的支持，智慧政府能够打破政府、企业和项目之间的信息壁垒，加大政府信息管控力度，实现社会整体机制的协调发展。

2. 政府智慧工地监管模式的作用

（1）根据各职能部门的监管内容，构建智慧工地监管平台的功能需求清单，为智慧工地平台的功能开发及权限管理提供依据；根据各部门所需要获取的信息清单，为建筑行业大数据库的建设提供支持。

（2）充分借鉴现有各监管信息系统的优势和实现手段，为智慧工地监管平台的开发提供参考和建议。

（3）对比各项监管内容的监管工作方式、流程，制定出一整套基于智慧工地平台的监管工作流程，为智慧工地平台的普及和应用提供指导。

（4）根据监管效率指标，确定在统一监管平台下，各职能部门监管效率变化的具体情况，为进一步推广智慧工地监管平台的应用提供数据支撑。

　　综上所述，智慧政府通过对海量信息的收集、挖掘、分析、处理，拓展了以政府自身管理、自我服务为中心的治理范围，满足了大众不同层面的需求。当下，大数据、互联网、云计算等信息技术的发展也突破了时间与空间的障碍，为智慧政府的打造提供了强有力的支撑。智慧政府秉承着以公众为中心的理念，在提高政务效率的目标上积极地发挥着作用。

10.6.3　政府智慧工地监管模式与传统模式的对比分析

1. 我国建筑行业监管模式的演变

　　"互联网+"的普及与应用为建筑行业注入了新活力，推动其监管模式向多元化、协同化、数字化发展。根据监管主体、监管结构、监管目标的不同，我国建筑行业的监管模式可大致划分为三个阶段，即一元直线监管模式、多元矩阵监管模式和多元协同监管模式，如图 10-11 所示。

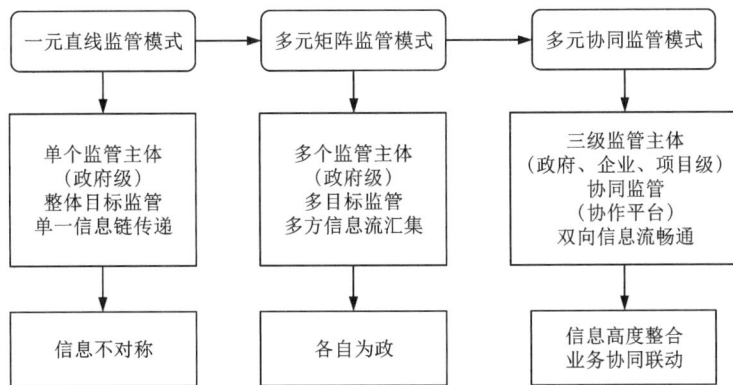

图 10-11　监管模式演化图

　　（1）一元直线监管模式。由监管部门直接监管整个建筑行业。监管目标综合了质量、安全、进度、成本等方面，政府以项目对社会产生的整体效益为出发点，构建了直线信息链，通过单向指令传递进行逐级监管。在此模式下，政府部门直接参与监管，并委派监管人员深入企业与项目内部进行监督检查与信息反馈。由于监管主体单一，权力完全集中于监管部门，政府和企业、项目的信息不对称情况严重。

　　（2）多元矩阵监管模式。由政府层级的多个部门进行监管，监管主体为发改局、安监局、住建局、环保局等。监管目标多元化，将一元直线监管模式中的整体目标分解为多项子目标，并增添战略与环境目标。在此模式下，各监管部门属于同一监管层级，多方信息流汇集于监管客体，信息流冗杂，缺少协作管理平台，易造成各自为政的现象，或存在管理分歧。

　　（3）多元协同监管模式。政府多个部门在协作平台（智慧工地监管平台）上进行监管，且与企业、项目形成三级联动的动态监管关系。相较于多元矩阵监管模式，在各类主体关系运作方向上，多元协同监管模式由自上而下的单向管理转向自上而下、自下而上、左右协调的多向管理。冗杂的信息流通过协作平台汇总集成，在保留信息完整性与真实性的同时迅速传递给各级监管对象。智慧工地监管平台为监管主体与客体间建立双向信息流动路径，有效解决信息不对称问题，避免了"信息孤岛"的形成。多元协同监管模式依托智慧工地监管平台，促进业务流程优化和信息高度整合，提升监管主体跨区域、跨层级、跨部门的协同管理能力，推动形成多方协同、部门联动的监管机制，有利于政府更好地履行其规范建筑市场和监督行业行为的职责。

2. 政府智慧工地监管模式先进性分析

从监管模式的演化分析可知，智慧工地多元协同监管模式的出现是时代发展的必然选择。它颠覆了传统监管模式的方式、流程及理念，并在监管主体、信息来源、监管时间、监管方式、监管成本、信息公开度层面都实现了更高阶的突破，如图 10-12 所示。

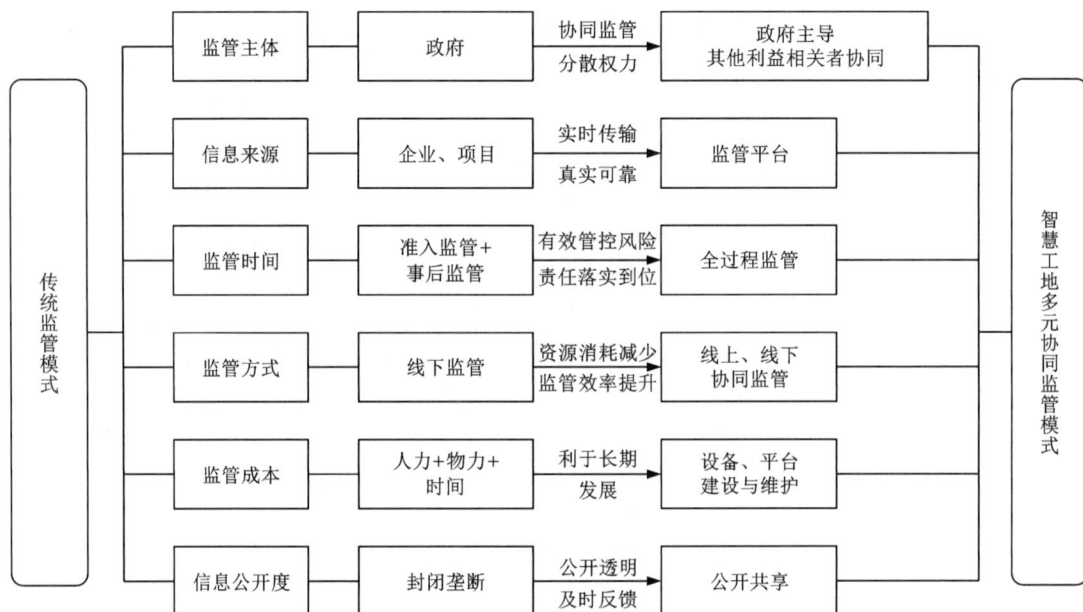

图 10-12　智慧工地多元协同监管模式与传统监管模式的区别

以上对政府监管模式的研究，将监管模式从监管理念、组织结构、监管内容与流程优化四方面与传统监管模式进行比较，以问题导向为对比研究的出发点，传统监管模式下政府所面临的具体问题如表 10-3 所示。

目前我国政府已将大数据、云计算等技术充分融合于公共管理中，实现了"韦伯模式-新公共管理模式-数字时代管理模式（digital era governance，DEG）"的渐进式转变。与此同时，数字时代的到来也对建筑行业提出了新的发展要求。政府智慧工地监管模式正是基于智慧工地建造模式，并结合数字时代管理模式发展而来的一种以智能技术为核心的新型监管模式。基于前文对智慧工地监管模式的具体分析，可以预见政府智慧工地监管模式将针对传统模式的痼疾，逐个破解传统监管模式下政府所面临的难题。

表 10-3 传统监管模式下政府面临的具体问题

问题类别	具体问题
监管理念	忽视多目标协同监管,单一目标监管导致建筑市场秩序混乱,经济效益至上原则不利于建筑市场健康持续发展
组织结构	职能部门间缺乏沟通协调机制,组织结构柔性低,导致职能部门边界明显,组织结构很难通过知识共享达到自我革新
监管内容	监管内容较为全面,但精细化程度低,监管信息无法实时动态传输,政府接收信息的有效价值低,监管力度不够
流程优化	流程节点管控力度不足,关键节点监管流程冗长且效率低下,资源限制下的监管流程很难实现精准监管,易导致建筑市场在复杂监管流程的漏洞中恶性发展

10.6.4 政府智慧工地监管模式总体设计

政府智慧工地监管模式是为智慧工地量身定制的新型监管模式,它是在大数据、云计算思维的指引下,从"事后救火"的思维方式向实时动态、前瞻预判的管理理念的转变。它借助互联网、人工智能等新兴技术与信息化监管平台,使各参与方高度协同,实现信息多向高效传输,促进信息高度整合和业务流程优化,为政府监管主体跨时间、空间和层面的协同管理提供便利,真正实现行业监管的精准性、高效性。下面将以协调管理理论为主导,从监管理念、监管结构、监管内容与监管流程四个维度构建基于智慧工地的新型监管模式。

1. 多目标协同监管理念

现阶段仍作为建筑市场监管主导力量的政府,其理念和认知决定着建筑行业的发展方向。政府治理的思维意识和理念的转变是协同监管的基本前提。智慧工地下的新型监管模式摒弃了传统监管模式的单一目标管理,集成了有关进度、质量、环保、安全等全方位的管理目标,可根据要素间的互补原理,实现市场、资金以及企业和项目内部的"人、机、料、法、环"等要素的充分流动,寻求工程整体的最优解。此时,工程价值不再局限于项目的经济属性,而是站在建筑行业的发展高度上,对项目的各要素进行评判,在信息发展的浪潮中审视工程项目对于整个行业发展的贡献程度。

在转变自身管理理念和价值思维的同时,政府还肩负着引导建筑市场参与者转变理念的责任。为此,政府从以下三个方面入手,指引建筑行业逐步树立起以互联网、大数据为技术支撑的管理理念。第一,积极转变市场监管观念。转变以往那种被动性的政府机构增加编制、职员以及费用的粗放型管理理念,以智能化、信息化的方式积极迎合市场新业态、经济新常态,通过数据采集及处理、监管留痕以及关联分析等途径,加强智慧工地监管过程的有效性与精准性。第二,创新决策形式。树立起让大数据"讲话"的理念,依靠大数据所具备的海量资源,运用大数据技术,为智慧工地监管提供更加精准、全面、合理的决策依据,对市场监管政策的贯彻执行进行更加及时、充分的追踪,促进监管决策从以往的"估计型、经验型"转向"数据分析型"。第三,改革政务模式。全面贯彻实施无纸化办公以及电子政务,以实现监管信息的"数据化"、监管程序的"信息化",为智慧工地监管模式的创新奠定扎实的基础。

同时，还要重视理论研究的作用，增强对大数据基本规律的分析与探索，全面发挥理论知识对于具体实践的指引作用。

2. 扁平化的监管结构

基于对现有政府监管组织结构的认识，可以建构独特的智慧工地监管组织结构。智慧工地监管组织结构融合了网络型和学习型，并通过智慧工地智能监管平台辅助监管者实现精准决策，摆脱了网络型组织结构下的资源限制和管理者能力有限的困境，同时汲取了学习型组织结构的信息共享优势，通过监管平台建立信息流通闭环，且具有高度的开放性。因此，政府智慧工地监管组织结构表现为扁平化、网络化、多元化、无边界化。

在传统的监管模式下，政府、企业、项目分属于不同的管理层次，而政府、企业、项目内部又细化出很多更小单元的管理层级，这使得信息从顶层传递至底层的效率低下，在复杂的传递过程中信息易失真，无法保证其时效性。

智慧工地智能管理平台提供了统一接口的数据中心。集成化的数据管控中心搭建了一座信息交互桥梁，实现了各级信息流的双向流通，打通了信息反馈通道，将工程利益相关者纳入统一规范化的信息管理系统。因此，智慧工地新型监管结构更趋于网络化。同时，其扁平化的管理结构精简了管理层次与管理人员，减少了相关部门的决策层和操作层，加快了信息的流动速度。同时，我们应该意识到，智慧工地管理模式仅仅是管理模式的一种发展状态，其因技术水平的限制仍具有一定缺陷，但因为政府智慧工地监管组织结构的信息开放度高，所以这种监管组织结构会随着技术的发展而不断完善与演进，以发展的眼光看待它，可以认为它是一种无边界的组织结构。该监管组织结构为实现多方参建者协同化、异构数据统一化、全要素集成化、全生命周期覆盖化提供了行之有效的管理路径。

3. 集成化动态监管内容及流程

政府智慧工地监管模式的监管内容是由建设主体借助前端智能采集设备与监管平台广泛收集相关数据形成的，包括项目的安全、质量、人员、环境等监管信息。在此基础上，政府相关人员可进行系统的数据挖掘分析，实现对项目全生命周期的全方位管控，通过全链条大数据建构分布紧密的云网络，实现精准监管、高效处理，避免质量安全事故的发生。智慧工地监管平台为智慧工地监管模式提供了可靠、精准的信息交互层，也为政府监管信息的传输提供了可靠途径。政府监管流程的关键在于监管信息的实时准确传输，在政府智慧工地监管模式下，政府监管的信息流动过程为"信息收集—信息录入—信息归档—信息查询—信息比对—信息分析—信息反馈—信息公示—信息归档"，监管信息呈现闭环流动，形成信息流闭环管理，如图10-13所示。

智慧工地安全监管流程在传统安全监管模式下，利用信息化交互平台，将安全监管细化为各功能模块，通过智能化采集设备和通信技术，高度整合安全监管信息，提升监管流程的数据依赖性，使安全监管有据可循，有效避免传统监管模式下的责任混淆推脱现象的产生。具体的政府智慧工地安全监管流程如图10-14所示，该监管流程由两大板块构成，分别是政府日常行政建筑安全管理流程与管理驾驶舱的集成安全监管流程。智慧工地监管平台为两者提供节点衔接，通过实时信息流传递构建智慧工地安全信息协同监管流程。

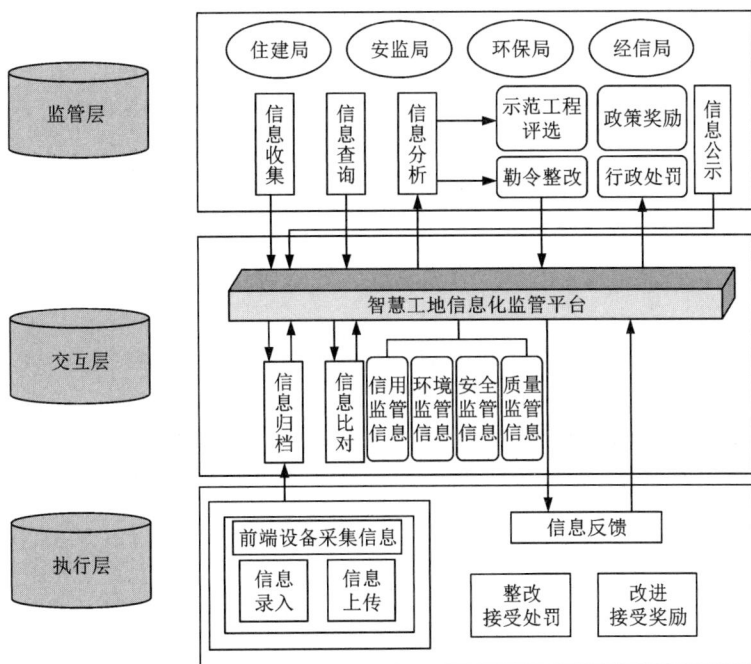

图 10-13　智慧工地总体监管信息流程

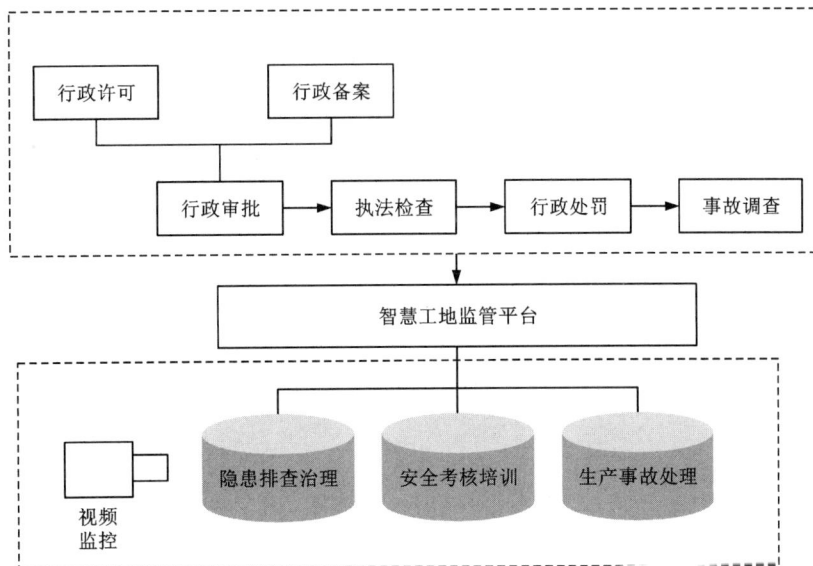

图 10-14　智慧工地安全监管流程

思考题

(1)请阐述智慧工地的概念,并列举其主要特征。如何理解智慧工地的服务对象与应用架构?

(2)请描述项目施工现场智慧工地安全管理系统的架构,并探讨其如何实现全过程安全管理。

(3)政府智慧工地监管模式的核心内容是什么?它与传统监管模式相比,有哪些显著的特性与改进之处?

(4)综合本章内容,总结智慧工地管理模式的关键要素与实施策略,并探讨其对建筑业未来发展的影响。

(5)展望未来,你认为智慧工地管理模式将面临哪些挑战与机遇?应如何进一步完善和推广这一模式?

参考文献

[1]关于印发《关于进一步规范房屋建筑和市政工程生产安全事故报告和调查处理工作的若干意见》的通知（建质〔2007〕257号）[J].广东建设信息，2007(11)：32-32.

[2]中华人民共和国安全生产法　生产安全事故报告和调查处理条例　生产安全事故罚款处罚规定[M].北京：中国法制出版社，2024.

[3]应急管理部.中华人民共和国安全生产法　2021年最新修订版[M].北京：应急管理出版社，2021.

[4]国家安全监管总局.关于生产安全事故调查处理中有关问题的规定[J].河南安全，2014(2)：52-53.

[5]赵宇翔.建筑工程施工安全管理研究[J].砖瓦，2024(7)：134-136.

[6]高圣强，孙涛.建筑工程安全生产管理及事故预防[J].城市建设理论研究（电子版），2024(16)：48-50.

[7]殷勇，钟焘，曾虹，等；张银会主审.建筑工程质量与安全管理[M].西安：西安交通大学出版社，2021.

[8]李学祥，孙有全，朱红生，等.市政工程建筑安全生产管理方法分析[C]//《施工技术》杂志社，亚太建设科技信息研究院有限公司.2023年全国土木工程施工技术交流会论文集（中册）.北京：《施工技术》编辑部，2023.

[9]闫寿丰.以建筑工程项目安全标准化为抓手　促建筑施工现场安全生产管理水平[J].建筑安全，2011，26(7)：4-6.

[10]郭红英，康香萍.建筑工程安全生产管理的特点和难点[J].煤炭技术，2011，30(6)：154-156.

[11]王新泉，武明霞，付宗运.建筑安全技术与管理[M].北京：机械工业出版社，2023.

[12]周江辉，筑龙网.建筑施工安全技术与管理[M].北京：中国电力出版社，2005.

[13]李鑫锋.建筑工程中土方施工要点分析[J].科技创新与应用，2014(10)：223.

[14]张沿明，周晓晶.浅谈土方工程施工的质量、安全管理[J].内蒙古科技与经济，2011(6)：101-103.

[15]焦泽波.建筑工程主体模板施工管理要点[J].房地产世界，2023(13)：79-81.

[16]贾俊俊.浅谈工程施工现场建筑起重机械安全管理[C]//《建筑科技与管理》组委会.2014年6月建筑科技与管理学术交流会论文集.北京：《建筑科技与管理》组委会，2014：2.

[17]齐晓鹤.建筑施工现场起重机械使用中的安全管理[J].砖瓦，2021(10)：135，137.

[18]田旭颖.探讨施工现场建筑起重机械设备的安全管理现状和对策[J].建材与装饰，2019(24)：222-223.

[19]李留洋，王大讲，孟刚，等.建筑施工现场常见职业危害分析及控制措施[J].建筑安全，2018，33(12)：51-55.

[20]王荣贵.论建筑安装企业的工伤管理[J].中小企业管理与科技（中旬刊），2017(12)：134-135.

[21]管振祥，滕文彦.工程项目质量管理与安全[M].北京：中国建材工业出版社，2001.

[22]江见鲸，陈希哲，崔京浩.建筑工程事故处理与预防[M].北京：中国建材工业出版社，1995.

[23]谢征勋.建筑工程事故分析及方案论证[M].北京：地震出版社，1996.

[24]李鸿伟.基于危险源管理的建筑施工现场安全管理研究[D].北京：中国矿业大学（北京），2011.

[25]詹新彬，刘涛，李安修，等.大型机场项目施工环境安全智能管理方法应用研究[J].建设科技，2024(2)：

22-24.

[26]劳骁贤，钱程，李春光.预警系统中的智能方法综述[J].信号处理，2023，39(11)：1919-1932.

[27]王建祥.双碳视角下高速公路施工环境管理探析[J].江西建材，2023(5)：427-428，431.

[28]戴明月.消防安全管理手册[M].2版.北京：化学工业出版社，2020.

[29]王淑萍.建筑消防安全管理[M].武汉：华中科技大学出版社，2015.

[30]毕小玉.建筑消防应急预案的生成和优化技术研究[D].北京：北京建筑大学，2014.

[31]唐棣.高层建筑工程的消防安全管理研究[D].青岛：青岛理工大学，2016.

[32]李亚峰，唐婧，余海静.建筑消防工程[M].北京：机械工业出版社，2023.

[33]张强俊.火灾烟气毒性分析测试平台的组建及其用于聚丙烯复合材料燃烧烟气的研究[D].合肥：中国科学技术大学，2015.

[34]衣永生.浅析建设工程施工现场防火[J].消防科学与技术，2013，32(11)：1289-1291.

[35]李彦军.建筑外保温材料火灾预防对策探讨[C]//中国消防协会.2012中国消防协会科学技术年会论文集(上).北京：中国科学技术出版社，2012.

[36]王强.在建工程的消防安全监督管理及强化措施[J].消防界(电子版)，2022，8(5)：95-96.

[37]王钊.加强施工现场消防安全管理及防火对策[J].今日消防，2021，6(5)：101-102.

[38]潘峰.高层建筑工程的消防安全管理研究[J].消防界(电子版)，2017(11)：110，112.

[39]公通字[2009]46号，民用建筑外保温系统及外墙装饰防火暂行规定[Z].

[40]公消[2011]65号，关于进一步明确民用建筑外保温材料消防监督管理有关要求的通知[Z].

[41]李倩.建筑外墙外保温系统消防安全问题及对策[J].武警学院学报，2021，37(12)：73-76.

[42]崔雨文.沈阳既有高层住宅外墙外保温节能改造适宜技术研究[D].沈阳：沈阳建筑大学，2014.

[43]公消[2014]124号，关于防控建筑外墙保温材料火灾的通知[Z].

[44]陶国兵，陈仕林.彩钢夹芯板建筑火灾危险性分析与防控[J].消防技术与产品信息，2016(6)：39-42.

[45]安明.高层建筑工程的消防安全管理探究[J].化工管理，2017(26)：272.

[46]杨峻岭.某建筑保温材料的火灾危险性和预防对策探讨[J].中国建材科技，2014，23(4)：187-188.

[47]李东亮.建筑施工现场的安全生产与文明施工管理[J].大众标准化，2024(1)：81-83.

[48]吴友军.职业安全与卫生管理[M].武汉：武汉大学出版社，2019.

[49]杨丽芳，王倩.装配式建筑的安全管理现状探讨[J].建筑与装饰，2023(9)：67-69.

[50]杨忠阳.面向危险源的装配式建筑施工安全管理研究[J].工程技术研究，2024，9(9)：132-134.

[51]谢丽萍.装配式建筑施工现场安全管理[J].住宅与房地产，2024(9)：109-111.

[52]祝晓亭.装配式建筑施工安全管理关键措施研究[J].居业，2024(3)：185-187.

[53]詹伟澍.装配式建筑安全管理要点[J].装饰装修天地，2022(19)：166-168.

[54]朱贺，张军，宁文忠，等.智慧工地应用探索：智能化建造、智慧型管理[J].中国建设信息化，2017，(9)：76-78.

[55]曾凝霜，刘琰，徐波.基于BIM的智慧工地管理体系框架研究[J].施工技术，2015，44(10)：96-100.

[56]韩豫，孙昊，李宇宏，等.智慧工地系统架构与实现[J].科技进步与对策，2018，35(24)：107-111.

[57]刘刚.智慧工地的"前世今生"[J].施工企业管理，2017(4)：29，16.

[58]曾立民.打通信息化落地"最后一公里"：智慧工地的建设及应用价值[J].中国勘察设计，2017(8)：32-36.

[59]马凯，王子豪.基于"BIM+信息集成"的智慧工地平台探索[J].建设科技，2018(22)：26-30，41.

[60]冯超."互联网+"下的智慧工地项目发展[J].住宅与房地产，2017(33)：115，168.

[61]毛志兵.智慧建造决定建筑业的未来[J].建筑，2019(16)：22-24.

[62]蒲红克.BIM技术在施工企业材料信息化管理中的应用[J].施工技术，2014，43(3)：77-79.

[63]中华人民共和国住房和城乡建设部.建筑信息模型应用统一标准：GB/T 51212—2016[S].北京：中国建

筑工业出版社，2016.

[64] 张建平. 工程项目 BIM 深化应用与创新技术 [C]//中国建筑学会建筑施工分会. 2016 中国建筑施工学术年会摘要集. 北京：中国建筑学会建筑施工分会，2016：4.

[65] 刁丙超. 基于 BIM 的施工方项目管理实施流程应用研究 [D]. 郑州：郑州大学，2018.

[66] 潘婷，汪霄. 国内外 BIM 标准研究综述 [J]. 工程管理学报，2017，31(1)：1-5.

[67] ITU. ITU Internet Reports 2005：The Internet of Things [R]. Tunis，2005.

[68] 王国武. 射频识别 (RFID) 及其典型应用 [J]. 安徽电子信息职业技术学院学报，2005(5)：94，101.

[69] 李政. 物联网技术在智能电网中的应用 [J]. 集成电路应用，2023，40(12)：194-195.

[70] 朱洪波，杨龙祥，朱琦. 物联网技术进展与应用 [J]. 南京邮电大学学报 (自然科学版)，2011，31(1)：1-9.

[71] 邵威，李莉. 感知中国：我国物联网发展路径研究 [J]. 中国科技信息，2009(24)：330-331.

[72] RATHORE MM，AHMAD A，PAUL A，et al. Urban planning and building smart cities based on the internet of things using big data analytics [J]. Computer networks，2016(101)：63-80.

[73] GANTZ J，REINSEL D. Extracting value from chaos [J]. Proceedings of IDC review，2011：1-12.

[74] KOSELEVA N，ROPAITE G. Big data in building energy efficiency：understanding of big data and main challenges [J]. Procedia Engineering，2017(172)：544-549.

[75] ZHOU K，YANG S. Understanding household energy consumption behavior：The contribution of energy big data analytics [J]. Renewable and Sustainable Energy Reviews，2016(56)：810-819.

[76] ZHOU K，FU C，YANG S. Big data driven smart energy management：From big data to big insights [J]. Renewable and sustainable energy reviews，2016(56)：215-225.

[77] 张引，陈敏，廖小飞. 大数据应用的现状与展望 [J]. 计算机研究与发展，2013，50(S2)：216-233.

[78] 崔美姬，李莉. 大数据环境下的管理决策研究 [J]. 控制工程，2019，26(10)：1882-1891.

[79] BIZER C，BONCZ P，BRODIE M L，et al. The meaningful use of big data：four perspectives--four challenges [J]. ACMSigmod Record，2012，40(4)：56-60.

[80] HU H，WEN Y，CHUA T S，et al. Toward scalable systems for big data analytics：A technology tutorial [J]. IEEE access，2014(2)：652-687.

[81] 刘宏达，王荣. 论新时代中国大数据战略的内涵、特点与价值：学习习近平总书记关于大数据的重要论述 [J]. 社会主义研究，2019(5)：9-14.

[82] ERL T，MAHMOOD Z，PUTTINI R. 云计算：概念、技术与架构 [M]. 龚奕利，贺莲，胡创，译. 北京：机械工业出版社，2014.

[83] MELL P，GRANCE T. The NIST definition of cloud computing [J]. National Institute of Standards and Technology，2011，53(6)：50.

[84] 崔建明，刘佳祎，杨呈永. 基于优先排队论网络延迟云计算资源调度算法 [J]. 桂林理工大学学报，2017，37(2)：360-365.

[85] 谷南南，姚佩阳，焦志强. 云计算环境下利用改进遗传算法结合二次编码的大规模资源调度方法 [J]. 计算机应用研究，2020，37(8)：2390-2394.

[86] 中国社会科学院工业经济研究所. 中国工业发展报告 (2017) [R]. 北京：经济管理出版社，2017.

[87] 郭朝先，胡雨朦. 中外云计算产业发展形势与比较 [J]. 经济与管理，2019，33(2)：86-92.

[88] 闫佳. 基于 XNA 的地理信息系统的设计与实现 [D]. 厦门：厦门大学，2013.

[89] 张小萍，薛骏蜂，王君泽，等. 基于 VR 的建筑物仿真与交互技术 [J]. 测绘科学，2011，36(5)：162-164，230.

[90] Chou J S，Bui D K. Modeling heating and cooling loads by artificial intelligence for energy-efficient building design [J]. Energy and Buildings，2014(82)：437-446.

[91]王要武, 吴宇迪.智慧建设理论与关键技术问题研究[J].科技进步与对策, 2012, 29(18): 13-16.

[92]闫威, 刘智慧.企业创新竞争理论研究综述[J].科技进步与对策, 2010, 27(6): 152-155.

[93]L R Y. Smart construction safety in road repairing works[J]. Procedia computer science, 2017, 111: 301 -307.

[94]陈扬斌, 李青, 庄越挺.智慧企业中的智慧搜索[J].通信学报, 2015, 36(12): 89-96.

[95]闫娜.基于大数据吞吐效益评估的网络数据综合调控算法研究[J].计算机与数字工程, 2016, 44(7): 1304-1308.

[96]胡税根, 王汇宇, 莫锦江.基于大数据的智慧政府治理创新研究[J].探索, 2017(1): 72-78, 2.

[97]胡税根, 王汇宇.智慧政府治理的概念、性质与功能分析[J].厦门大学学报(哲学社会科学版), 2017(3): 99-106.

[98]柳时强, 梁三宝.中建五局广东公司佛山万科金融中心三期项目 积极打造安全智慧工地, 全力筑牢安全生产防线[N].广东建设报, 2018-05-31(4).

[99]郭喜, 李政蓉.新一代信息技术驱动下的政府转型：从网络政府到数据政府、智慧政府[J].行政论坛, 2018, 25(4): 56-60.

[100]潘琳, 周荣庭.回应性监管视角下社会组织内部多元协同监管模式研究[J].华东经济管理, 2019, 33(5): 177-184.

[101]周祖禹.深圳市建筑工地智慧监管平台的建设与实践[D].广州：华南理工大学, 2018.